CAD/CA□ □□ 微视频讲解大系

中文版 Altium Designer 21
电路设计与仿真从入门到精通
（实战案例版）

360 分钟同步微视频讲解　　106 个实例案例分析

☑原理图设计　☑ PCB 设计　☑ 电路仿真设计　☑ 布局与布线　☑ 层次原理图设计与输出

☑ 信号完整性分析

天工在线　编著

中国水利水电出版社
www.waterpub.com.cn

·北京·

内 容 提 要

《中文版 Altium Designer 21 电路设计与仿真从入门到精通（实战案例版）》是一本 Altium Designer 基础教程，也是一本视频教程，它系统地介绍了 Altium Designer 21 在电路设计与仿真中的基本方法与使用技巧，具体内容包括 Altium Designer 21 入门、文件管理系统、Altium Designer 编辑环境、原理图图纸和工作环境设置、元件库与元件的管理、电气连接、原理图的基本操作、原理图的编译、原理图报表输出及打印、原理图库设计、图形符号的绘制、封装库设计、Altium Designer 集成库、PCB 设计、PCB 参数设置、PCB 图的绘制、布局操作、布线操作和电路仿真设计等知识，以及正弦波逆变器电路层次化设计实例和信号完整性分析仪设计实例。在讲解过程中，结合了大量的实例、案例和练习操作，以帮助读者快速、高效地学习。

《中文版 Altium Designer 21 电路设计与仿真从入门到精通（实战案例版）》还配备了大量的视频资源（共 106集），读者可以扫描书中的二维码进行观看和学习。另外，本书还提供全书讲解实例和练习实例的素材和源文件，方便读者对照学习。为了拓展读者视野，本书还赠送 25 套电路设计与仿真实例的视频及源文件。

《中文版 Altium Designer 21 电路设计与仿真从入门到精通（实战案例版）》适合 Altium Designer 从入门到精通各层次的读者使用，也可作为相关行业工程技术人员和相关院校电子工程专业师生的学习参考书。使用 Altium Designer 19、18、17、16、15、14 等较低版本的读者也可参考学习。

图书在版编目（CIP）数据

中文版 Altium Designer 21 电路设计与仿真从入门到精通：实战案例版 / 天工在线编著. -- 北京：中国水利水电出版社, 2022.1 (2025.1 重印).
　（CAD/CAM/CAE 微视频讲解大系）
　ISBN 978-7-5170-9062-5

　Ⅰ. ①中… Ⅱ. ①天… Ⅲ. ①印刷电路—计算机辅助设计—应用软件 Ⅳ. ①TN410.2

中国版本图书馆 CIP 数据核字(2020)第 208803 号

丛 书 名	CAD/CAM/CAE 微视频讲解大系
书 名	中文版 Altium Designer 21 电路设计与仿真从入门到精通（实战案例版） ZHONGWENBAN Altium Designer 21 DIANLU SHEJI YU FANGZHEN CONG RUMEN DAO JINGTONG
作 者	天工在线 编著
出版发行	中国水利水电出版社 （北京市海淀区玉渊潭南路 1 号 D 座 100038） 网址：www.waterpub.com.cn E-mail：zhiboshangshu@163.com 电话：（010）62572966-2205/2266/2201（营销中心）
经 售	北京科水图书销售有限公司 电话：（010）68545874、63202643 全国各地新华书店和相关出版物销售网点
排 版	北京智博尚书文化传媒有限公司
印 刷	北京富博印刷有限公司
规 格	203mm×260mm　16 开本　23.25 印张　622 千字　2 插页
版 次	2022 年 1 月第 1 版　2025 年 1 月第 3 次印刷
印 数	4001—5000 册
定 价	89.80 元

凡购买我社图书，如有缺页、倒页、脱页的，本社营销中心负责调换

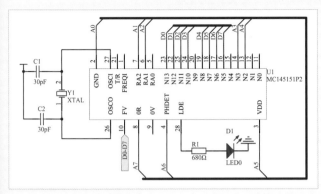

集成频率合成器电路

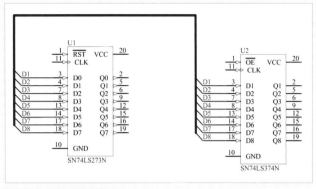

TI TTL Logic电路

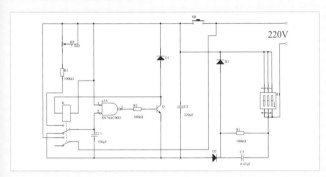

定时开关电路

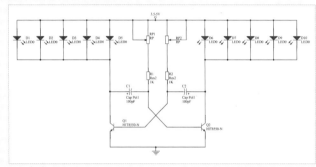

广告彩灯电路

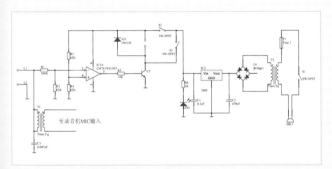

电话机自动录音电路

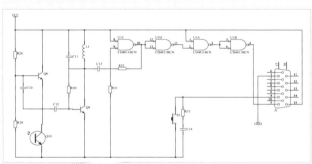

实用门铃电路

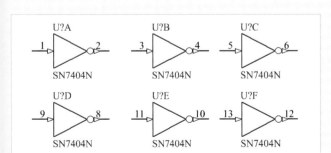

选择Alpha后的SN7404原理图

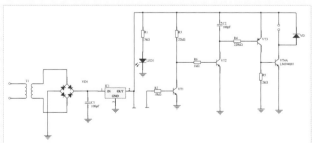

抽水机电路

中文版Altium Designer 21电路设计与
仿真从入门到精通（实战案例版）

本书部分实例

Try your best
Never underestimate your power to change yourself!

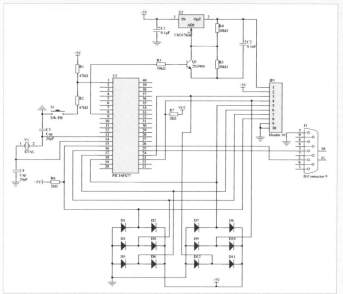

■ IC卡读卡器电路

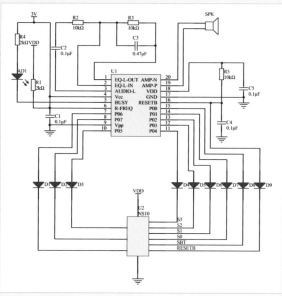

■ 电动车报警电路原理图

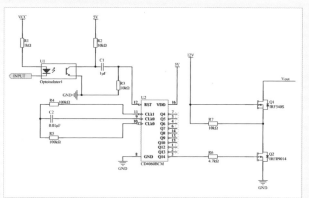

■ 看门狗电路

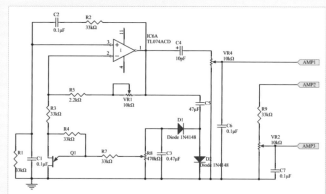

■ 正弦波振荡电路

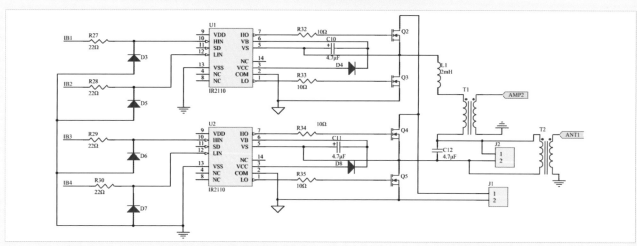

■ 示例电路

Try your best
Never underestimate your power to change yourself!

中文版Altium Designer 21电路设计与
仿真从入门到精通（实战案例版）
本书部分实例

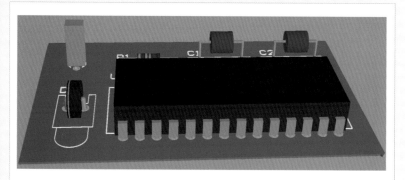

▮ 集成频率合成器印制板电路

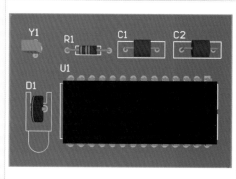

▮ 看门狗电路电路板

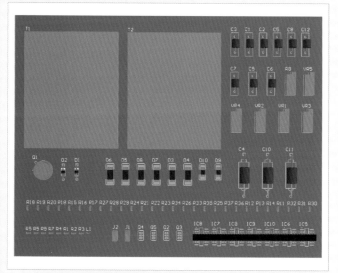

▮ 正弦波逆变器电路3D

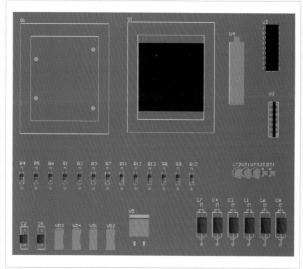

▮ 电动车报警电路电路板

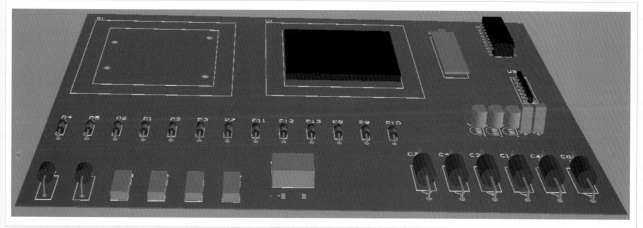

▮ 电动车报警电路3D

中文版Altium Designer 21电路设计与
仿真从入门到精通（实战案例版）

本书部分实例

Try your best
Never underestimate your power to change yourself!

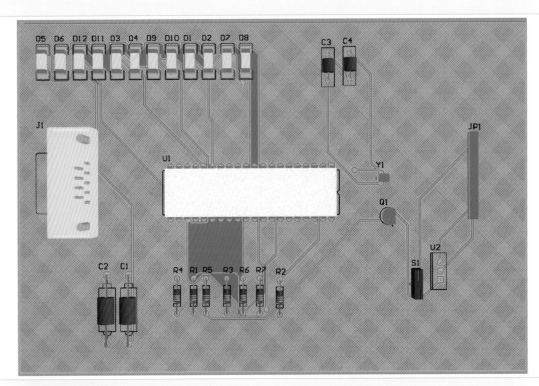

■ IC卡读卡器电路电路板3D

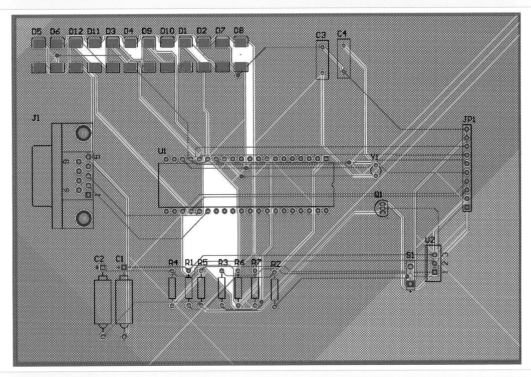

■ IC卡读卡器电路电路板

前　言

Preface

随着电子技术的飞速发展，仪器设备功能的不断强大，电子线路也变得越来越复杂，手工绘制电路的局限性使其已经不能满足实际需要，这时电子线路计算机辅助设计就变得越来越重要，越来越多的设计人员使用计算机辅助设计软件进行电路原理图、印制板电路图的设计等。

Altium Designer 是 Altium 公司推出的一体化电子产品开发系统。该系统可以把原理图设计、图形符号绘制、电路仿真、PCB 板设计、布局操作和布线操作、信号完整性分析等技术完美融合，为设计者提供全新的设计解决方案，使设计者可以轻松地进行设计，从而大大提高电路设计的质量和效率。

Altium Designer 作为一款专业的电路设计软件，其功能非常强大，能满足工作中设计复杂电路的需要，是电子电路设计人员应熟练掌握的一款软件。本书以 Altium Designer 21 版本为基础进行讲解。

本书特点

❱ 内容合理，适合自学

本书的读者定位以 Altium Designer 软件初学者为主，并充分考虑到初学者的特点，首先对 Altium Designer 21 软件的基本操作、文件管理和编辑环境进行介绍，然后才开始原理图图纸设置、图形符号绘制、PCB 板设计等内容的介绍，由浅入深，循序渐进，能引领读者快速入门。在知识点上力求够用为度，学好本书，能掌握电路设计工作中需要的所有重点技术。

❱ 视频讲解，通俗易懂

为了提高学习效率，本书中的大部分实例都录制了教学视频。视频录制时采用模仿实际授课的形式，在各知识点的关键处给出解释、提醒和需注意事项，专业知识和经验的提炼，让读者高效学习的同时，更多体会绘图的乐趣。

❱ 内容全面，实例丰富

本书从全面提升 Altium Designer 设计能力的角度出发，结合大量的案例讲解如何利用 Altium Designer 进行电子工程设计，让读者懂得计算机辅助电子设计并能够独立地完成各种电子工程设计。

本书定位为对电子工程相关专业具有普适性的基础应用学习用书，在有限的篇幅内对知识点的讲解尽量详细，包括了 Altium Designer 常用的功能讲解，内容涵盖了 Altium Designer 基础、原理图、元件库与元件、图形符号的绘制、印制电路板、布局操作与布线操作、电路仿真和可编程设计等知识。在介绍过程中结合 100 多个实例详细讲解 Altium Designer 知识要点，让读者在学习案例的过程中潜移默化地掌握 Altium Designer 软件操作技巧。

本书显著特色

➰ **随时随地学习**

扫描二维码，随时随地看视频。书中大部分实例都提供了二维码，读者可以使用微信扫一扫，随时随地看相关的教学视频（若部分手机无法播放视频，可参考前言中介绍的方式下载后在计算机上观看）。

➰ **实例丰富，用实例学习更高效**

实例丰富详尽，边学边做更快捷。跟着大量实例学习，边学边做，从做中学，可以使学习更深入、更高效。

➰ **入门容易，全力为初学者着想**

遵循学习规律，入门实战相结合。编写模式采用基础知识+实例的形式，内容由浅入深，循序渐进，入门与实战相结合。

➰ **服务快，让你学习无后顾之忧**

提供 QQ 群在线服务，随时随地可交流。提供公众号、QQ 群、下载等多渠道贴心服务。

本书学习资源列表及获取方式

为了让读者在最短的时间内学会并精通 Altium Designer 21 电路设计与仿真技术，本书提供了极为丰富的学习资源，具体如下。

➰ **配套资源**

（1）为方便读者学习，本书所有实例均录制了视频讲解文件，共 106 集。读者可以使用手机微信扫一扫功能扫描二维码直接观看，或通过下文中介绍的方法下载后观看。

（2）本书包含了 106 个中小实例，提供配套的素材和源文件供下载学习使用。

➰ **拓展学习资源**

（1）本书提供配套的 PPT 教学课件，方便学校教学使用。

（2）本书赠送 25 套电路设计大型图集的源文件和 270 分钟的教学视频，帮助读者深度拓展学习。

以上资源的获取及联系方式（注意：本书不配光盘，以上提到的所有资源均需通过下面的方法下载后使用）：

（1）读者可以使用手机微信扫一扫功能扫描并关注下面的微信公众号，然后发送 AD219062 到公众号后台，获取本书资源的下载链接，将该链接复制到计算机浏览器的地址栏中，根据提示下载即可。

（2）读者可加入 QQ 群 250929323（**若群满，则会创建新群，请根据加群时的提示加入对应的群**），作者不定时在线答疑，读者也可以互相交流学习。

特别说明（新手必读）：

在学习本书或按照本书上的实例进行操作时，请先在计算机中安装 Altium Designer 21 中文版操作软件，读者可以在 Altium 官网下载该软件试用版本，也可从网上商城或者软件经销商处购买安装软件。

关于作者

本书由天工在线组织编写。天工在线是一个 CAD/CAM/CAE 技术研讨、工程开发、培训咨询和图书创作的工程技术人员协作联盟，包含 30 多位专职和众多兼职 CAD/CAM/CAE 工程技术专家。

天工在线负责人由 Autodesk 中国认证考试中心首席专家担任，全面负责 Autodesk 中国官方认证考试大纲制定、题库建设、技术咨询和师资力量培训工作，天工在线成员精通 Autodesk 系列软件，创作的很多教材成为国内具有引导性的旗帜作品，在国内相关专业的图书创作领域具有举足轻重的地位。

本书具体编写人员有张亭、井晓翠、解江坤、胡仁喜、刘昌丽、康士廷、王敏、王玮、王艳池、王培合、王义发、王玉秋、张红松、王佩楷、左昉、李瑞、刘浪、张俊生、赵志超、张辉、赵黎黎、朱玉莲、徐声杰、卢园、杨雪静、孟培、闫聪聪、李兵、甘勤涛、孙立明、李亚莉等，对他们的付出表示真诚的感谢。

致谢

本书能够顺利出版，是作者、编辑和所有审校人员共同努力的结果，在此表示深深地感谢。同时，祝福所有读者在通往优秀设计师的道路上一帆风顺。

编　者

目　　录

Contents

第 1 章　Altium Designer 21 入门

内容简介

Altium 系列软件是 EDA 软件的突出代表。Altium Designer 21 作为常用的板卡级最新版设计软件，以 Windows 的界面风格为主；同时，Altium 独一无二的功能特点及发展历史也为电路设计者提供了最优质的服务。

内容要点

- ↘ 操作界面
- ↘ 启动软件
- ↘ 创建集成频率合成器电路文件

案例效果

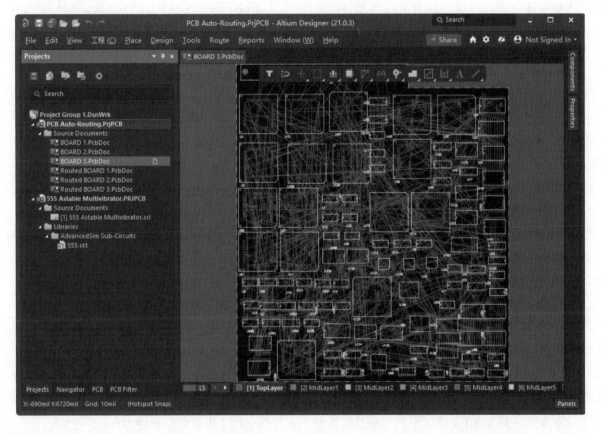

1.1 操作界面

用户要想对电路设计软件有一个整体的认识和理解，必须了解电路板不同的设计环境。

1.1.1 Altium Designer 21 的集成开发环境

Altium Designer 21 的所有电路设计工作都是在集成开发环境中进行的，集成开发环境也是 Altium Designer 21 启动后的主工作接口。集成开发环境不但具有友好的人机接口，而且设计功能强大、使用方便、易于上手。图 1-1 所示为 Altium Designer 21 集成开发环境，类似于 Windows 的资源管理器，在 Altium Designer 21 集成开发环境的上部设有标题栏、菜单栏、导航栏和工具栏；中部左右两侧为工作面板，左侧通常包括 Projects（工程）面板和 Navigator（导航）面板；右侧主要是 Components（元件）面板等。此外，可分别在两侧加载其余面板，以方便操作，中间区域为工作区；最下面的是状态栏。

🔊 **提示：**

打开不同文件后的菜单栏不同，与没有打开文件的操作界面中显示的菜单栏和工具栏同样不同。

动手学——同时打开多个设计文件

源文件： yuanwenjian\ch01\Learning1\TBarLedWindow.PRJFPG、PCB Auto-Routing.PrjPcb、555 Astable Multivibrator.PRJPCB

安装 Altium Designer 21 后，默认打开的界面如图 1-1 所示。

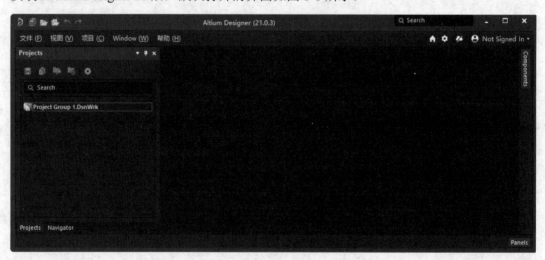

图 1-1 Altium Designer 21 集成开发环境

【操作步骤】

（1）单击工具栏中的"打开"按钮📂，在弹出的对话框中选择源文件目录下的 PCB 文件，将其显示在左侧的 Projects（工程）面板中，如图 1-2 所示。

（2）双击 Projects 面板中的任一文件，使其在右侧的工作区中显示，如图 1-3 所示。

（3）选择菜单栏中的 Window→"水平平铺"命令，水平平铺工作区中显示的所有文件，如图 1-4 所示。

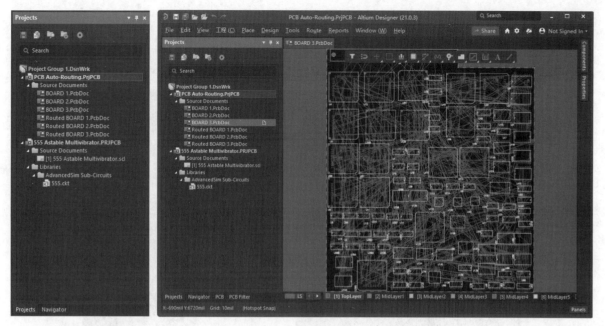

图 1-2　在 Projects 面板
　　　中显示文件

图 1-3　文件在工作区中显示

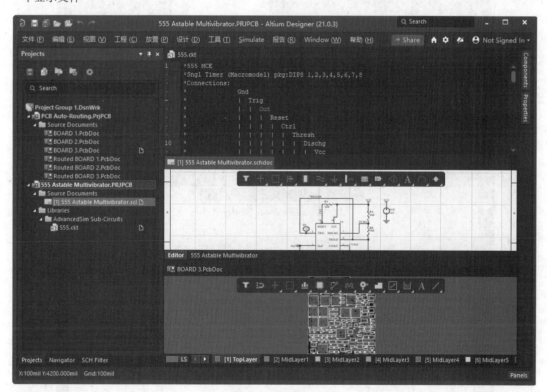

图 1-4　水平平铺文件

（4）选择菜单栏中的 Window→"垂直平铺"命令，垂直平铺工作区中显示的所有文件，如图 1-5 所示。

☞ 教你一招：

在 Altium Designer 21 集成开发环境中可以同时打开多个设计文件，各个窗口会叠加在一起。根据设计需要，单击设计文件顶部的标题栏（即文件名标签），即可在设计文件之间来回切换。

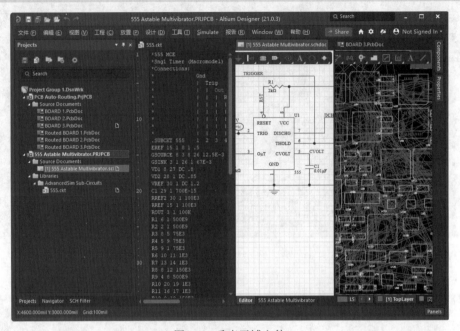

图 1-5　垂直平铺文件

1.1.2　Altium Designer 21 的原理图开发环境

图 1-6 所示为 Altium Designer 21 的原理图开发环境。

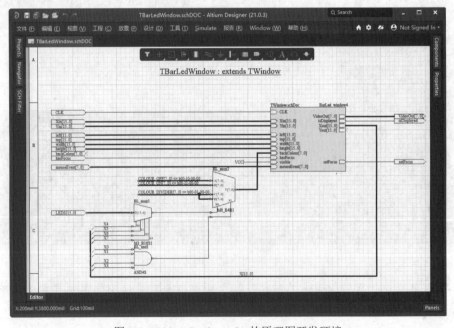

图 1-6　Altium Designer 21 的原理图开发环境

1.1.3　Altium Designer 21 的印制板电路开发环境

图 1-7 所示为 Altium Designer 21 的印制板电路开发环境。

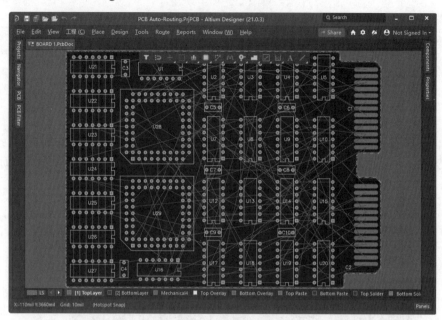

图 1-7　Altium Designer 21 的印制板电路开发环境

1.1.4　Altium Designer 21 的仿真编辑环境

图 1-8 所示为 Altium Designer 21 的仿真编辑环境。

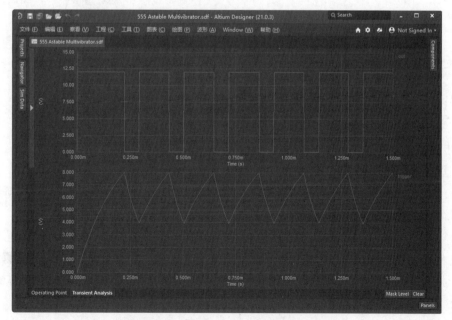

图 1-8　Altium Designer 21 的仿真编辑环境

练一练——熟悉操作界面

打开 Altium Designer 21，熟悉操作界面。

思路点拨：

了解操作界面各部分的功能，掌握不同操作界面的菜单命令，能够熟练地打开和关闭文件。

1.2 启动软件

启动 Altium Designer 21 的方法非常简单。在 Windows 操作系统的桌面上选择"开始"→Altium Designer 命令，即可启动 Altium Designer 21。启动 Altium Designer 21 后，系统会出现如图 1-9 所示的启动界面，稍等一会儿后，即可进入 Altium Designer 21 的集成开发环境中。

图 1-9　Altium Designer 21 的启动界面

动手学——创建新的工程文件

源文件：yuanwenjian\ch01\Learning2\PCB_Prpject.PrjPcb

在进行工程设计时，通常要先创建一个工程文件，这样有利于对文件进行管理。

【操作步骤】

创建工程文件的方法如下：

（1）选择菜单栏中的"文件"→"新的"→"项目"命令，弹出 Create Project（新建工程）对话框，该对话框中显示了多种工程类型，如图 1-10 所示。

（2）默认选择 Local Projects 选项及 Default（默认）选项，在 Project Name（工程名称）文本框中输入文件名，在 Folder（文件夹）文本框中设置文件路径。完成设置后，单击 Create 按钮，关闭该对话框。打开 Projects 面板，可以看到其中出现了新建的工程文件，系统提供的默认文件名为 PCB_Project.PrjPcb，如图 1-11 所示。

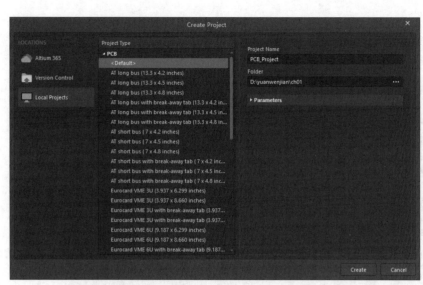

图 1-10　Create Project 对话框　　　　　　图 1-11　新建工程文件

1.2.1　原理图编辑器的启动

新建一个原理图文件，即可同时打开原理图编辑器。

1. 通过菜单命令创建

选择菜单栏中的"文件"→"新的"→"原理图"命令，Projects 面板中将出现一个新的原理图文件，如图 1-12 所示。新建文件的默认名称为 Sheet1.SchDoc，系统自动将其保存在已打开的工程文件中，同时整个窗口新添加了许多菜单项和工具按钮。

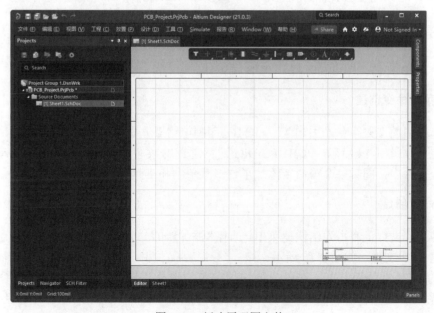

图 1-12　新建原理图文件

2. 右键命令创建

（1）在新建的工程文件上右击弹出快捷菜单，选择"添加新的…到工程"→Schematic（原理图）选项即可创建原理图文件，如图 1-13 所示。

图 1-13 右击创建原理图文件

（2）在新建的原理图文件处右击，在弹出的快捷菜单中选择"保存"命令，然后在系统弹出的"保存"对话框中输入原理图文件的文件名，如 MySchematic，即可保存新创建的原理图文件。

1.2.2 PCB 编辑器的启动

新建一个 PCB 文件，即可同时打开 PCB 编辑器。

1. 通过菜单命令创建

选择菜单栏中的"文件"→"新的"→PCB（印制电路板）命令，在 Projects 面板中将出现一个新的 PCB 文件，如图 1-14 所示。PCB1.PcbDoc 为新建 PCB 文件的默认名字，系统自动将其保存在已打开的工程文件中，同时整个窗口新添加了许多菜单项和工具项。

2. 右击命令创建

在新建的工程文件上右击弹出快捷菜单，选择"添加新的…到工程"→PCB（印制电路板文件）选项即可创建 PCB 文件，如图 1-15 所示。

在新建的 PCB 文件处右击，在弹出的快捷菜单中选择"保存"命令，然后在系统弹出的保存对话框中输入 PCB 文件的文件名，如 MyPCB，单击"保存"按钮，即可保存新创建的 PCB 文件。

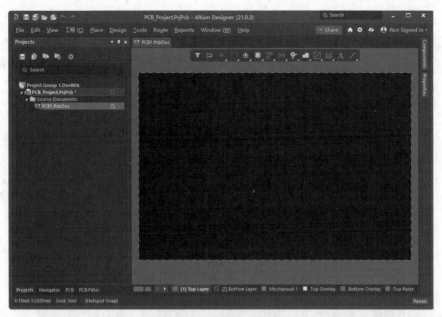

图 1-14 新建 PCB 文件

图 1-15 右击创建 PCB 文件

1.3 操作实例——创建集成频率合成器电路文件

扫一扫，看视频

源文件：yuanwenjian\ch01\Operation\集成频率合成器电路.PrjPcb

本实例讲解最基本的文件创建方法，包括工程文件和原理图文件的创建方法。

【操作步骤】

（1）启动 Altium Designer，进入操作界面。

9

（2）在 Altium Designer 21 主界面中，选择菜单栏中的"文件"→"新的"→"项目"命令，弹出 Create Project（新建工程）对话框，如图 1-16 所示。在该对话框中默认选择 Local Projects（本地项目）选项及 Default（默认）选项，在 Project Name（工程名称）文本框中输入文件名"集成频率合成器电路"，在 Folder（路径）文本框中设置文件路径。

图 1-16　Create Project 对话框

（3）完成设置后，单击 Create 按钮，关闭该对话框。

（4）选择菜单栏中的"文件"→"新的"→"原理图"命令，在新建的工程文件下添加原理图文件。在该文件上右击，在弹出的快捷菜单中选择"保存"命令，弹出 Save [Sheet1. SchDoc] As… 对话框，如图 1-17 所示。在该对话框中进行相应的设置，将新建的原理图文件保存为"集成频率合成器电路.SchDoc"。

（5）打开 Projects（工程）面板，即可以在 Projects（工程）面板中看到新建的工程文件与原理图文件，如图 1-18 所示。

图 1-17　Save [Sheet1. SchDoc] As…对话框

图 1-18　Projects 面板

第2章 文件管理系统

内容简介

对于一个成功的企业来说，技术是核心，健全的管理体制是关键。同样，评价一个软件的优劣，文件管理系统是很重要的一个方面。本章将详细讲解 Altium Designer 中的文件管理系统与对应的功能区设置。

内容要点

- ➘ Altium Designer 工作界面
- ➘ 文件管理系统
- ➘ Altium Designer 文件与 Protel 99SE 文件的转换

案例效果

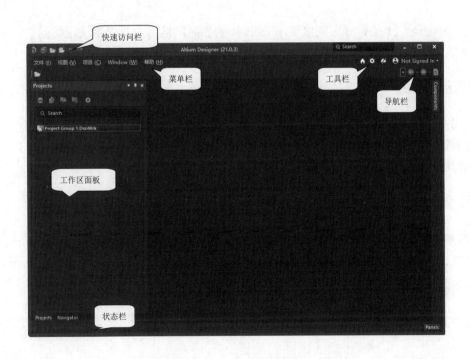

2.1 Altium Designer 工作界面

启动 Altium Designer 21 后便可进入工作界面，如图 2-1 所示。用户可以在其中进行工程文件的操作，如创建新工程文件和打开文件等。

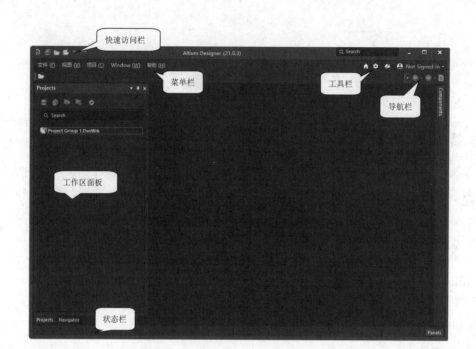

图 2-1　Altium Designer 21　工作界面

Altium Designer 21 工作界面类似于 Windows 的界面风格，主要包括快速访问栏、菜单栏、工具栏、状态栏、工作区面板及导航栏 6 个部分。

2.1.1　快速访问栏

快速访问栏位于工作区的左上角。快速访问栏允许快速访问常用的命令，包括保存当前的活动文档，使用适当的按钮打开任何现有的文档，还可以单击"保存"按钮■一键保存所有文档。

使用快速访问栏还可以快速实现取消或重新执行最近的命令。

2.1.2　菜单栏

和很多基于 Windows 操作系统的软件相同，Altium Designer 21 也有菜单栏。Altium Designer 21 的菜单栏中包括"文件""视图""项目""Window（窗口）""帮助"5 个菜单，如图 2-2 所示。

1.　"文件"菜单

"文件"菜单主要用于新建、打开和保存文件等，如图 2-3 所示。"文件"菜单中的各个命令及其功能如下。

（1）"新的"命令：用于新建一个文件，其子菜单如图 2-3 所示。

（2）"打开"命令：用于打开已有的 Altium Designer 21 可以识别的各种文件。

（3）"打开工程"命令：用于打开各种工程文件。

（4）"打开设计工作区"命令：用于打开设计工作区。

（5）"保存工程"命令：用于保存当前的工程文件。

文件 (F) 视图 (V) 项目 (C) Window (W) 帮助 (H)

图 2-2　菜单栏　　　　　　　　　　　　图 2-3　"文件"菜单

（6）"保存工程为"命令：用于另存当前的工程文件。

（7）"保存设计工作区"命令：用于保存当前的设计工作区。

（8）"保存设计工作区为"命令：用于另存当前的设计工作区。

（9）"全部保存"命令：用于保存所有文件。

（10）"智能 PDF"命令：用于生成 PDF 格式设计文件。

（11）"导入向导"命令：用于将其他 EDA 软件的设计文档及库文件导入 Altium Designer，如 Protel 99SE、CADSTAR、OrCad、P-CAD 等设计软件生成的设计文件。

（12）"运行脚本"命令：用于运行各种脚本文件，如用 Delphi、VB、Java 等语言编写的脚本文件。

（13）"最近的文档"命令：用于列出当前打开的文件。

（14）"最近的工程"命令：用于列出最近打开过的工程文件。

（15）"最近的工作区"命令：用于列出当前打开的设计工作区。

（16）"退出"命令：用于退出 Altium Designer 21。

2.　"视图"菜单

"视图"菜单主要用于工具栏、面板、命令状态及状态栏的显示和隐藏，如图 2-4 所示。

（1）"工具栏"命令：用于控制工具栏的显示和隐藏，其子菜单如图 2-4 所示。

（2）"面板"命令：用于控制面板的打开与关闭，其子菜单如图 2-5 所示。

图 2-4　"视图"菜单　　　　　　　　　　图 2-5　"面板"命令子菜单

（3）"状态栏"命令：用于控制工作窗口下方状态栏上标签的显示与隐藏。

（4）"命令状态"命令：用于控制命令行的显示与隐藏。

3. "项目"菜单

主要用于项目文件的管理，包括项目文件的编译、添加、删除，显示差异和版本控制等命令，如图 2-6 所示。这里主要介绍"显示差异"和"版本控制"两个命令。

（1）"显示差异"命令：选择该命令，将弹出图 2-7 所示的"选择比较文档"对话框。勾选"高级模式"复选框，可以进行文件之间、文件与工程之间和工程之间的比较。

（2）"版本控制"命令：选择该命令可以查看版本信息，可以将文件添加到"版本控制"数据库中，并对数据库中的各种文件进行管理。

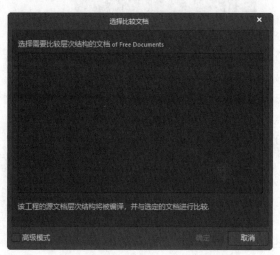

图 2-6 "项目"菜单　　　　　　　　　　图 2-7 "选择比较文档"对话框

4. "Window（窗口）"菜单

"Window（窗口）"菜单用于对窗口进行纵向排列、横向排列、打开、隐藏及关闭等操作。

5. "帮助"菜单

"帮助"菜单用于打开各种帮助信息。

扫一扫，看视频

动手学——文件的保存

源文件：yuanwenjian\ch02\Learning1\MY PCB_Project

【操作步骤】

（1）选择菜单栏中的"文件"→"新的"→"项目"命令，在弹出的 Create Project（新建工程）对话框中可以看到其中出现了新建的工程文件，系统提供的默认文件名为 PCB_Project.PrjPcb。

（2）选择菜单栏中的"文件"→"保存工程为"命令，打开如图 2-8 所示的对话框，选择文件路径后，修改文件名为 MY PCB_Project.PrjPcb。

（3）单击"保存"按钮，完成文件的保存。

✍ **技巧：**

在保存项目文件对话框中，用户可以更改文件的名称、所保存的文件路径等，文件默认类型为 **PCB Projects**，后缀名为 .PrjPcb。

图 2-8 Save [PCB_Project.PrjPcb] As…对话框

动手学——文件的打开

扫一扫，看视频

源文件： yuanwenjian\ch02\Learning2\MY PCB_Project.PrjPcb

打开文件的方法包括以下方式：

（1）打开下载资源包中的 yuanwenjian\ch02\Learning2\MY PCB_Project.PrjPcb 文件。

（2）选择菜单栏中的"文件"→"打开工程"命令，打开如图 2-9 所示的对话框。选择要打开的文件 MY PCB_Project.PrjPcb，单击 Open 按钮，将其打开。

（3）单击工具栏中的"打开"按钮，打开图 2-9 所示的对话框。选择要打开的文件 MY PCB_Project.PrjPcb，单击 Open 按钮，将其打开。

图 2-9 Open Project 对话框

2.1.3　工具栏

工具栏是系统默认的用于工作环境基本设置的一系列按钮的组合，包括固定工具栏和灵活工具栏。

右上角固定工具栏中只有 🏠 ⚙️ ✏️ 👤 4 个按钮，用于配置用户选项，具体如下。

（1）"包含新闻和学习资料的页面"按钮 🏠：单击该命令，打开 Home Page 界面，可以查看更新的内容，如图 2-10 所示。

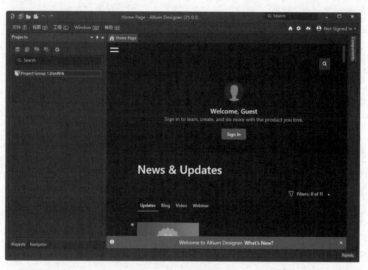

图 2-10　查看更新

（2）"设置系统参数"按钮 ⚙️：单击该命令，弹出"优选项"对话框，用于设置 Altium Designer 的工作状态，如图 2-11 所示。

图 2-11　"优选项"对话框

（3）"活动服务器"按钮：登录使用 Altium Designer 账号或者注册以使用 workspace 文件，用于存放项目文件。

（4）"当前用户信息"按钮：用于帮助用户自定义界面。

2.1.4 工作区面板

在 Altium Designer 21 中，可以使用系统型面板和编辑器面板。系统型面板在任何时候都可以使用，而编辑器面板只有在相应的文件被打开时才可以使用。使用工作面板是为了便于设计过程中的快捷操作。

动手学——工作面板的切换

展开的 Projects 面板如图 2-12 所示。

扫一扫，看视频

【操作步骤】

（1）单击 Home Page 界面右下角 Panels 按钮，弹出快捷菜单，从中可以选择需要的面板，如图 2-13 所示。

（2）工作面板有自动隐藏显示、浮动显示和锁定显示 3 种显示方式。每个面板的右上角都有 3 个按钮，▼按钮用于各种面板之间进行切换操作，📌按钮用于改变面板的显示方式，✖按钮用于关闭当前面板。

（3）启动 Altium Designer 21 后，系统将自动激活 Projects（工程）面板和 Navigator（导航）面板，可以单击面板底部的标签，在不同的面板之间切换，如图 2-14 所示。

图 2-12 展开的 Projects 面板　　图 2-13 快捷菜单　　　　　　　　　图 2-14 面板的切换

2.2 文件类型

Altium Designer 21 的 Projects 面板中提供了两种文件——工程文件和自由文件。设计时生成的文件可以放在工程文件中，也可以放在自由文件中。因为自由文件在存盘时是设计时生成的，并以单个文件的形式存入，而不是以工程文件的形式整体存盘，所以也被称为存盘文件。下面将简单介绍这 3 种文件类型。

2.2.1 工程文件

Altium Designer 21 支持工程级别的文件管理，在一个工程文件里包括设计中生成的一切文件。例如，要设计一个收音机电路板，可以将收音机的电路图文件、PCB 图文件、设计中生成的各种报表文件及元件的集成库文件等放在工程文件中，这样非常便于文件管理。工程文件类似于 Windows 系统中的"文件夹"。在工程文件中可以执行对文件的各种操作，如新建、打开、关闭、复制与删除等。但需要注意的是，工程文件只负责管理，在保存文件时，工程文件中各个文件是以单个文件的形式保存的。

动手学——打开工程文件

扫一扫，看视频

源文件：yuanwenjian\ch02\Learning4\MY PCB_Project.PrjPcb、555 Astable Multivibrator.PRJPCB

【操作步骤】

（1）单击工具栏中的"打开"按钮，在弹出的对话框中选中源文件目录下的 PCB 文件 555 Astable Multivibrator.PRJPCB，如图 2-15 所示。单击"打开"按钮 [打开(O)]，即可在如图 2-16 所示的 Projects（工程）面板中显示与整个设计相关的所有文件。

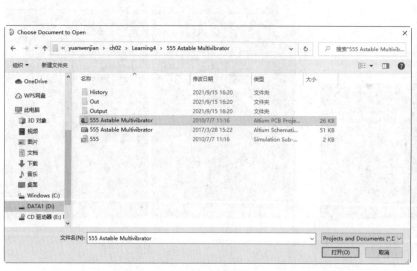

图 2-15　Choose Document to Open 对话框

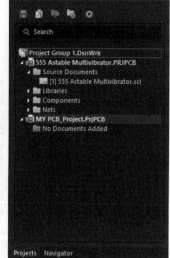

图 2-16　工程文件

（2）单击工具栏中的"打开"按钮，在弹出的对话框中选中源文件目录下的 PCB 文件 MY

PCB_Project.PrjPcb，单击"打开"按钮，即可在如图 2-16 所示的 Projects（工程）面板中显示该文件（该工程文件类似于 Windows 系统中的"空文件夹"）。

2.2.2　自由文件

自由文件是指独立于工程文件之外的文件，Altium Designer 21 通常将这些文件存放在唯一的 Free Document（空白文件）文件夹中。自由文件有以下来源。

（1）当将某个文件从工程文件夹中删除时，该文件并没有从 Projects 面板中消失，而是出现在 Free Document 文件夹中，成为自由文件。

（2）打开 Altium Designer 21 的存盘文件（非工程文件）时，该文件将出现在 Free Document 文件夹中而成为自由文件。

自由文件的存在方便了设计的进行，将文件从自由文档文件夹中删除时，文件会被彻底删除。

练一练——工程文件与自由文件的转换

将工程文件下的原理图文件转换成自由文件。

扫一扫，看视频

📋 **思路点拨：**

源文件：yuanwenjian\ch02\Practice1\NEW PCB_Project.PrjPcb
（1）新建一个工程文件。
（2）新建一个原理图文件。
（3）将工程文件下的原理图文件向外拖动，变成自由文件。

2.2.3　存盘文件

存盘文件是在工程文件存盘时生成的文件。Altium Designer 21 保存文件时并不是将整个工程文件保存，而是单个保存，工程文件仅起到管理的作用。这样的保存方法有利于实施大规模电路的设计。

2.3　Altium Designer 文件与 Protel 99SE 文件的转换

Altium Designer 与 Protel 99SE 是 Altium 公司开发的两种不同版本的电气软件，目前较为常用。本节将介绍两种版本的转换方法，方便两种版本的使用者共享资源。

2.3.1　将 Protel 99SE 元件库导入 Altium Designer 中

在 Altium Designer 中使用的元件库为集成元件库，在 Altium Designer 中将 Protel 以前版本的元件库或自己做的元件库转换为集成库。在使用从 Protel 网站下载的元件库时，最好先将其转换成集成元件库后再使用。

【执行方式】

菜单栏：执行"文件"→"导入向导"命令。

【操作步骤】

执行此命令，弹出如图 2-17 所示的"导入向导"对话框。按照提示，一步步将当前文件转化为
Altium Designer 文件。

图 2-17　"导入向导"对话框

动手学——转换 4 端口串行接口电路的集成库文件格式

源文件：yuanwenjian\ch02\ Learning5\4 Port Serial Interface.PrjPcb

本实例将 Protel 99SE 下 DDB 格式的 4 Port Serial Interface 电路转换为 Altium Designer 文件。

【操作步骤】

（1）选择菜单栏中的"文件"→"导入向导"命令，打开"导入向导"对话框，单击 Next 按钮，
在弹出的界面中选择文件类型 99SE DDB Files，如图 2-18 所示。

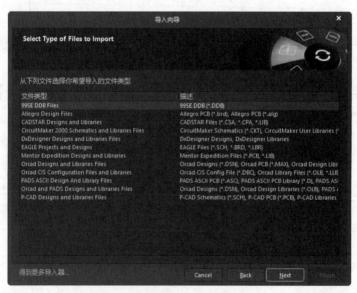

图 2-18　选择导入文件的类型

（2）单击 Next 按钮，出现 Choose files or folders to import 界面，添加前述保存的.DDB 文件，如图 2-19 所示。在该界面中也可以导入整个.DDB 的文件夹。

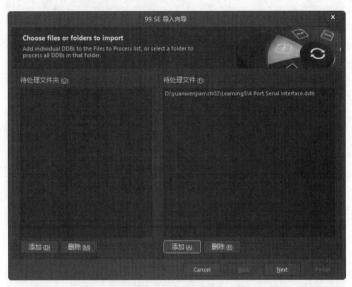

图 2-19 选择导入的文件和文件夹

（3）单击 Next 按钮，出现 Set file extraction options 界面，为前述的.DDB 文件选择一个输出文件夹，如图 2-20 所示。

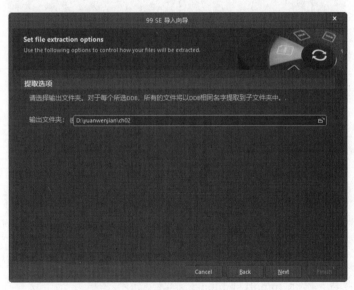

图 2-20 Set file extraction options 界面

（4）单击 Next 按钮，出现 Set Schematic conversion options 界面，可以在其中设置将原理图文档转换到当前文件格式，如图 2-21 所示。

（5）单击 Next 按钮，出现 Set import options 界面，可以选择"为每个 DDB 创建一个 Altium Designer 工程"或"为每个 DDB 文件夹创建一个 Altium Designer 工程"选项，以及勾选"包含非 Protel 文件（例如 PDF 或者 Word 文件）到已创建工程"复选框，如图 2-22 所示。

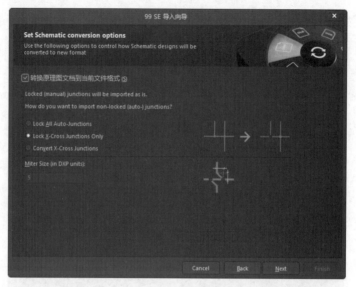

图 2-21　Set Schematic conversion options 界面

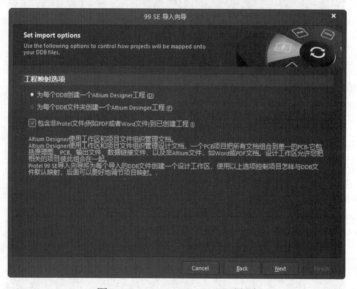

图 2-22　Set import options 界面

（6）单击 Next 按钮，出现 Select design files to import 界面，选择将要导入的设计文件，如图 2-23 所示。确认没有问题后单击 Next 按钮，进入下一步。然后会出现 Review project creation 界面，检查一下设置是否正确，如图 2-24 所示。

（7）单击 Next 按钮，显示 Import summary 界面，如图 2-25 所示。检查无误后便可进入下一步；若有错误，则退回相应步骤重新修改。然后依次出现两个界面，分别如图 2-26 和图 2-27 所示。

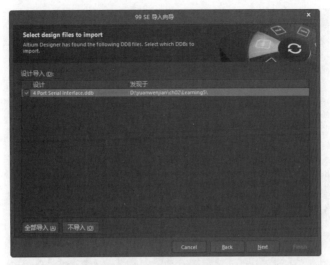

图 2-23 Select design files to import 界面

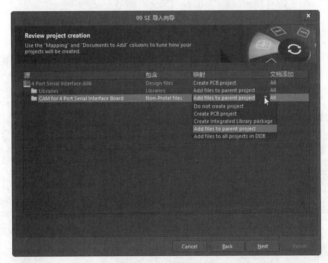

图 2-24 Review project creation 界面

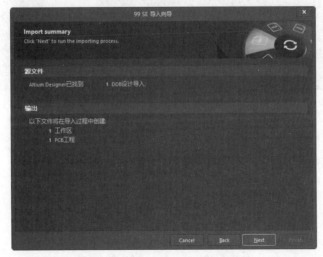

图 2-25 Import summary 界面

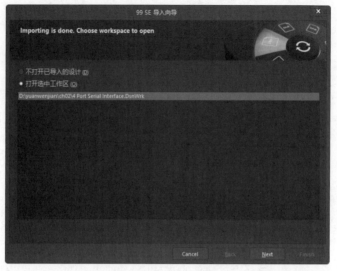

图 2-26　Importing is done. Choose workspace to open 界面

（8）最终在 Projects 面板中显示转换后的文件，如图 2-28 所示。

图 2-27　导入向导完成界面

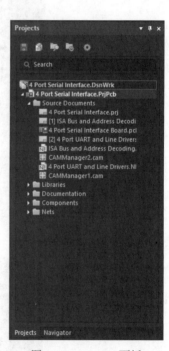

图 2-28　Projects 面板

2.3.2　将 Altium Designer 的元件库转换成 Protel 99SE 的格式

Altium Designer 的库档是以集成库的形式提供的，而 Protel 99SE 的库档是分类的形式。所以在它们之间转换时需要对 Altium Designer 的库档进行分包操作。

【执行方式】

菜单栏：执行"文件"→"另存为"命令。

【操作步骤】

执行此命令，弹出如图 2-29 所示的对话框，在"保存类型"下拉列表中选择 Schematic binary 4.0 library（*.lib）文件格式，如图 2-29 所示。

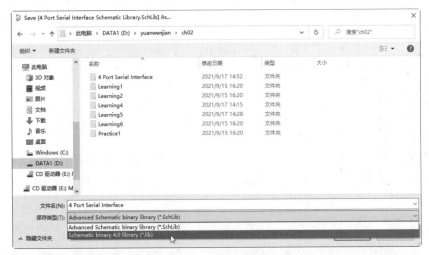

扫一扫，看视频

图 2-29　Save [4 Port Serial Interface Schematic Library.SchLib] As...对话框

动手学——转换集成库文件格式

源文件：yuanwenjian\ch02\Learning6\Miscellaneous Connectors.intlib
本实例将 Altium Designer 的元件库转换成 Protel 99SE 的格式。

【操作步骤】

（1）打开下载资源包中的 yuanwenjian\ch02\Learning6\example\Miscellaneous Connectors.intlib 文件。

（2）打开文件后弹出如图 2-30 所示的"解压源文件或安装"对话框。

（3）单击"解压源文件"按钮，生成 Miscellaneous Connectors.LibPkg 文件后，系统自动跳转到组件编辑界面，如图 2-31 所示。

图 2-30　"解压源文件或　　　　　　　　　图 2-31　组件编辑界面
安装"对话框

（4）打开原理图库文件，选择菜单栏中的"文件"→"另存为"命令，弹出 Save [Miscellaneous

Connectors. SchLib] As…对话框，在"保存类型"下拉列表中选择 Schematic binary 4.0 library(*.lib)（这是 Protel 99SE 可以导入的类型），如图 2-32 所示。

图 2-32　原理图保存的类型为 Protel 99SE 可以导入的类型

（5）打开封装库文件，选择菜单栏中的"File（文件）"→"另存为"命令，弹出 Save [Miscellaneous Connectors. PcbLib] As…对话框。

（6）在"保存类型"下拉列表中选择 PCB 3.0 Library File(*.lib)（这是 Protel 99SE 可以导入的类型），如图 2-33 所示。

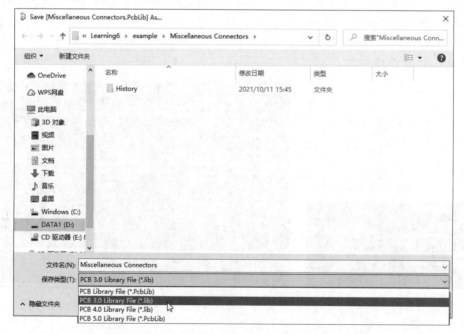

图 2-33　PCB 保存的类型为 Protel 99SE 可以导入的类型

第 3 章　Altium Designer 编辑环境

内容简介

Altium Designer 编辑环境是进行电路设计的基础。本章将介绍原理图编辑环境和原理图库编辑环境。了解 PCB 编辑环境和 PCB 元件库编辑环境，可以让读者提高对软件的熟悉程度。

内容要点

- 原理图编辑器界面
- 原理图元件库
- PCB 界面
- 创建 PCB 元件库及元件封装

案例效果

3.1　原理图的组成

原理图即电路板工作原理的逻辑表示,主要由一系列电气符号构成。图 3-1 所示是一张用 Altium Designer 21 绘制的原理图,其中用符号表示了 PCB 的所有组成部分。PCB 各个组成部分与原理图上电气符号的对应关系如下。

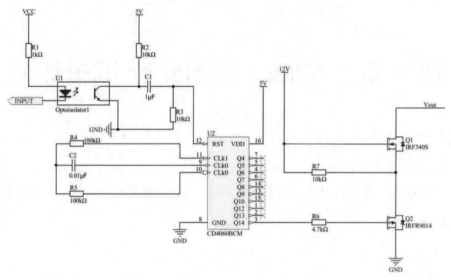

图 3-1　Altium Designer 21 绘制的原理图

1. 元件

在原理图设计中，元件以元件符号的形式出现。元件符号主要由元件引脚和边框组成，其中元件引脚需要和实际元件一一对应。

图 3-2 所示为图 3-1 中所采用的一个元件符号，该符号在 PCB 板上对应的是一个运算放大器。

图 3-2　元件符号

2. 铜箔

在原理图设计中，铜箔有以下几种表示方式。

- 导线：原理图设计中的导线也有相应的符号，它以线段的形式出现。在 Altium Designer 21 中还提供了总线，用于表示一组信号，它在 PCB 上对应的是一组由铜箔组成的有时序关系的导线。
- 焊盘：元件的引脚对应 PCB 上的焊盘。
- 过孔：原理图上不涉及 PCB 的布线，因此没有过孔。
- 覆铜：原理图上不涉及 PCB 的覆铜，因此没有覆铜的对应符号。

3. 丝印层

丝印层是 PCB 上元件的说明文字，对应于原理图上元件的说明文字。

4. 端口

在原理图编辑器中引入的端口不是指硬件端口，而是为了建立跨原理图电气连接而引入的具有电气特性的符号。在原理图中采用了一个端口，该端口就可以和其他原理图中同名的端口建立一个跨原理图的电气连接。

5. 网络标号

网络标号和端口类似，通过网络标号也可以建立电气连接。原理图中的网络标号必须附加在导线、总线或元件引脚上。

6. 电源符号

电源符号只用于标注原理图上的电源网络，并非实际的供电器件。

总之，绘制的原理图由各种元件组成，它们通过导线建立电气连接。在原理图上除了元件之外，还有一系列由其他组成部分辅助建立正确的电气连接，使整个原理图能够和实际的 PCB 对应起来。

3.2　原理图编辑器界面简介

在打开一个原理图设计文件或创建一个新原理图文件时，Altium Designer 21 的原理图编辑器将被启动。原理图的编辑环境如图 3-3 所示。

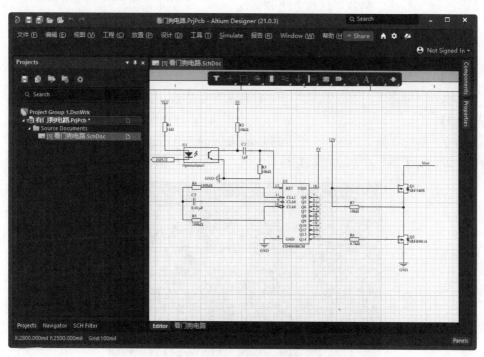

图 3-3　原理图的编辑环境

下面将简单介绍该原理图编辑环境的主要组成部分。

3.2.1　菜单栏

在 Altium Designer 21 设计系统中对不同类型的文件进行操作时，菜单栏中会发生相应的改变。在原理图的编辑环境中，菜单栏如图 3-4 所示。在设计过程中，对原理图的各种编辑操作都可以通过菜单栏中的相应命令来完成。

文件 (F)　编辑 (E)　视图 (V)　工程 (C)　放置 (P)　设计 (D)　工具 (T)　Simulate　报告 (R)　Window (W)　帮助 (H)

图 3-4　原理图编辑环境中的菜单栏

- "文件"菜单：用于执行文件的新建、打开、关闭、保存和打印等操作。
- "编辑"菜单：用于执行对象的选取、复制、粘贴、删除和查找等操作。
- "视图"菜单：用于执行视图的管理操作，如工作窗口的放大与缩小，各种工具、面板、状态栏及节点的显示与隐藏等。
- "工程"菜单：用于执行与工程有关的各种操作，如工程文件的建立、打开、保存、关闭及工程的编译和比较等。
- "放置"菜单：用于放置原理图的各组成部分。
- "设计"菜单：用于对元件库进行操作、生成网络报表等。
- "工具"菜单：用于为原理图设计提供各种操作工具，如元件快速定位等。
- Simulate 菜单：用于为原理图进行混合仿真设置，如添加、激活探针等命令。
- "报告"菜单：用于执行生成原理图各种报表的操作。
- Window 菜单：用于对窗口进行各种操作。
- "帮助"菜单：用于选择执行各种帮助。

3.2.2　工具栏

【执行方式】

菜单栏：执行"视图"→"工具栏"→"自定义"命令。

【操作步骤】

执行此命令，系统将弹出如图 3-5 所示的 Customizing Sch Editor（定制原理图编辑器）对话框。在该对话框中可以对工具栏中的功能按钮进行设置，以便用户创建自己的个性工具栏。

图 3-5　Customizing Sch Editor 对话框

【选项说明】

在原理图的设计界面中，Altium Designer 21 提供了丰富多样的工具栏，其中绘制原理图常用的工具栏介绍如下。

1．"原理图标准"工具栏

"原理图标准"工具栏中以按钮图标的形式为用户提供了一些常用的文件操作快捷方式，如打印、缩放、复制和粘贴等，如图 3-6 所示。如果将光标悬停在某个按钮的图标上，则该按钮的功能就会在图标下方显示出来，以便于用户操作。

2. "布线"工具栏

"布线"工具栏主要用于放置原理图中的元件、电源、接地、端口、图纸符号和未用引脚标志等，同时完成连线操作，如图 3-7 所示。

图 3-6　原理图编辑环境中的"原理图标准"工具栏　　图 3-7　原理图编辑环境中的"布线"工具栏

3. "应用工具"工具栏

"应用工具"工具栏用于在原理图中绘制所需要的标注信息，不代表电气连接，如图 3-8 所示。用户可以尝试操作其他的工具栏。

在"视图"菜单下的"工具栏"子菜单中列出了原理图设计中的所有工具栏；在工具栏名称左侧带有"√"标记的，表示该工具栏已经被打开了，否则该工具栏是关闭的，如图 3-9 所示。

图 3-8　原理图编辑环境中的"应用工具"工具栏　　图 3-9　"工具栏"命令子菜单

3.2.3　快捷工具栏

Altium Designer 21 在原理图或 PCB 界面设计工作区的中上部分增加了新的工具栏——Active Bar 快捷工具栏，用来访问一些常用的放置和走线命令，如图 3-10 所示。快捷工具栏可以将对象放置在原理图、PCB、Draftsman 和库文档中，并且可以在 PCB 文档中一键执行布线。

当快捷工具栏中的某个对象最近被使用后，该对象就变成了活动/可见按钮。按钮的右下方有一个小三角形，右击小三角形，即可弹出下拉菜单，如图 3-11 所示。

图 3-10　快捷工具栏　　　　　　　　　　　图 3-11　下拉菜单

3.2.4　工作窗口和工作面板

工作窗口是进行电路原理图设计的工作平台。在该窗口中，用户可以新绘制一个原理图，也可以对现有的原理图进行编辑和修改。

在原理图设计中经常用到的有 Projects 面板、工具按钮、右键命令、库面板和 Navigator 面板。

1. Projects 面板

Projects 面板如图 3-12 所示，其中列出了当前打开工程的文件列表及所有的临时文件，提供了所有关于工程的操作功能，如打开、关闭和新建各种文件，以及在工程中导入文件、比较工程中的文件等功能。

2. 工具按钮

Projects 面板包含了许多 Navigator 面板中的功能，在 Projects 面板左上方的按钮用于进行基本操作，如图 3-12 所示。

- 按钮：保存当前文档。只有在对当前文档进行更改时，才可以使用此按钮。
- 按钮：编译当前文档。
- 按钮：打开 Project Options 对话框。
- 按钮：访问下拉列表，可以在图中设置面板，如图 3-13 所示。
- "Search（查找）"功能：在面板中搜索特定的文档。在查找文本框中输入内容时，该功能起到过滤器的作用，如图 3-14 所示。

图 3-12　Projects 面板　　　　图 3-13　面板设置　　　　图 3-14　显示新的搜索功能

3. 右键命令

在项目面板右击显示快捷菜单，该菜单包括了右键操作所针对的特定项目命令。

（1）在工程文件上右击，显示如图 3-15 所示的快捷菜单。

单击 Validate PCB Project（编译 PCB 项目）命令，项目完成编译后，在 Projects 面板中添加名为 Components 和 Nets 的文件夹，如图 3-16 所示。

（2）在原理图文件上右击，显示如图 3-17 所示的快捷菜单，对文件进行保存、页面设置、打印预览等操作。

图 3-15　工程文件的快捷菜单　　图 3-16　Components 和 Nets 文件夹　　图 3-17　原理图快捷菜单

4. 库面板

库面板如图 3-18 所示，是一个浮动面板，当光标移动到其标签上时，就会显示该面板，也可以通过单击标签在不同浮动面板间进行切换。在该面板中可以浏览当前加载的所有元件库，也可以在原理图上放置元件，还可以对元件的封装、3D 模型、SPICE 模型和 SI 模型进行预览，同时能够查看元件供应商、单价和生产厂商等信息。

5. Navigator 面板

Navigator 面板能够在分析和编译原理图后提供关于原理图的所有信息，通常用于检查原理图，如图 3-19 所示。

图 3-18　库面板　　　　　　　　　图 3-19　Navigator 面板

动手学——打开 SCH Filter 工作面板

源文件：yuanwenjian\ch03\Learning1\看门狗电路.PrjPcb
练习 SCH Filter（原理图过滤器）工作面板的打开与关闭。

【操作步骤】

（1）打开下载资源包中的 yuanwenjian\ch03\Learning1\example\看门狗电路.PrjPcb 文件，进入原理图编辑环境。此时 Projects 面板显示，如图 3-20 所示。

（2）在原理图编辑环境中自动打开 SCH Filter 工作面板，结果如图 3-21 所示。

（3）关闭/打开 SCH Filter 工作面板有 3 种方式。

① 单击界面右下角的 Panels 按钮，在弹出的下拉菜单（如图 3-22 所示）中取消 SCH Filter 复选框的勾选，即可取消 SCH Filter 面板的显示，结果如图 3-23 所示。

图 3-20　Projects 面板　　　图 3-21　打开 SCH Filter 工作面板　　　图 3-22　SCH 下拉菜单

② 选择菜单栏中的"视图"→"面板"→SCH Filter 命令（如图 3-24 所示），取消 SCH Filter 复选框的勾选，即可取消 SCH Filter 面板的显示，结果如图 3-23 所示。

③ 在 SCH Filter 面板上右击，弹出如图 3-25 所示的快捷菜单，选择 Close 'SCH Filter'命令，即可取消 SCH Filter 面板的显示，结果如图 3-23 所示。

图 3-23 取消 SCH Filter 面板的显示

图 3-24 菜单命令

图 3-25 右击快捷命令

3.3 原理图元件库

打开或新建一个原理图元件库文件,即可进入原理图元件库文件编辑器。原理图元件库文件编辑器如图 3-26 所示。

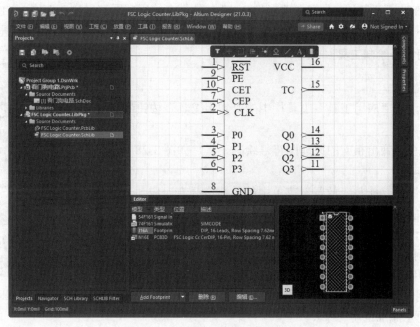

图 3-26 原理图元件库文件编辑器

3.3.1 元件库面板

在原理图元件库文件编辑器中，单击工作面板中的 SCH Library（原理图元件库）标签，即可显示 SCH Library 面板。该面板是原理图元件库文件编辑环境中的主面板，它几乎包含了用户创建的库文件的所有信息，用于对库文件进行编辑管理，如图 3-27 所示。

SCH Library 面板中列出了当前所打开的原理图元件库文件中的所有库元件，包括原理图符号名称及相应的描述等。其中各按钮的功能如下。

- "放置"按钮：用于将选定的元件放置到当前原理图中。
- "添加"按钮：用于在该库文件中添加一个元件。
- "删除"按钮：用于删除选定的元件。
- "编辑"按钮：用于编辑选定元件的属性。

练一练——创建原理图库文件

在工程文件中创建原理图库文件。

扫一扫，看视频

图 3-27　SCH Library 面板

📋 **思路点拨：**

源文件：yuanwenjian\ch03\Practice1\NEW PCB_Project.PrjpCb
（1）打开工程文件。
（2）新建原理图库文件。

3.3.2 工具栏

对于原理图元件库文件编辑环境中的菜单栏及工具栏，由于功能和使用方法与原理图编辑环境中基本一致，在此不再赘述。我们主要对"实用"工具栏中的原理图符号绘制工具、IEEE 符号（IEEE Symbols）工具及 Mode（模式）工具栏进行简要介绍，具体操作将在后面的章节中进行介绍。

1. 原理图符号绘制工具

【执行方式】
工具栏：单击"应用工具"工具栏中的"实用工具"按钮 。
【操作步骤】
执行此命令，弹出相应的原理图符号绘制工具，如图 3-28 所示。
【选项说明】
其中各按钮的功能与"放置"菜单中的各命令具有对应关系，各按钮的具体功能说明如下。

- ：用于绘制直线。
- ：用于绘制贝塞尔曲线。
- ：用于绘制圆弧线。
- ：用于绘制多边形。
- ：用于添加说明文字。

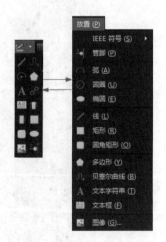

图 3-28　原理图符号绘制工具

- ↘ ▓：用于放置超链接。
- ↘ 🄰：用于放置文本框。
- ↘ ▢：用于绘制矩形。
- ↘ ▊：用于在当前库文件中添加一个元件。
- ↘ ▊：用于在当前元件中添加一个元件子功能单元。
- ↘ ▢：用于绘制圆角矩形。
- ↘ ⬭：用于绘制椭圆。
- ↘ ▣：用于插入图片。
- ↘ ✦：用于放置管脚。

这些按钮与原理图编辑器中的按钮十分相似，这里不再赘述。

2.　IEEE 符号工具

【执行方式】

工具栏：单击"应用工具"工具栏中的按钮 ▊▾。

【操作步骤】

执行此命令，弹出相应的 IEEE 符号工具，如图 3-29 所示。

【选项说明】

其中各按钮的功能与"放置"菜单中 IEEE 符号子
菜单中的各命令具有对应关系。

各按钮的功能说明如下：

- ↘ ○：用于放置点状符号。
- ↘ ←：用于放置左右信号流符号。
- ↘ ▷：用于放置时钟符号。
- ↘ ⅃：用于放置低电平输入有效符号。
- ↘ ⌒：用于放置模拟信号输入符号。
- ↘ ✳：用于放置非逻辑连接符号。
- ↘ ⌐：用于放置延迟输出符号。
- ↘ ◇：用于放置集电极开路符号。
- ↘ ▽：用于放置高阻符号。
- ↘ ▷：用于放置大电流输出符号。
- ↘ ⊓：用于放置脉冲符号。
- ↘ ⊢⊣：用于放置延时符号。
- ↘]：用于放置分组线符号。
- ↘ }：用于放置二进制分组线符号。
- ↘ ⊩：用于放置低电平有效输出符号。
- ↘ π：用于放置 π 符号。
- ↘ ≥：用于放置大于等于符号。
- ↘ ◇：用于放置集电极开路上拉符号。

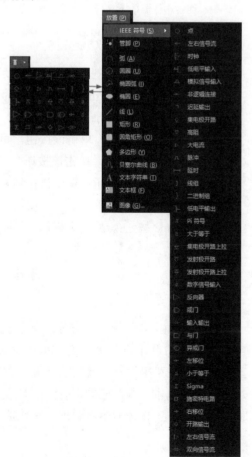

图 3-29　IEEE 符号工具

- ▿：用于放置发射极开路符号。
- ▿：用于放置发射极开路上拉符号。
- #：用于放置数字信号输入符号。
- ▷：用于放置反向器符号。
- ⅅ：用于放置或门符号。
- ◁▷：用于放置输入/输出符号。
- ▷：用于放置与门符号。
- ⅅ：用于放置异或门符号。
- ◂：用于放置左移符号。
- ≤：用于放置小于等于符号。
- Σ：用于放置求和符号。
- ⊓：用于放置施密特触发输入特性符号。
- ▸：用于放置右移符号。
- ◇：用于放置开路输出符号。
- ▷：用于放置左右信号传输符号。
- ◁▷：用于放置双向信号传输符号。

3. Mode（模式）工具栏

Mode 工具栏用于控制当前元件的显示模式，如图 3-30 所示。

图 3-30 "模式"工具栏

- "模式"按钮：单击该按钮，可以为当前元件选择一种显示模式，系统默认为 Normal（正常）。
- ✚（添加）按钮：单击该按钮，可以为当前元件添加一种显示模式。
- ━（删除）按钮：单击该按钮，可以删除元件的当前显示模式。
- ◆（前一种）按钮：单击该按钮，可以切换到前一种显示模式。
- ◆（后一种）按钮：单击该按钮，可以切换到后一种显示模式。
- Rename 按钮：单击该按钮，重命名当前元件的显示模式。

3.4 PCB 界面简介

PCB 界面主要包括三个部分：菜单栏、工具栏和工作面板，如图 3-31 所示。

与原理图设计的界面一样，PCB 设计界面也是在软件主界面的基础上添加了一系列菜单项和工具栏，这些菜单栏及工具栏主要用于 PCB 设计中的电路板设置、布局、布线及工程操作等。菜单项与工具栏基本上是对应的，能用菜单项来完成的操作几乎都能通过工具栏中的相应工具按钮完成。同时，右击，工作窗口中将弹出一个快捷菜单，其中包括一些 PCB 设计中常用的命令。

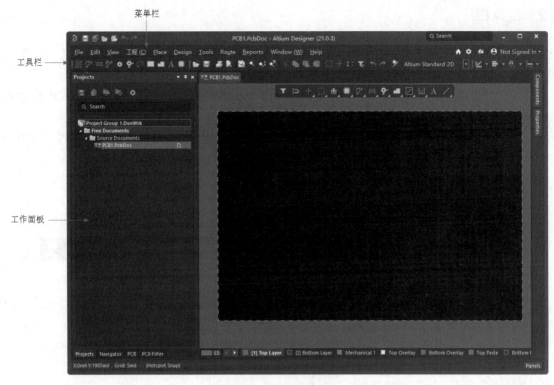

图 3-31　PCB 界面

3.4.1　菜单栏

在 PCB 设计过程中，各项操作都可以使用菜单栏中相应的命令来完成。菜单栏中的各菜单命令功能简要介绍如下。

- "文件"菜单：用于文件的新建、打开、关闭、保存与打印等操作。
- "编辑"菜单：用于对象的复制、粘贴、选取、删除、导线切割、移动、对齐等编辑操作。
- "视图"菜单：用于实现对视图的各种管理，如工作窗口的放大与缩小，各种工具、面板、状态栏及节点的显示与隐藏等，以及 3D 模型、公英制转换等。
- "工程"菜单：用于实现与项目有关的各种操作，如项目文件的新建、打开、保存与关闭，工程项目的编译及比较等。
- "放置"菜单：包含了在 PCB 中放置导线、字符、焊盘、过孔等各种对象以及放置坐标、标注等命令。
- "设计"菜单：用于添加或删除元件库、导入网络表、原理图与 PCB 间的同步更新及印制电路板的定义以及电路板形状的设置、移动等操作。
- "工具"菜单：用于为 PCB 设计提供各种工具，如 DRC 检查、元件的手动与自动布局、PCB图的密度分析及信号完整性分析等操作。
- "布线"菜单：用于执行与 PCB 自动布线相关的各种操作。
- "报告"菜单：用于执行生成 PCB 设计报表及 PCB 板尺寸测量等操作。
- Window 菜单：用于对窗口进行各种操作。
- "帮助"菜单：用于选择执行各种帮助。

3.4.2　工具栏

工具栏中以图标按钮的形式列出了常用菜单命令的快捷方式，用户可根据需要对工具栏中包含的命令进行选择，对摆放位置进行调整。

右击菜单栏或工具栏的空白区域，弹出如图 3-32 所示的快捷菜单，其中带有 √ 标记的命令表示被选中而出现在工作窗口上方的工具栏。

> ↘ "PCB Standard（PCB 标准）"命令：用于控制"PCB 标准"工具栏的打开与关闭，如图 3-33 所示。

图 3-32　快捷菜单　　　　　　　　　　图 3-33　　"PCB Standard（PCB 标准）"工具栏

> ↘ "Filter（过滤器）"命令：用于控制过滤工具栏 的打开与关闭，可以快速定位各种对象。
>
> ↘ "Utilities（应用程序）"命令：用于控制"实用"工具栏 的打开与关闭。
>
> ↘ "Wiring（布线）"命令：用于控制"布线"工具栏 的打开与关闭。
>
> ↘ "导航"命令：用于控制"导航"工具栏的打开与关闭。通过这些按钮，可以实现在不同界面之间的快速跳转。
>
> ↘ Customize（用户定义）命令：用于用户自定义设置。

3.5　创建 PCB 元件库及元件封装

Altium Designer 21 提供了强大的封装绘制功能，能绘制各种各样的新型封装。考虑到芯片管脚的排列通常是有规则的，多种芯片可能有同一种封装形式，所以 Altium Designer 21 提供了封装库管理功能，绘制好的封装可以方便地保存和引用。

3.5.1　封装概述

电子元件种类繁多，其封装形式也多种多样。所谓封装，是指安装半导体集成电路芯片用的外壳，不仅起着安放、固定、密封、保护芯片和增强导热性能的作用，还具有沟通芯片内部世界与外部电路的作用。

在 PCB 板上芯片的封装通常表现为一组焊盘、丝印层上的边框及芯片的说明文字。焊盘是封装中最重要的组成部分，用于连接芯片的管脚，并通过印制板上的导线连接到印制板上的其他焊盘，进一步连接焊盘所对应的芯片管脚，实现电路功能。在封装中，每个焊盘都有唯一的标号，以区别封装中的其他焊盘。丝印层上的边框和说明文字主要起指示作用，指明焊盘所对应的芯片，方便印制板的焊接。焊盘的形状和排列是封装的关键组成部分，确保焊盘的形状和排列正确才能正确地建立一个封装。对于安装有特殊要求的封装，边框也需要绝对正确。

3.5.2 常用封装介绍

根据元件所采用安装技术的不同，封装可分为通孔安装技术（Through Hole Technology，THT）和表面安装技术（Surface Mounted Technology，SMT）。

使用通孔安装技术安装元件时，元件安置在电路板的一面，元件管脚穿过 PCB 板焊接在另一面上。通孔安装元件需要占用较大的空间，并且要为所有管脚在电路板上钻孔，所以它们的管脚会占用两面的空间，而且焊点也比较大。但是，通孔安装元件与 PCB 板连接较好，机械性能好。例如，排线的插座、接口板插槽等接口都需要一定的耐压能力，因此，通常采用通孔安装技术。

使用表面安装技术安装元件时，管脚焊盘与元件在电路板的同一面。表面安装元件一般比通孔元件体积小，而且不必为焊盘钻孔，甚至还能在 PCB 板的两面都焊上元件。因此，与使用通孔安装技术安装元件的 PCB 板相比，使用表面安装（安装技术安装）元件的 PCB 板上的元件布局要密集很多，体积也小很多。此外，应用表面安装技术的封装元件也比通孔安装技术的要便宜一些，所以目前的 PCB 设计广泛采用了表面安装技术安装元件。

目前常用的元件封装分类如下：

- ➡ BGA（Ball Grid Array）：球栅阵列封装。根据其封装材料和尺寸的不同还可细分成不同的 BGA 封装，如陶瓷球栅阵列封装 CBGA、小型球栅阵列封装 μBGA 等。
- ➡ PGA（Pin Grid Array）：插针栅格阵列封装。使用这种技术封装的芯片内外有多个方阵形的插针，每个方阵形插针沿芯片的四周间隔一定距离排列，根据管脚的数量，可以围成 2～5 圈。安装封装时，将芯片插入专门的 PGA 插座。该技术一般用于插拔操作比较频繁的仪器/环境，如计算机的 CPU。
- ➡ QFP（Quad Flat Package）：方形扁平封装。这是目前芯片使用较多的一种封装形式。
- ➡ PLCC（Plastic Leaded Chip Carrier）：塑料引线芯片载体。
- ➡ DIP（Dual In-line Package）：双列直插封装。
- ➡ SIP（Single In-line Package）：单列直插封装。
- ➡ SOP（Small Out-line Package）：小外形封装。
- ➡ SOJ（Small Out-line J-Leaded Package）：J 形管脚小外形封装。
- ➡ CSP（Chip Scale Package）：芯片级封装。这是一种较新的封装形式，常用于内存条。在 CSP 封装方式中，芯片是通过一个个锡球焊接在 PCB 板上的，由于焊点和 PCB 板的接触面积较大，所以内存芯片在运行中所产生的热量可以很容易地传导到 PCB 板上并散发出去。另外，CSP 封装采用中心管脚形式，有效地缩短了信号的传输距离，信号衰减随之减少，而且芯片的抗干扰性、抗噪性也能得到大幅提升。
- ➡ Flip-Chip：倒装焊芯片，也称为覆晶式组装技术，是一种将 IC 与基板相互连接的先进封装技术。在封装过程中，IC 会被翻转过来，让 IC 上面的焊点与基板的接合点相互连接。由于成本与制造因素，使用 Flip-Chip 接合的产品通常根据 I/O 数分为两种形式，即低 I/O 数的 FCOB（Flip Chip on Board）封装和高 I/O 数的 FCIP（Flip Chip in Package）封装。Flip-Chip 技术应用的基板包括陶瓷、硅芯片、高分子基层板及玻璃等，其应用范围包括计算机、PCMCIA 卡、军事设备、个人通信产品、钟表及液晶显示器等。
- ➡ COB（Chip on Board）：板上芯片封装，即芯片被绑定在 PCB 板上。这是一种当前比较流行的封装方式。COB 模块的生产成本不仅比 SMT 低，还可以减小封装体积。

3.5.3 PCB 库编辑器

打开或新建一个 PCB 库文件，即可进入 PCB 库编辑器。PCB 库编辑器如图 3-34 所示。

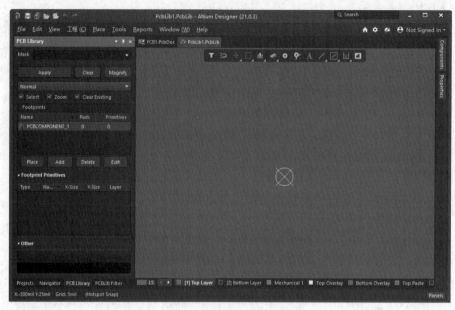

图 3-34　PCB 库编辑器

【执行方式】

菜单栏：执行"文件"→"新的"→"库"→"PCB 元件库"命令，如图 3-35 所示。

图 3-35　新建一个 PCB 元件库文件

【操作步骤】

执行此命令，打开 PCB 库编辑环境，新建一个 PCB 元件库文件 PcbLib1.PcbLib。

动手学——创建 PCB 库文件

源文件：yuanwenjian\ch03\Learning2\NewPcbLib.PcbLib

创建一个 PCB 库文件并保存。

【操作步骤】

（1）选择菜单栏中的"文件"→"新的"→"库"→"PCB 元件库"命令，新建一个 PCB 元件库文件 PcbLib1.PcbLib。

（2）选择菜单栏中的"File（文件）"→"另存为"命令，保存并更改该 PCB 库文件名称为 NewPcbLib.PcbLib。

（3）在 Projects 面板的 PCB 库文件管理文件夹中出现了需要的 PCB 库文件，双击该文件即可进入 PCB 库编辑器。

【选项说明】

PCB 库编辑器的设置和 PCB 编辑器基本相同，只是菜单栏中少了"设计"和"布线"命令，工具栏中也少了相应的工具按钮。另外，在这两个编辑器中，可用的控制面板也有所不同。在 PCB 库编辑器中独有的"PCB Library（PCB 元件库）"面板，提供了对封装库内元件封装统一编辑、管理的界面。

PCB Library 面板如图 3-36 所示，分为 Mask（屏蔽查询栏）、Footprints（封装列表）、Footprint Primitives（封装图元列表）和 Other（缩略图显示框）4 个区域。

Mask（屏蔽查询栏）区域可以对该库文件内的所有元件封装进行查询，并根据屏蔽框中的内容将符合条件的元件封装列出。

Footprints（封装列表）区域列出了该库文件中所有符合屏蔽栏设定条件的元件封装名称，并注明其焊盘数、图元数等基本属性。单击元件列表中的元件封装名，工作区将显示该封装，并弹出如图 3-37 所示的"PCB 库封装"对话框，在该对话框中可以修改元件封装的名称和高度（"高度"是供 PCB 3D 显示时使用的）。

在元件列表中右击，弹出的快捷菜单如图 3-38 所示。通过该菜单可以进行元件库的各种编辑操作。

图 3-36　PCB Library 面板

图 3-37　"PCB 库封装"对话框

图 3-38　右键快捷菜单

Footprint Primitives（封装图元列表）区域列出了封装图的组成部分。

Other（缩略图显示框）区域用于显示封装图形。

第4章 原理图图纸和工作环境设置

内容简介

在进入电路原理图的编辑环境时，Altium Designer 21 系统会自动给出相关的图纸默认参数，但是在大多数情况下，这些默认参数不一定能满足用户的需求，尤其是在图纸的尺寸方面。因此，用户需要根据设计对象的复杂程度对图纸的尺寸及其他相关参数进行重新定义。

内容要点

- ❯ 设置原理图图纸
- ❯ 设置原理图工作环境
- ❯ 设计看门狗电路图纸
- ❯ 案例效果

案例效果

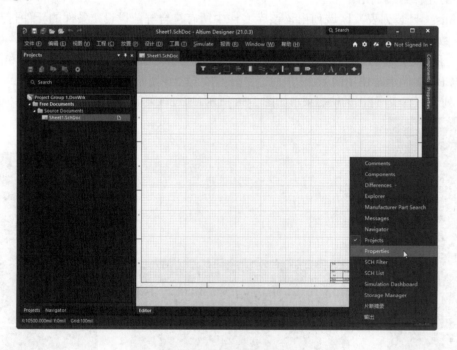

4.1 原理图图纸设置

原理图设计是电路设计的第一步，是制板、仿真等后续步骤的基础。因此，原理图的正确与否，直接关系到整个设计的成败。另外，为了方便自己和他人读图，原理图的美观、清晰和规范也十分重要。

Altium Designer 21 的原理图设计大致可分为 9 个步骤，如图 4-1 所示。

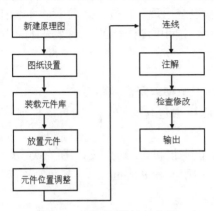

图 4-1　原理图设计的步骤

在原理图的绘制过程中，可以根据所要设计电路图的复杂程度，先对图纸进行设置。图纸的相关参数设置主要包括设置 search（搜索）功能、过滤对象、图纸单位、图纸尺寸、图纸方向、标题栏和颜色、栅格和光标等。

【执行方式】

单击界面右下角的 Panels 按钮，在弹出的快捷菜单中选择 Properties（属性）命令。

【操作步骤】

执行上述操作后，系统将打开 Properties 面板，并自动固定在右侧边界上，如图 4-2 所示。

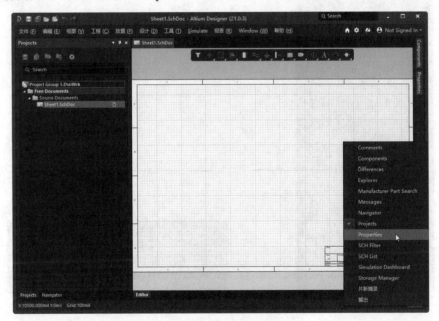

图 4-2　Properties 面板

【选项说明】

Properties 面板包含与当前工作区中所选择条目相关的信息和控件。如果在当前工作空间中没有选择任何对象，当从 PCB 文档访问时，面板会显示电路板选项；当从原理图访问时，显示文档选项；

当从库文档访问时，显示库选项；当从多板文档访问时，显示多板选项。Properties 面板还显示当前活动的 BOM 文档（*.BomDoc），还可以迅速更改通用的文档选项。当在工作区中放置对象（如弧形、文本字符串、线等）时，面板也会出现。在放置之前，也可以使用 Properties 面板配置对象。通过 Selection Filter，可以控制在工作空间中能选择的和不能选择的内容。

1. search（搜索）功能

search（搜索）功能允许在面板中搜索所需的条目。

单击 按钮，使 Properties 面板中包含来自同一项目的任何打开文档的所有类型的对象，如图 4-3 所示。

单击 按钮，使 Properties 面板中仅包含当前文档中所有类型的对象。

在该选项板中，有 General（通用）和 Parameters（参数）这两个选项卡。

2. 设置过滤对象

在 Document Options（文档选项）选项组单击 中的下拉按钮，弹出如图 4-4 所示的对象选择过滤器。

图 4-3　Properties 面板

图 4-4　对象选择过滤器

单击图 4-3 中 All-On，表示在原理图中选择对象。选中所有类别的对象时，可单独选择其中的选项，也可全部选中。对象包括 Components、Wires、Buses、Sheet Symbols、Sheet Entries、Net Labels、Parameters、Ports、Power Ports、Texts、Drawing objects、Other 等。

在 Selection Filter（选择过滤器）选项组中显示同样的选项。

3. 设置图纸单位

图纸单位可通过 Units（单位）选项组下设置，可以设置为公制单位（mm），也可以设置为英制单位（mils）。一般在绘制和显示时设为 mil。

选择菜单栏中的"视图"→"切换单位"命令，可以在两种单位间进行切换。

4. 设置图纸尺寸

单击图 4-3 中 Page Options（图页选项）选项组时，Formating and Size（格式与尺寸）选项为图纸尺寸的设置区域。Altium Designer 21 给出了三种图纸尺寸的设置方式。

（1）Template（模板）。单击 Template 下拉按钮，在下拉列表中可以选择已定义好的图纸标准尺寸，包括模型图纸尺寸（A0_portrait～A4_portrait）、公制图纸尺寸（A0～A4）、英制图纸尺寸（A～E）、CAD 标准尺寸（A～E）、OrCAD 标准尺寸（Orcad_a～Orcad_e）及其他格式（Letter、Legal、Tabloid 等）的尺寸，如图 4-5 所示。

当一个模板设置为默认模板后，每次创建新文件时，系统会自动套用该模板，适用于固定使用某个模板的情况。若不需要模板文件，则 Template 文本框中显示空白。

在图 4-3 中 Template（模板文件）选项组的下拉列表中选择 A、A0 等模板，单击■按钮，弹出如图 4-6 所示的提示对话框，提示是否更新模板文件。

（2）Standard（标准风格）。单击 Sheet Size（图纸尺寸）右侧的■按钮，在下拉列表中可以选择已定义好的图纸标准尺寸，包括公制图纸尺寸（A0～A4）、英制图纸尺寸（A～E）、CAD 标准尺寸（A～E）、OrCAD 标准尺寸（OrCAD A～OrCAD E）及其他格式（Letter、Legal、Tabloid 等）的尺寸，如图 4-7 所示。

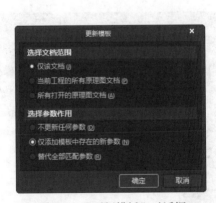

图 4-5　Template 选项　　　　图 4-6　"更新模板"对话框　　　　图 4-7　下拉列表

（3）Custom（自定义风格）。在 Width（定制宽度）、Height（定制高度）中可以输入自定义的图纸尺寸。

在设计过程中，除了对图纸的尺寸进行设置外，还需要对图纸的其他选项进行设置，如图纸的方向、标题栏样式和图纸的颜色等。这些设置可以在 Page Options 选项组中完成。

动手学——设置图纸大小

图纸大小的设置方法演示。

扫一扫，看视频

【操作步骤】

（1）在当前原理图上，单击界面右下角 Panels 按钮，弹出快捷菜单，选择 Properties（属性）命令，打开 Properties（属性）面板，并自动固定在右侧边界上。

（2）打开 Sheet Size（图纸大小）下拉列表，将图纸大小设置为标准 A4 图纸，如图 4-8 所示。

5. 设置图纸方向

图纸方向可通过 Orientation（定位）下拉列表设置，可以设置为水平方向（Landscape），即横向；也可以设置为垂直方向（Portrait），即纵向。一般在绘制和显示时设为横向，在输出打印时可根据需要设为横向或纵向。

6. 设置图纸标题栏

图纸标题栏是设计图纸的附加说明，可以在其中对图纸进行简单的描述，也可以作为以后图纸标准化时的信息。Altium Designer 21 中提供了两种预先定义好的标题块，即 Standard（标准格式）和 ANSI（美国国家标准格式）。

扫一扫，看视频

动手学——设置标题栏

标题栏的设置方法演示。

图 4-8　选择图纸类型

【操作步骤】

（1）单击界面右下角 Panels 按钮，弹出快捷菜单，选择 Properties（属性）命令，打开 Properties（属性）面板，取消勾选 Title Block（标题块）复选框，显示图纸设置结果，如图 4-9 所示。

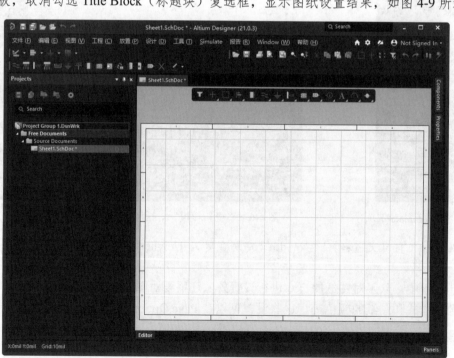

图 4-9　不显示标题块的图纸设置

（2）在 Properties（属性）面板中，勾选 Title Block（标题块）复选框，选择 Standard（标准）格式，显示图纸设置结果，如图 4-10 所示。

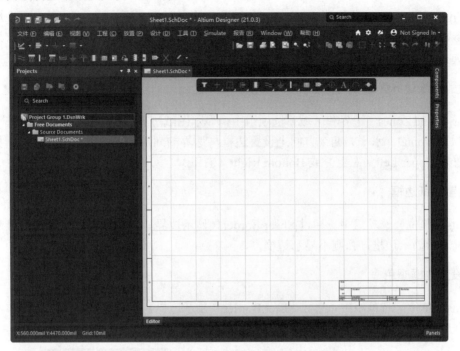

图 4-10　显示 Standard 标题块的图纸设置

（3）在 Properties（属性）面板中，勾选 Title Block（标题块）复选框，选择 ANSI 格式，显示图纸设置结果，如图 4-11 所示。

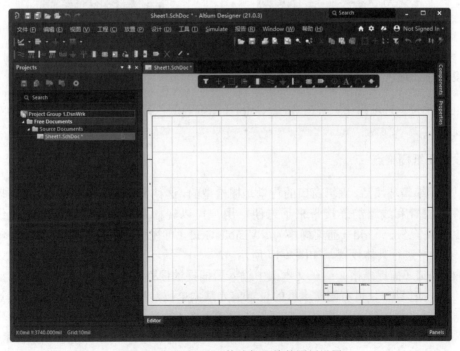

图 4-11　显示 ANSI 格式标题块的图纸设置

7. 设置图纸参考说明区域

在 Margin and Zones（边界和区域）选项组中，通过 Show Zones（显示区域）复选框可以设置是否显示参考说明区域。勾选该复选框表示显示参考说明区域，否则不显示参考说明区域。一般情况下应该选择显示参考说明区域。

8. 设置图纸边界区域

在 Margin and Zones（边界和区域）选项组中，显示图纸边界区域，如图 4-12 所示。在 Vertical（垂直）和 Horizontal（水平）两个方向上设置边框与边界的间距。在 Origin（原点）下拉列表中选择原点位置是 Upper Left（左上）或 Bottom Right（右下）。

9. 设置图纸边框

在 Units（单位）选项组中，通过 Sheet Border（显示边界）复选框可以设置是否显示边框。勾选该复选框表示显示边框，否则不显示边框。

10. 设置边框颜色

在 Units（单位）选项组中，单击 Sheet Border（显示边界）颜色显示框，然后在弹出的对话框中选择边框的颜色，如图 4-13 所示。

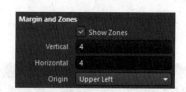

图 4-12　图纸边界区域

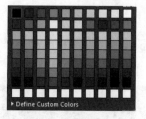

图 4-13　选择颜色

11. 设置图纸颜色

在 Units（单位）选项组中，单击 Sheet Color（图纸的颜色）显示框，然后在弹出的对话框中选择图纸的颜色。

12. 设置图纸栅格点

进入原理图编辑环境后，编辑窗口的背景是栅格型的，这种栅格就是可视栅格，是可以改变的。栅格为元件的放置和线路的连接带来了方便，用户可以轻松地排列元件、整齐地走线。Altium Designer 21 提供了 Snap Grid（捕捉栅格）、Visible Grid（可视栅格）和 Electric Grid（电气栅格）3 种栅格，对栅格进行具体设置，如图 4-14 所示。

- ➥ Snap Grid（捕捉栅格）：在文本框中输入要捕捉的栅格大小，就是光标每次移动的距离大小。光标移动时，以右侧文本框的设置值为基本单位，系统默认值为 10 个像素点，用户可根据设计的要求输入新的数值来改变光标每次移动的最小间隔距离。
- ➥ Visible Grid（可视栅格）：在文本框中输入可视栅格大小，单击"可见"按钮，用于控制是否启用捕捉栅格，即在图纸上是否可以看到的栅格。对图纸上栅格间的距离进行设置，系统默认值为 100 个像素点。若不勾选该复选框，则表示在图纸上将不显示栅格。

↳ Electric Grid（电气栅格）：如果勾选了 Snap to Electrical Object（捕捉电气栅格）复选框，则在绘制连线时，系统会以光标所在位置为中心，以 Snap Distance（栅格范围）的设置值为半径，向四周搜索电气节点。如果在搜索半径内有电气节点，则光标将自动移到该节点上并在该节点上显示一个圆亮点，搜索半径的数值可以自行设定。如果不勾选该复选框，则取消了系统自动寻找电气节点的功能。

↳ 单击菜单栏中的"视图"→"栅格"命令，其子菜单中有用于切换以上 3 种栅格启用状态的命令，如图 4-15 所示。单击"设置捕捉栅格"命令，系统将弹出如图 4-16 所示的 Choose a snap grid size（选择捕捉栅格尺寸）对话框。在该对话框中可以输入捕捉栅格的参数值。

图 4-14　栅格设置

图 4-15　"栅格"命令子菜单

图 4-16　Choose a snap grid size 对话框

动手学——设置栅格

【操作步骤】

（1）单击界面右下角 Panels 按钮，弹出快捷菜单，选择 Properties（属性）命令，打开 Properties（属性）面板，从中设置栅格。

（2）单击菜单栏中的"视图"→"栅格"命令，如图 4-17 所示。选择"设置捕捉栅格"命令，系统将弹出如图 4-18 所示的 Choose a snap grid size（选择捕捉栅格尺寸）对话框，从中可以输入捕捉栅格的参数值。

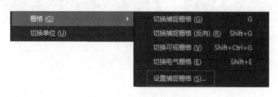
图 4-17　"栅格"子菜单

图 4-18　Choose a snap grid size 对话框

13. 设置图纸所用字体

在 Units 选项卡中，单击 Document Font（文档字体）选项组下的 Times New Roman, 10 按钮，系统将弹出如图 4-19 所示的对话框。在该对话框中对字体进行设置，将会改变整个原理图中的所有文字，包括原理图中的元件引脚文字和原理图的注释文字等。通常字体采用默认设置即可。

14. 设置图纸参数信息

图纸的参数信息记录了电路原理图的参数信息和更新记录。这项功能可以使用户更系统、更有效地对设计的图纸进行管理。

建议用户对此项进行设置，而且当设计项目中包含很多的图纸时，图纸参数信息就显得非常有用了。

在 Properties 面板中，单击 Parameters 选项卡，即可对图纸参数信息进行设置，如图 4-20 所示。

在要填写或修改的参数上双击或选中要修改的参数后，在文本框中修改各个设定值。单击 Add（添加）按钮下的"Parameter（参数）"选项，系统添加相应的参数属性。用户可以在该面板选择 Date（日期）参数，在 Value（值）选项组中填入日期，完成该参数的设置，如图 4-21 所示。

在该面板中可以填写的原理图信息很多，简单介绍如下。

➢ Address1、Address2、Address3、Address4：用于填写设计公司或单位的地址。

➢ ApprovedBy：用于填写项目设计负责人姓名。

➢ Author：用于填写设计者姓名。

➢ CheckedBy：用于填写审核者姓名。

➢ CompanyName：用于填写设计公司或单位的名字。

➢ CurrentDate：用于填写当前日期。

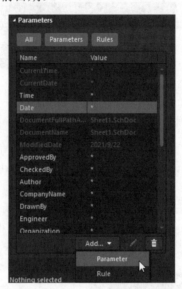

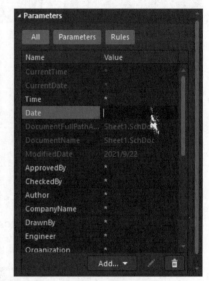

图 4-19 "字体"对话框 　　图 4-20 Parameters（参数）选项卡 　　图 4-21 日期设置

➢ CurrentTime：用于填写当前时间。

➢ Date：用于填写日期。

➢ DocumentFullPathAndName：用于填写设计文件名和完整的保存路径。

➢ DocumentName：用于填写文件名。

➢ DocumentNumber：用于填写文件数量。

➢ DrawnBy：用于填写图纸绘制者姓名。

➢ Engineer：用于填写工程师姓名。

➢ ImagePath：用于填写影像路径。

➢ ModifiedDate：用于填写修改的日期。

➢ Organization：用于填写设计机构名称。

➢ Revision：用于填写图纸版本号。

➢ Rule：用于填写设计规则信息。

➢ SheetNumber：用于填写本原理图的编号。

➢ SheetTotal：用于填写电路原理图的总数。

➥ Time：用于填写时间。

➥ Title：用于填写电路原理图标题。

动手学——设置图纸参数

源文件：yuanwenjian\ch04\Learning4\看门狗电路. PrjPcb

为新建的图纸添加名称与修改日期等信息。

【操作步骤】

（1）打开下载资源包中的 yuanwenjian\ch04\Learning4\example\看门狗电路.PrjPcb 文件。

（2）在 Properties 面板中，单击 Parameters 选项卡，显示图纸信息。

（3）在 CompanyName 参数的 Value（值）文本框中输入"三维书屋"，如图 4-22 所示。

（4）在 Date 参数的 Value（值）文本框中输入日期，即可完成该参数的设置，如图 4-23 所示。

图 4-22　Parameters 选项卡　　　　　　　图 4-23　设置日期

练一练——设置集成频率合成器电路文档属性

设置集成频率合成器电路文档的属性。

📋 **思路点拨：**

源文件：yuanwenjian\ch04\Practice1\集成频率合成器电路.PRJFPG

（1）打开 Properties 面板。

（2）将图纸的 Sheet Size 设置为 A4，Orientation 设置为 Landscape，Title Block 设置为 Standard。

（3）设置 Document Font 为 Times New Roman，字号为 10。

（4）添加图纸名称为"集成频率合成器电路"，作者为"三维书屋"。

4.2 原理图工作环境设置

在电路原理图的绘制过程中，其效率和正确性往往与原理图工作环境的设置有着十分密切的联系。本节将详细介绍一下原理图工作环境的设置，使用户能熟悉这些设置，为后面的原理图绘制打下良好的基础。

单击菜单栏中的"工具"→"原理图优先项"命令，或在编辑窗口中右击，在弹出的快捷菜单中选择"原理图优先项"命令，打开"优选项"对话框，如图 4-24 所示。

在左侧树形目录中，Schematic（原理图）选项下有 8 个子选项（也可称之为标签）：General（常规设置）、Graphical Editing（几何编辑）、Compiler（编译）、AutoFocus（自动聚焦）、Library AutoZoom（元件库自动缩放）、Grids（栅格）、Break Wire（切割导线）和 Defaults（默认），分别对应 8 个页面。下面将对这些页面进行具体的介绍。

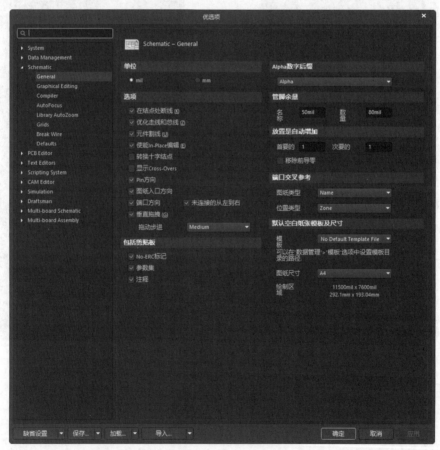

图 4-24　General 页面

4.2.1　General 页面的设置

在"优选项"对话框中单击 General 标签，在对话框的右侧会显示出 General 页面，如图 4-24 所示。General 页面主要用来设置电路原理图的常规环境参数。

1. "选项"选项组

（1）在结点处断线：勾选该复选框，在两条交叉线处自动添加结点，结点两侧的导线将被分割成两段。

（2）优化走线和总线：若勾选该复选框，则在进行导线和总线的连接时，系统会自动选择最优路径，并且能避免各种电气连线和非电气连线的相互重叠；若不勾选该复选框，用户则可以根据自己的设计选择连线路径。

（3）元件割线：即元件切割导线。此复选框只有在勾选"优化走线和总线"复选框时，才能进行勾选。勾选后，会启动元器件切割导线的功能，即在放置元器件时，若元器件的两个管脚同时落在一根导线上，则元器件会把导线切割成两段，两个端点分别与元器件的两个管脚相连。

（4）使能 In-Place 编辑：启用即时编辑功能，即允许放置后编辑。若勾选该复选框，则在选中原理图中的文本对象（如元器件的序号、标注等）时，可以直接在原理图上单击修改文本内容。若未勾选该复选框，则必须在参数设置对话框中修改文本内容。

（5）转换十字结点：若勾选该复选框，在绘制导线时，在重复的导线处会自动连接并生成一个结点，同时终止本次画线操作。若不勾选该复选框，画线时可以随意覆盖已经存在的连线，并可以继续进行画线操作。

（6）显示 Cross-Overs：显示交叉点，即显示横跨。勾选该复选框后，非电气连线的交叉处会以半圆弧的形式显示出横跨状态。

（7）Pin 方向：管脚说明，引脚方向。勾选后，当单击一个元器件的某一引脚时，会自动显示该引脚的编号及输入或输出特性等。

（8）图纸入口方向：图纸输入端口方向。

（9）端口方向：勾选该复选框后，端口的形式会根据用户设置的端口属性显示是输出端口、输入端口或其他性质的端口。

（10）垂直拖曳：在原理图上拖动元件时，与元件相连接的导线只能保持直角，否则与元件相连接的导线可以呈现任意角度。

2. "包括剪贴板"选项组

该选项组主要用于设置使用剪贴板或打印时的参数。

（1）No-ERC 标记：即无 ERC 符号。勾选该复选框后，在复制、剪切到剪贴板或打印时，对象的 No-ERC 标记将随对象被复制、剪切或打印。否则，在复制和打印对象时，将不包括 No-ERC 标记。

（2）参数集：即参数集合。勾选该复选框后，则在使用剪贴板进行复制或打印时，对象的参数设置将随对象被复制或打印。否则，复制和打印对象时，将不包括对象参数。

（3）注释：勾选该复选框后，使用剪贴板进行复制或打印时，将包含注释说明信息。

3. "Alpha 数字后缀"选项组

"Alpha 数字后缀"选项组用于为多组件的元器件标设后缀的类型，包括字母后缀和数字后缀。有些元器件内部是由多组元器件组成的，例如 74 系列元器件，SN7404N 就是由 6 个非门组成的，可以通过"Alpha 数字后缀"选项组设置元器件的后缀。若选择"字母"选项，则后缀以字母表示，如 A、B 等。若选择"数字"选项，则后缀以数字表示，如 1、2 等。

以元器件 SN7404N 为例，在原理图中放置 SN7404N 时，会出现一个非门（如图 4-25 所示），而不是实际所见的双列直插器件。

❧ 选择"字母"选项时：假定设置元器件标识为 U1，由于 SN7404N 是 6 个非门，在原理图上可以连续放置 6 个非门，如图 4-26 所示。此时可以看到元器件的后缀依次为 U1A、U1B、U1C 等，按字母顺序递增。

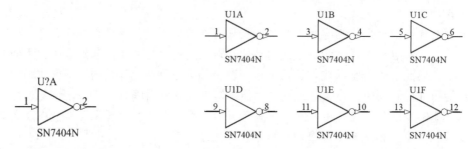

图 4-25　SN7404N 原理图　　图 4-26　选择"字母"选项后的 SN7404N 原理图

❧ 选择"数字"选项时：放置 SN7404N 的 6 个非门后的原理图如图 4-27 所示，从图中可以看到元器件后缀的区别。

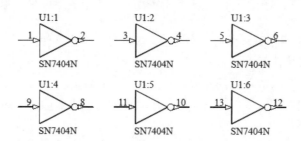

图 4-27　选择"数字"选项后的 SN7404N 原理图

4. "管脚余量"选项组

"管脚余量"选项组的功能是设置元器件上的引脚名称、引脚编号和元器件符号边缘间的间距。

（1）名称：用来设置元器件引脚名称与元器件符号边缘间的间距，系统默认值为 50 mil。

（2）数量：用来设置元器件引脚编号与元器件符号边缘间的间距，系统默认值为 80 mil。

5. "放置是自动增加" 选项组

该选项组的功能是设置元器件的标识序号和引脚号的自动增量数。

（1）首要的：在原理图上连续放置同一种元件时，用于设定元件标识序号的自动增量数，系统默认值为 1。

（2）次要的：创建原理图符号时，用于设定引脚号的自动增量数，系统默认值为 1。

（3）移除前导零：勾选该复选框，元件标识序号及引脚号去掉前导零。

6. "端口交叉参考"选项组

该选项组的功能是设置图纸中的端口类型和端口放置的位置依据。

（1）图纸类型：用于设置图纸中端口类型，包括 Name（名称）和 Number（数字）。

（2）位置类型：用于设置图纸中端口放置的位置依据，系统设置包括 Zone（区域）和 Location X,Y（坐标）。

7. "默认空白纸张模板及尺寸"选项组

默认空白纸张模板及尺寸选项组用来设置默认的空白原理图图纸的尺寸，即在新建一个原理图文件时系统默认图纸的尺寸。可以通过单击"图纸尺寸"下拉按钮，在弹出的下拉列表中进行设置。

4.2.2 Graphical Editing 页面的设置

在"优选项"对话框中单击 Graphical Editing 标签，弹出 Graphical Editing 页面，如图 4-28 所示。Graphical Editing 页面主要用来设置与绘图有关的一些参数。

1. "选项"选项组

"选项"选项组中主要包括如下设置。

（1）剪贴板参考：用于设置将选取的元器件复制或剪切到剪贴板时，是否要指定参考点。如果勾选此复选框，则在进行复制或剪切操作时，系统会要求指定参考点，这对于复制一个将要粘贴回原来位置的原理图部分非常重要，该参考点是粘贴时被保留部分的点，建议勾选此项。

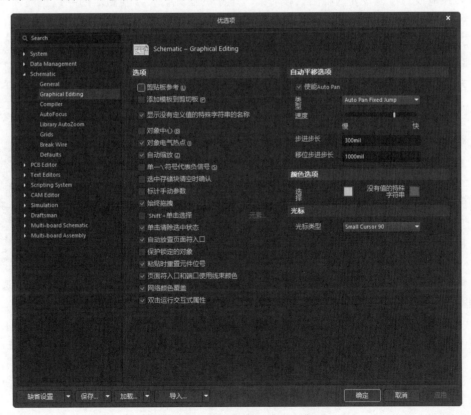

图 4-28 Graphical Editing 页面

（2）添加模板到剪切板：若勾选该复选框，当执行复制或剪切操作时，系统会把模板文件添加到剪贴板上。若未勾选该复选框，可以直接将原理图复制到 Word 文档中。建议取消勾选该复选框。

（3）显示没有定义值的特殊字符串的名称：用于设置将特殊字符串转换成相应的内容。若勾选此复选框，则当在电路原理图中使用特殊字符串时，显示时会转换成实际字符；否则将保持原样。

（4）对象中心：该复选框是当移动元器件时，用来设置光标捕捉的是元器件的参考点还是元器件的中心。要想实现该选项的功能，必须取消"对象电气热点"复选框的勾选。

（5）对象电气热点：勾选该复选框后，可以通过距离对象最近的电气点移动或拖动对象。建议勾选该复选框。

（6）自动缩放：用于设置插入组件时，原理图是否可以自动调整视图显示比例，以适合显示该组件。建议勾选该复选框。

（7）单一'\'符号代表负信号：勾选该复选框后，只要在网络标签名称的第一个字符前加一个'\'，就可以将该网络标签名称全部加上横线。

（8）选中存储块清空时确认：若勾选该复选框，在清除选择存储器时，系统会出现一个确认对话框；否则，确认对话框不会出现。通过这项功能可以防止用户由于疏忽而清除选择存储器，建议勾选此复选框。

（9）标记手动参数：用于设置是否显示参数自动定位被取消的标记点。勾选该复选框后，如果对象的某个参数已取消了自动定位属性，那么在该参数的旁边会出现一个点状标记，提示用户该参数不能自动定位，需手动定位，即应该与该参数所属的对象一起移动或旋转。

（10）始终拖拽：勾选该复选框后，移动某一选中的图元时，与其相连的导线也随之被拖动，以保持连接关系。若不勾选该复选框，则移动图元时，与其相连的导线不会被拖动。

（11）'Shift'+单击选择：勾选该复选框后，只有在按下 Shift 键时，才能单击选中图元。此时，右侧的 Primitives（原始的）按钮被激活。单击"元素"按钮，弹出如图 4-29 所示的"必须按住 Shift 选择"对话框，可以设置只有在按下 Shift 键时，单击才能选择的图元。使用这项功能会使原理图的编辑很不方便，建议用户不必勾选该复选框，直接单击选择图元即可。

（12）单击清除选中状态：勾选该复选框后，通过单击原理图编辑窗口中的任意位置，就可以解除对某一对象的选中状态，不需要使用菜单命令或者"原理图标准"工具栏中的 ![icon]（取消选择所有打开的当前文件）按钮。建议用户勾选该复选框。

图 4-29 "必须按住 Shift 选择"对话框

（13）自动放置页面符入口：勾选该复选框后，系统会自动放置图纸入口。

（14）保护锁的对象：勾选该复选框后，系统会对锁定的图元进行保护；取消勾选该复选框，则锁定对象不会被保护。

（15）粘贴时重置元件位号：勾选该复选框后，将复制粘贴后的元件标号进行重置。

（16）页面符入口和端口使用线束颜色：勾选该复选框后，设置图纸入口和端口颜色。

（17）网络颜色覆盖：勾选该复选框后，原理图中的网络显示对应的颜色。

（18）双击运行交互式属性：勾选该复选框后，可以在使用双击编辑放置的对象时打开"属性"面板。

2. "自动平移选项"选项组

"自动平移选项"选项组主要用于设置系统的自动摇景功能。自动摇景是指当鼠标光标处于放置图纸元件的状态时，如果将光标移动到编辑区边界上，图纸边界自动向窗口中心移动。

"自动扫描选项"选项组中主要包括如下设置。

（1）类型：单击该选项右边的下拉按钮，弹出如图 4-30 所示的下拉列表，其中各项功能如下。

图 4-30　"类型"下拉列表

➥ Auto Pan Fixed Jump 类型：以 Step Size 和 Shift Step Size 所设置的值自动移动。

➥ Auto Pan ReCenter 类型：重新定位编辑区的中心位置，即以光标所指的边为新的编辑区中心。系统默认为 Auto Pan Fixed Jump。

（2）速度：用于调节滑块设定自动移动速度。滑块越向右，移动速度越快。

（3）步进步长：用于设置滑块每一步移动的距离值。系统默认值为 300mil。

（4）移位步进步长：在按下 Shift 键时，用于设置原理图自动移动的步长。一般该栏的值大于 Step Size 中的值，这样按下 Shift 键后，可以加速原理图图纸的移动速度。系统默认值为 1000mil。

3. "颜色选项"选项组

"颜色选项"选项组用来设置所选对象的颜色。单击"选择"颜色框，即可设置。

4. "光标"选项组

"光标"选项组主要用于设置光标的类型。在"光标类型"下拉列表中，包含 Large Cursor 90（长十字形光标）、Small Cursor 90（短十字形光标）、Small Cursor 45（短 45°交叉光标）和 Tiny Cursor 45（小 45°交叉光标）4 种光标类型。系统默认为 Small Cursor 90。

动手学——设置光标

设置光标是指为图纸设置光标。

【操作步骤】

（1）选择菜单栏中的"工具"→"原理图优先项"命令，打开"优选项"对话框，在该对话框中单击 Graphical Editing（图形编辑）标签，打开 Graphical Editing（图形编辑）页面，如图 4-28 所示。

图 4-31　光标设置

（2）在"光标"选项组中可以对光标进行设置，包括光标在绘图时、放置元器件时和放置导线时的形状，如图 4-31 所示。

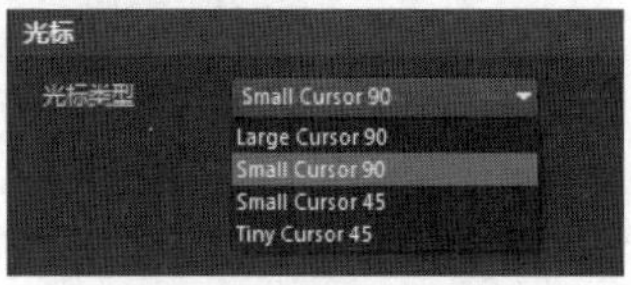

（3）"光标类型"是指光标的类型。单击下拉列表右侧的下拉按钮，分别选择 4 种光标类型。放置元器件时 4 种光标的形状如图 4-32 所示。

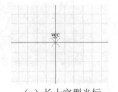

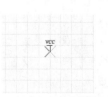

（a）长十字型光标　　　（b）短十字型光标　　　（c）短 45°交叉光标　　　（d）小 45°交叉光标

图 4-32　放置元器件时的 4 种光标形状

4.2.3　Compiler 页面的设置

在"优选项"对话框中单击 Compiler（编译）标签，弹出"优选项"页面，如图 4-33 所示。该页面主要用于对电路原理图进行电气检查时，并且对检查出的错误生成各种报表和统计信息。

1. "错误和警告"选项组

"错误和警告"选项组用来设置是否显示编译过程中出现的错误，并可以选择颜色加以标记。系统错误有 Fatal Error（致命错误）、Error（错误）和 Warning（警告）3 种。此选项组采用系统默认设置即可。

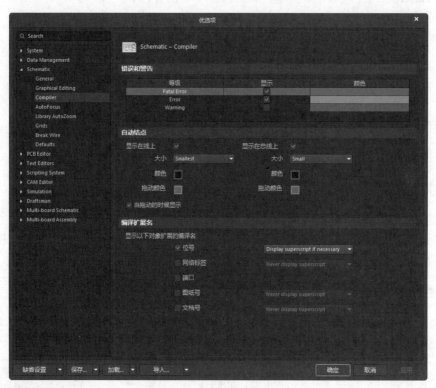

图 4-33　"优选项"页面

2. "自动结点"选项组

"自动结点"选项组主要用来设置在电路原理图连线时，在导线的 T 形连接处，系统自动添加电气结点的显示方式。"自动结点"选项组有以下两个复选框供用户选择。

（1）显示在线上：若勾选此复选框，导线上的 T 形连接处会显示电气结点。电气结点的大小用"大小"设置，有 4 种选择，如图 4-34 所示。在"颜色"中可以设置电气结点的颜色。在"拖动颜色"中可以设置电气结点拖动过程中显示的颜色。

图 4-34　电气结点大小设置

（2）显示在总线上：若勾选此复选框，总线上的 T 形连接处会显示电气结点。电气结点的大小和颜色设置操作与前面的相同。

3. "编译扩展名"选项组

"编译扩展名"选项组主要用来设置要显示对象的扩展名。勾选"位号"复选框，在电路原理图上会显示位号的扩展名。其他对象的设置操作同上。

4.2.4 AutoFocus 页面的设置

在"优选项"对话框中单击 AutoFocus（自动聚焦）标签，打开 AutoFocus 页面，如图 4-35 所示。

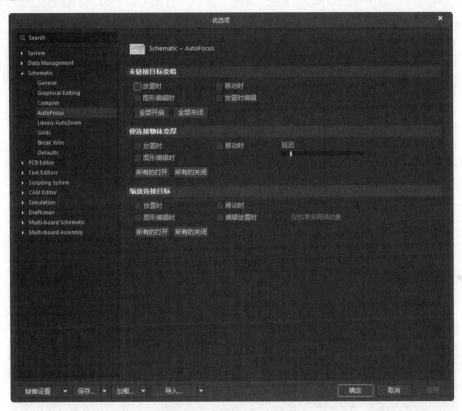

图 4-35 AutoFocus 页面

AutoFocus 页面主要用来设置系统的自动聚焦功能，此功能可以根据电路原理图中的元件或对象所处的状态进行显示。

1. "未链接目标变暗"选项组

"未链接目标变暗"选项组用来设置对未链接的对象的淡化显示。"未链接目标变暗"选项组有4 个复选框可供选择，分别是放置时、移动时、图形编辑时和放置时编辑。单击 全部开启 按钮可以全部勾选，单击 全部关闭 按钮可以全部取消勾选。淡化显示的程度可以由右侧的滑块进行调节。

2. "使连接物体变厚"选项组

"使连接物体变厚"选项组用来设置对连接对象的加强显示。"使连接物体变厚"选项组有 3 个复选框可供选择，分别是放置时、移动时和图形编辑时。

3. "缩放连接目标"选项组

"缩放连接目标"选项组用来设置对连接对象的缩放。"缩放连接目标"选项组有 5 个复选框可供选择，分别是放置时、移动时、图形编辑时、编辑放置时和仅约束非网络对象。在勾选"编辑放置时"复选框后，才能进行选择。

4.2.5 Library AutoZoom 页面的设置

在"优选项"对话框中单击 Library AutoZoom（元件库自动缩放）标签，打开 Library AutoZoom 页面，如图 4-36 所示。

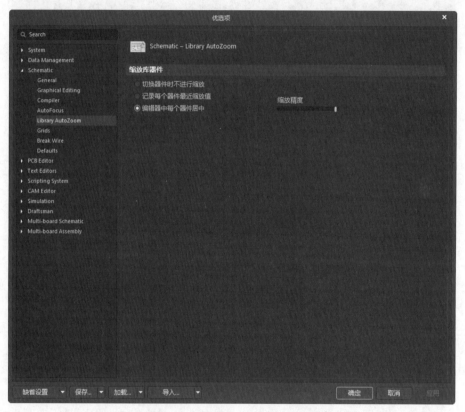

图 4-36　Library AutoZoom 页面

Library AutoZoom 页面主要用来设置元件库元件的大小。

在"缩放库器件"选项组下设置元件的缩放，包括 3 个选项：切换器件时不进行缩放、记录每个器件最近缩放值、编辑器中每个器件居中。

4.2.6 Grids 页面的设置

在"优选项"对话框中单击 Grids（栅格）标签，打开 Grids 页面，如图 4-37 所示。Grids 页面用来设置电路原理图图纸上的栅格。

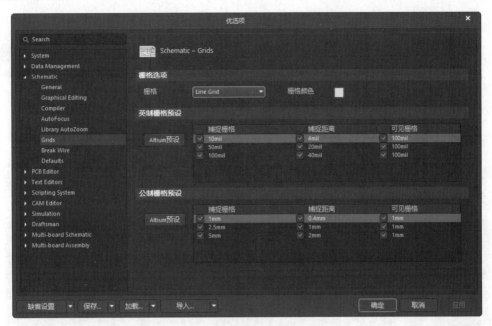

图 4-37 Grids 页面

1. "英制栅格预设"选项组

"英制栅格预设"选项组用来将栅格设置为英制栅格形式。单击  按钮，弹出如图 4-38 所示的"推荐设置"菜单。

选择某一种形式后，在旁边显示出系统提供的"捕捉栅格""捕捉距离""可见栅格"的默认值。用户也可以自行设置。

2. "公制栅格预设"选项组

"公制栅格预设"选项组用来将栅格设置为公制栅格形式。设置方法同上。

图 4-38 "推荐设置"菜单

📝 **知识拓展：**

在"优选项"对话框中打开 Grids 页面的方法包括以下两种：

（1）选择菜单栏中的"工具"→"原理图优先项"命令。

（2）在编辑窗口中右击，在弹出的快捷菜单中选择"原理图优先项"命令。

动手学——设置可视栅格

为新建的图纸设置可视的栅格样式。

【操作步骤】

（1）选择菜单栏中的"工具"→"原理图优先项"命令，在弹出的"优选项"对话框中打开 Grids（网格）页面。

（2）在"栅格"下拉列表中有 Line Grid（线状栅格）和 Dot Grid（点状栅格）两个选项。若选择 Line Grid 选项，则在原理图图纸上显示线状栅格；若选择 Dot Grid（点状栅格）选项，则在原理图图纸上显示点状栅格，如图 4-39 所示。

（3）单击"栅格颜色"右侧的颜色框，在弹出的对话框中选择红色，如图 4-40 所示。

扫一扫，看视频

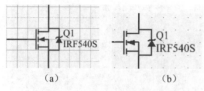

| 图 4-39　线状栅格和点状栅格 | 图 4-40　栅格设置 |

4.2.7　Break Wire 页面的设置

在"优选项"对话框中单击 Break Wire（切割导线）标签，打开 Break Wire 页面，如图 4-41 所示。Break Wire 页面用来设置与"切割导线"命令有关的一些参数。

图 4-41　Break Wire 页面

1.　"切割长度"选项组

"切割长度"选项组用来设置当执行"切割导线"命令时，切割导线的长度。

（1）捕捉段：对准片断。选中该单选按钮后，当执行"切割导线"命令时，光标所在的导线被整段切除。

（2）捕捉格点尺寸倍增：用于设置捕捉栅格的倍数。选中该单选按钮后，当执行"切割导线"命令时，每次切割导线的长度都是栅格的整数倍。用户可以在右边的数值框中设置倍数，倍数的大小范围为 2~10。

（3）固定长度：选中该单选按钮后，当执行"切割导线"命令时，每次切割导线的长度是固定的。用户可以在右侧的文本框中设置每次切割导线的固定长度值。

2.　"显示切刀盒"选项组

"显示切刀盒"选项组用来设置当执行"切割导线"命令时，是否显示切割框。"显示切刀盒"选项组有 3 个选项可供选择，分别是从不、总是和导线上。

3. "显示末端标记"选项组

"显示末端标记"选项组用来设置当执行"切割导线"命令时，是否显示导线的末端标记。"显示末端标记"选项组有 3 个选项可供选择，分别是从不、总是和导线上。

4.2.8　Defaults 页面的设置

在"优选项"对话框中单击 Defaults（默认值）标签，打开 Defaults 页面，如图 4-42 所示。该页面主要用来设置原理图编辑时，常用元器件的原始默认值。

图 4-42　Defaults 页面

1. Primitives 下拉列表

在 Primitives（元件列表）下拉列表（如图 4-43 所示）中选择某一选项，该类型所包括的对象将在 Primitive List（元器件列表）下拉列表中显示。

图 4-43　Primitives 下拉列表

- ❧ All：指全部对象。选择该项后，在下面的 Primitives List 下拉列表中将列出所有的对象。
- ❧ Drawing Tools：指绘制非电气原理图工具栏所放置的全部对象。
- ❧ Other：指上述类别所没有包括的对象。
- ❧ Wiring Objects：指绘制电路原理图工具栏所放置的全部对象。
- ❧ Library Parts：指与元件库有关的对象。
- ❧ Harness Objects：指绘制电路原理图工具栏所放置的线束对象。

➥ Sheet Symbol Objects：指绘制层次图时与子图有关的对象。

2. Primitive List 下拉列表

在 Primitive List 下拉列表中可以选择具体的对象，并对所选的对象进行属性设置，或复位到初始状态。在 Primitive List 下拉列表中选中某个对象，例如选中 Pin（管脚），则右侧显示相关的参数，可以对其进行修改，如图 4-44 所示。修改相应的参数设置后，单击 <u>确定</u> 按钮即可返回。

如果在此处修改相关的参数，那么在原理图上绘制管脚时默认的引脚属性就是修改过的引脚属性。

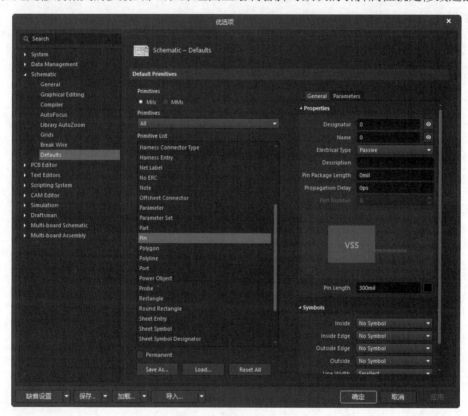

图 4-44 "管脚属性"对话框

3. 功能按钮

➥ Save As（保存为）：保存默认的原始设置。当所有需要设置的对象全部设置完毕后，单击 <u>Save As…</u> 按钮，弹出"文件保存"对话框，保存默认的原始设置，默认的文件扩展名为*.dft，完成以后可以重新进行加载。

➥ Load（装载）：加载默认的原始设置。使用曾经保存过的原始设置时，单击 <u>Load…</u> 按钮，弹出"打开文件"对话框，选择一个默认的原始设置就可以加载默认的原始设置。

➥ Reset All（复位所有）：恢复默认的原始设置。单击 <u>Reset All</u> 按钮，所有对象的属性都会回到初始状态。

练一练——集成频率合成器电路工作环境设置

在集成频率合成器电路图纸中设置警告显示为黄色，不显示栅格，使用公制单位。

📋 **思路点拨**

源文件：yuanwenjian\ch04\Practice2\集成频率合成器电路.PRJFPG

（1）打开"优选项"对话框。

（2）打开 Compiler 页面，在"错误和警告"选项组中将 Warning 的颜色设置为黄色。

（3）打开 Grids 页面，单击"栅格颜色"右侧的颜色框，选择白色。

4.3　操作实例——实用看门狗电路图纸设计

扫一扫，看视频

源文件：yuanwenjian\ch04\Operation\实用看门狗电路.PrjPcb

在本实例中，将主要学习原理图设计过程文件的自动存盘。因为在电路的设计过程中，有时候会有一些突发事件，如突然断电或运行程序被终止等，这些不可预料的事件会造成设计工作在没有保存的情况下被终止。为了降低损失，可以采取在设计的过程中不断地存盘和使用 Altium Designer 21 中提供的文件自动存盘功能这两种方法。

【操作步骤】

1．建立工作环境

（1）在 Altium Designer 21 主界面中，选择"文件"→"新的"→"项目"命令，在弹出的 Create Project 对话框中显示了多种工程文件类型，如图 4-45 所示。

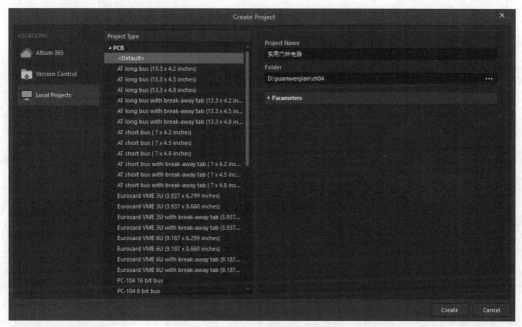

图 4-45　Create Project 对话框

（2）默认选择 Local Projects 选项及 Default 选项，在 Project Name 文本框中输入文件名"实用看门狗电路"，在 Folder 文本框中设置文件路径。完成设置后单击 Create 按钮，关闭该对话框。

（3）选择菜单栏中的"文件"→"新的"→"原理图"命令，然后右击，在弹出的快捷菜单中选择"保存"命令，将新建的原理图文件保存为"实用看门狗电路.SchDoc"，如图 4-46 所示。在创建原理图文件的同时，也就进入了原理图设计环境。

2. 自动存盘设置

Altium Designer 21 支持文件的自动存盘功能，用户可以通过参数设置控制文件自动存盘的细节。

（1）选择菜单栏中的"工具"→"原理图优先项"命令，打开"优选项"对话框，在左侧树形目录中单击 System（系统）菜单下的 General（常规）标签，打开 General（常规）页面，如图 4-47 所示。在"开始"选项组中勾选"显示开始画面"复选框，即可启用自动存盘的功能。

（2）勾选"重新打开上一个项目组"复选框，则每次启动软件时会打开上次关闭软件时的界面或打开上次未关闭的文件。

图 4-46 创建新原理图文件

3. 图纸信息设置

（1）在界面右下角单击 Panels 按钮，弹出快捷菜单，选择 Properties 命令，打开 Properties 面板，并自动固定在右侧边界上，在 Sheet Size（图纸大小）下拉列表中选择 A4，其余参数选择默认。

（2）选择 Parameters（参数）选项卡，在 CompanyName（公司名称）参数上双击，输入"三维书屋"，如图 4-48 所示。

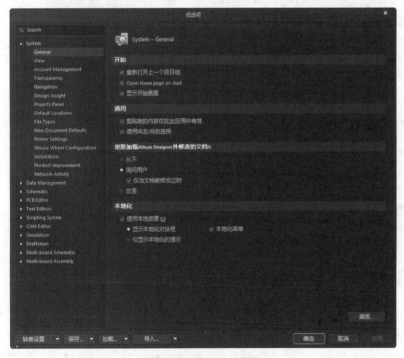

图 4-47 General 页面

图 4-48 Parameters 选项卡

（3）完成图纸设置后，进入原理图绘制的流程。

第 5 章　元件库与元件的管理

内容简介

　本章将详细介绍关于原理图设计必不可少的元件库与元件，只有找到对应的元件库，查找到对应的元件，才能绘制正确的原理图，设计出符合需要和规则的电路原理图，然后才能顺利对其进行信号分析与仿真分析，最终变为可以用于生产的 PCB 印制电路板文件。

内容要点

- ➜ 加载元件库
- ➜ 放置元件
- ➜ 实用看门狗电路

案例效果

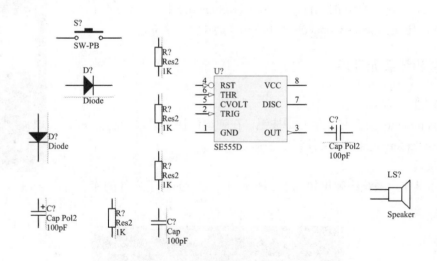

5.1　加载元件库

　在绘制电路原理图的过程中，首先要在图纸上放置需要用到的元件符号。Altium Designer 21 作为一款专业的电子电路计算机辅助设计软件，常用的电子元件符号可以从它的元件库中找到，用户只需在 Altium Designer 21 元件库中查找所需的元件符号，并将其放在图纸中适当的位置即可。

5.1.1　元件库的分类

　Altium Designer 21 元件库中的元件数量庞大，分类明确。Altium Designer 21 元件库采用下面两级分类方法。

- ↪ 一级分类：以元件制造厂家的名称分类。
- ↪ 二级分类：在厂家分类下面又以元件的种类（如模拟电路、逻辑电路、微控制器、A/D 转换芯片等）进行分类。

对于特定的设计项目，用户只调用元件厂商中的二级分类库即可，这样可以减轻系统运行的负担，提高运行效率。如果用户要在 Altium Designer 21 的元件库中调用一个需要的元件，那么首先应知道该元件的制造厂家和该元件的分类，以便在调用该元件之前把包含该元件的元件库载入系统。

5.1.2　打开 Components 面板

【执行方式】

单击工作窗口右侧的 Components 标签。

【操作步骤】

执行上述操作，此时会自动弹出 Components 面板，如图 5-1 所示。

【选项说明】

如果在工作窗口右侧没有 Components 标签，则需要单击底部面板控制栏中的 Panets/Components，在工作窗口右侧就会出现 Components 标签，并自动弹出 Components 面板。可以看到，在 Components 面板中，Altium Designer 21 系统已经加载了两个默认的元件库，即 Miscellaneous Devices.IntLib（通用元件库）和 Miscellaneous Connectors. IntLib（通用接插件库）。

5.1.3　加载和卸载元件库

【执行方式】

单击 Components 面板右上角的■按钮，在弹出的快捷菜单中选择 File-based Libraries Preferences（库文件参数）命令。

【操作步骤】

执行上述操作，系统将弹出如图 5-2 所示的"可用的基于文件的库"对话框。

图 5-1　Components 面板

图 5-2　"可用的基于文件的库"对话框

此时可以看到系统已经安装的元件库，包括 Miscellaneous Devices.IntLib 和 Miscellaneous Connectors. IntLib 等。

【选项说明】

在"可用的基于文件的库"对话框中，"上移"和"下移"按钮是用来改变元件库排列顺序的。"可用的基于文件的库"对话框中有"工程""已安装""搜索路径"3 个选项卡。"工程"选项卡列出的是用户为当前工程自行创建的库文件；"已安装"选项卡列出的是系统中可用的库文件；"搜索路径"选项卡列出的是元件库的存盘位置。

【编辑属性】

1. 加载绘图所需的元件库

在"已安装"选项卡中，单击右下角的"安装"按钮 安装 (I)... ，系统将弹出如图 5-3 所示的"打开"对话框。在该对话框中选择特定的库文件夹，然后选择相应的库文件，单击"打开"按钮，所选中的库文件就会出现在"可用的基于文件的库"对话框中。

重复上述操作就可以把所需要的各种库文件添加到系统中，作为当前可用的库文件。

加载完毕后，单击"关闭"按钮，即可关闭"可用的基于文件的库"对话框。这时所有加载的元件库都显示在 Components 面板中，用户可以选择使用。

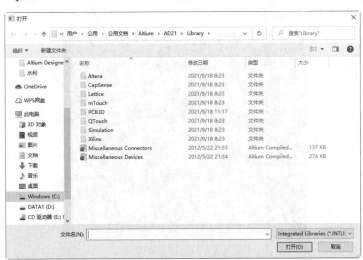

图 5-3 "打开"对话框

2. 删除元件库

在"可用的基于文件的库"对话框中选中一个库文件，单击"删除"按钮，即可将该元件库删除。

动手学——加载集成频率合成器电路元件库

扫一扫，看视频

源文件：yuanwenjian\ch05\Learning1\集成频率合成器电路.PrjPcb
本实例目标是为集成频率合成器电路添加元件库。

【操作步骤】

（1）打开下载资源包中的 yuanwenjian\ch05\Learning1\example\集成频率合成器电路.PrjPcb 文件。

（2）在 Components（元件）面板右上角中单击 按钮，在弹出的快捷菜单中选择 File-based

Libraries Preferences（库文件参数）命令，弹出"可用的基于文件的库"对话框，如图 5-4 所示。

（3）选择"工程"选项卡，单击"添加库"按钮，弹出"打开"对话框，在系统库目录下选择要添加的库文件 Miscellaneous Devices.IntLib，单击"打开"按钮，如图 5-5 所示。此时在"可用的基于文件的库"对话框中将显示加载结果，如图 5-6 所示。单击"关闭"按钮，关闭该对话框。

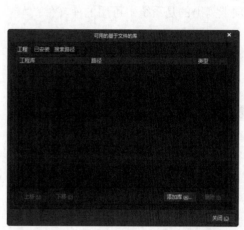

图 5-4　"可用的基于文件的库"对话框

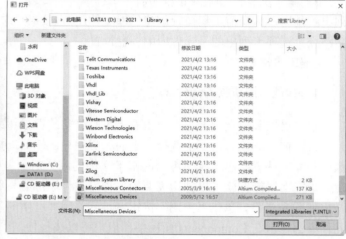

图 5-5　"打开"对话框

图 5-6　加载元件库

5.2　放　置　元　件

原理图有两个基本要素，即元件符号和线路连接。绘制原理图的主要操作就是将元件符号放置在原理图图纸上，然后用线将元件符号中的引脚连接起来，建立正确的电气连接。在放置元件符号前，需要知道元件符号在哪一个元件库中，并载入该元件库。

5.2.1　搜索元件

在 5.1.3 小节中叙述的加载元件库的操作有一个前提，就是用户已经知道需要的元件符号在哪个元件库中，而实际应用中可能并非如此。此外，当用户面对的是一个庞大的元件库时，逐个寻找列表中的所有元件，会是一件非常麻烦的事情，而且工作效率会很低。Altium Designer 21 提供了强大的元件搜索功能，可以帮助用户轻松地在元件库中定位元件。

1. 查找元件

【执行方式】

在 Components 面板右上角中单击█按钮，在弹出的快捷菜单中选择 File-based Libraries Search 命令。

【操作步骤】

执行上述操作，系统将弹出如图 5-7 所示"基于文件的库搜索"对话框，在该对话框中用户可以搜索需要的元件。

【选项说明】

搜索元件需要设置的参数如下。

（1）"搜索范围"下拉列表：用于选择查找类型，包括 Components（元件）、Footprints（PCB 封装）、3D Models（3D 模型）和 Database Components（数据库元件）4 种查找类型。

（2）"可用库"单选按钮：选中后，系统会在已经加载的元件库中查找。

（3）"路径"选项组：用于设置查找元件的路径。只有在单击"搜索路径中的库文件"按钮时才有效。单击"路径"文本框右侧的█按钮，系统将弹出"Select Directory（选择目录）"对话框，供用户设置搜索路径。若勾选"包括子目录"复选框，则包含在指定目录中的子目录也会被搜索到。File Mask（文件面具）文本框用于设定查找元件的文件匹配符，"*"表示匹配任意字符串。

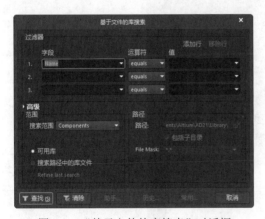

图 5-7　"基于文件的库搜索"对话框

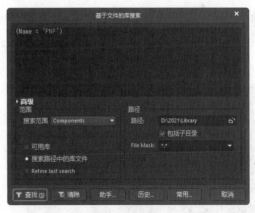

图 5-8　高级查询

（4）"高级"选项：用于进行高级查询，如图 5-8 所示。在上方的文本框中，可以输入一些与查询内容有关的过滤语句表达式，有助于使系统进行更快捷、更准确的查找。例如，在上方的文本框中输入（Name = 'PNP'），单击"查找"按钮后，系统开始搜索。

2. 显示找到的元件及其所属元件库

执行上述操作，查找到元件 PNP 后的 Components 面板如图 5-9 所示。可以看到，符合搜索条件的元件名、描述、所属库文件及封装形式在该面板上被一一列出，供用户浏览参考。

3. 加载找到元件所属的元件库

选中需要的元件（不在系统当前可用的库文件中）后右击，在弹出的快捷菜单中选择放置元件命令，或者直接拖到原理图中。

扫一扫，看视频

动手学——搜索元件集成芯片

源文件：yuanwenjian\ch05\Learning2\集成频率合成器电路.PrjPcb
本实例将搜索元件集成芯片 MC145151。

【操作步骤】

（1）打开下载资源包中的 yuanwenjian\ch05\Learning2\example\集成频率合成器电路.PrjPcb 文件。

（2）在 Components（元件）面板右上角中单击 按钮，在弹出的快捷菜单中选择 File-based Libraries Search（库文件搜索）命令，弹出"基于文件的库搜索"对话框。

（3）在上方的文本框中输入关键字符 MC145151（如图 5-10 所示），单击"查找"按钮，在 Components（元件）面板中将显示搜索结果，如图 5-11 所示。

（4）选中 MC145151P2，直接拖到原理图中，在原理图中放置集成芯片元件 MC145151P2，如图 5-12 所示。

图 5-9　查找到元件后的 Components 面板

图 5-10　"基于文件的库搜索"对话框

图 5-11　Components 面板

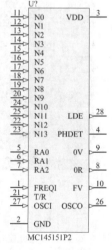

图 5-12　放置芯片

5.2.2　放置元件

首先在元件库中找到元件并加载该元件，然后就可以在原理图上放置该元件了。例如，在原理图要求需要放置 4 个电阻、2 个电容、2 个三极管和 1 个连接器。其中，电阻、电容和三极管用于产生多谐振荡，在 Miscellaneous Devices.IntLib 中可以找到；连接器用于给整个电路供电，在 Miscellaneous Connectors. IntLib 中可以找到。

在 Altium Designer 21 中有两种元件放置方法，分别是通过 Components 面板放置和菜单放置。

在放置元件之前，应该先选择所需元件，并且确认所需元件所在的库文件已经被装载。若没有装载库文件，请按照前面介绍的方法进行装载，否则系统会提示所需要的元件不存在。

1. 通过 Components 面板放置元件

【执行方式】
打开 Components 面板。

【操作步骤】
（1）打开 Components 面板，载入所要放置元件所属的库文件。在这里，需要的元件全部在通用元件库和通用接插件库中，加载这两个元件库。

（2）选择想要放置元件所在的元件库。所要放置的元件三极管 PNP 在通用元件库中。在下拉列表中选择该元件库，则该元件库出现在文本框中，这时可以放置其中含有的元件。在下面的浏览器中将显示库中所有的元件。

（3）在浏览器中选中所要放置的元件，该元件将以高亮显示，此时可以放置该元件的符号。通用元件库中的元件很多，为了快速定位元件，可以在上面的文本框中输入所要放置元件的名称或元件名称的一部分，包含输入内容的元件会以列表的形式出现在浏览器中。这里所要放置的元件为 PNP，因此输入 PNP 字样。在通用元件库中的元件 PNP 包含输入字样，它将出现在浏览器中，然后单击选中该元件。

（4）选中元件后，在 Components 面板中将显示元件符号和元件模型的预览。确定该元件是所要放置的元件后，光标将变成十字形状并附带着元件 PNP 的符号出现在工作窗口中，如图 5-13 所示。

（5）移动光标到合适的位置后单击，元件即被放在光标停留的位置。此时系统仍处于放置元件的状态，可以继续放置该元件。在完成选中元件的放置后，右击或者按 Esc 键退出元件放置的状态，结束元件的放置。

（6）完成多个元件的放置后，可以对元件的位置进行调整，设置这些元件的属性。重复上述步骤，可以放置其他元件。

图 5-13　放置元件

2. 通过菜单命令放置元件

【执行方式】
菜单栏：执行"放置"→"器件"命令。

【操作步骤】
执行上述操作后，系统将弹出 Components 面板，与通过 Components 命令放置元件相同，这里不再赘述。

【编辑属性】
删除多余的元件有以下两种方法。

（1）选中要删除的元件，按 Delete 键即可删除该元件。

（2）选择菜单栏中的"编辑"→"删除"命令，或者按 E 键 +D 键进入删除操作状态，光标上会悬浮一个十字叉，将光标移至要删除元件的中心，单击即可删除该元件。

动手学——放置集成频率合成器电路元件

源文件：yuanwenjian\ch05\Learning3\集成频率合成器电路.PrjPcb

本实例放置如图 5-15 所示的集成频率合成器电路元件。

【操作步骤】

（1）打开下载资源包中的 yuanwenjian\ch05\Learning3\example\集成频率合成器电路.PrjPcb 文件。

（2）打开 Components（元件）面板，在库下拉列表中选择 Miscellaneous Devices.IntLib（通用元件库），在元件过滤框中输入关键字符 res2，在原理图中放置电阻元件，如图 5-14 所示。完成放置后，右击结束操作。

（3）用同样的方法，继续在库文件 Miscellaneous Devices.IntLib（通用元件库）中查找放置晶体管 XTAL、发光二极管 LED0、电容 Cap 元件，放置结果如图 5-15 所示。

图 5-14　Components 面板

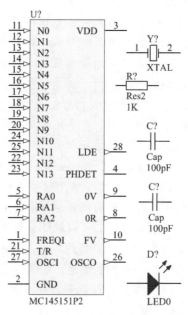

图 5-15　放置元件

知识链接——放置元件快捷方式

在 Components 面板中，选中元件后，直接双击该元件，即可在原理图中显示浮动的元件符号，单击即可完成放置。

5.2.3　调整元件位置

每个元件被放置时，其初始位置并不是很准确。在进行连线前，需要根据原理图的整体布局对元件的位置进行调整。这样不仅便于布线，也使所绘制的电路原理图清晰、美观。

元件位置的调整实际上就是利用各种命令将元件移动到图纸上指定的位置，并将元件旋转为指定的方向。

1. 元件的移动

在 Altium Designer 21 中，元件的移动有两种情况：一种是在同一平面内移动，称为"平移"；另一种是当一个元件把另一个元件遮住时，需要移动位置来调整它们之间的上下关系，这种元件间的上下移动称为"层移"。

【执行方式】

菜单栏：执行"编辑"→"移动"命令。

【操作步骤】

执行此命令，弹出如图 5-16 所示子菜单。

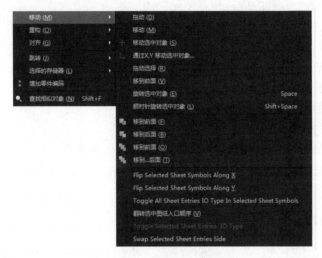

图 5-16　"移动"子菜单

【选项说明】

除了使用菜单命令移动元件外，在实际原理图的绘制过程中，最常用的方法是直接使用鼠标光标实现元件的移动。

（1）使用鼠标光标移动未选中的单个元件。将光标指向需要移动的元件（不需要选中），按住鼠标左键，此时光标会自动滑到元件的电气节点上。拖动鼠标，元件会随之一起移动。到达合适的位置后，释放鼠标左键，元件即被移动到当前光标的位置。

（2）使用鼠标光标移动已选中的单个元件。如果需要移动的元件已经处于选中状态，则将光标指向该元件，同时按住鼠标左键，拖动元件到指定位置后释放鼠标左键，元件即被移动到当前光标的位置。

（3）使用鼠标光标移动多个元件。需要同时移动多个元件时，首先应将要移动的元件全部选中，然后在其中任意一个元件上按住鼠标左键并拖动，到达合适的位置后释放鼠标左键，则所有选中的元件都移动到了当前光标所在的位置。

（4）使用"移动选中对象"按钮➕移动元件。对于单个或多个已经选中的元件，单击"原理图标准"工具栏中的"移动选中对象"按钮➕后，光标变成十字形，移动光标至已经选中的元件附近单击，所有已经选中的元件将随光标一起移动，到达合适的位置后，再次单击，完成移动。

（5）使用键盘移动元件。元件在被选中的状态下，可以使用键盘移动元件。

➥ Ctrl 键 + Left 键：每按一次，元件左移 1 个网格单元。

- Ctrl 键 + Right 键：每按一次，元件右移 1 个网格单元。
- Ctrl 键 + Up 键：每按一次，元件上移 1 个网格单元。
- Ctrl 键 + Down 键：每按一次，元件下移 1 个网格单元。
- Shift 键 + Ctrl 键 + Left 键：每按一次，元件左移 10 个网格单元。
- Shift 键 + Ctrl 键 + Right 键：每按一次，元件右移 10 个网格单元。
- Shift 键 + Ctrl 键 + Up 键：每按一次，元件上移 10 个网格单元。
- Shift 键 + Ctrl 键 + Down 键：每按一次，元件下移 10 个网格单元。

2. 元件的旋转

元件的旋转可分为单个元件的旋转和多个元件的旋转。

（1）单个元件的旋转。单击要旋转的元件并按住鼠标左键，将出现十字光标，此时，按下面的功能键，即可实现旋转。旋转至合适的位置后释放鼠标左键，即可完成元件的旋转。

- Space 键：每按一次，被选中的元件逆时针旋转 90°。
- Shift 键 + Space 键：每按一次，被选中的元件顺时针旋转 90°。
- X 键：被选中的元件左右对调。
- Y 键：被选中的元件上下对调。

（2）多个元件的旋转。在 Altium Designer 21 中，还可以将多个元件同时旋转，其方法是先选中要旋转的元件，然后单击其中任何一个元件并按住鼠标左键，再按功能键，即可将选定的元件旋转，释放鼠标左键完成操作。

技巧与提示——翻转元件

按 1 次 Space 键，旋转 1 次。若由于操作问题，多旋转了 1 次，导致元件放置方向不合理，可继续按 3 次。按 4 次 Space 键，元件将旋转一周。

练一练——看门狗电路的元件布局

绘制如图 5-17 所示的看门狗电路。

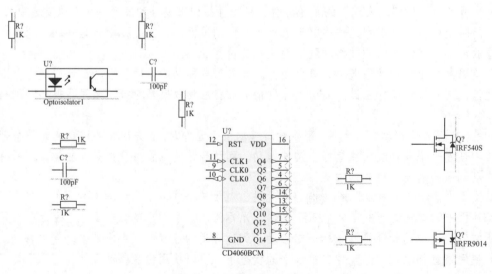

图 5-17　看门狗电路元件布局

📋 思路点拨：

源文件：yuanwenjian\ch05\Practice1\看门狗电路.PrjPcb
（1）加载元件库。
（2）放置元件。
（3）元件位置的调整。

5.2.4　元件的排列与对齐

在布置元件时，为使电路图美观以及连线方便，应将元件摆放整齐、清晰，这就需要使用 Altium Designer 21 中的排列与对齐功能。

1. 元件的排列

【执行方式】

菜单栏：执行"编辑"→"对齐"命令。

【操作步骤】

执行此命令，弹出如图 5-18 所示子菜单。

【选项说明】

子菜单中各命令的说明如下。

（1）"左对齐"命令：将选定的元件向左边的元件对齐。

（2）"右对齐"命令：将选定的元件向右边的元件对齐。

（3）"水平中心对齐"命令：将选定的元件向最左边元件和最右边元件的中间位置对齐。

（4）"水平分布"命令：将选定的元件向最左边元件和最右边元件之间等间距对齐。

（5）"顶对齐"命令：将选定的元件向最上面的元件对齐。

（6）"底对齐"命令：将选定的元件向最下面的元件对齐。

（7）"垂直中心对齐"命令：将选定的元件向最上面元件和最下面元件的中间位置对齐。

（8）"垂直分布"命令：将选定的元件在最上面元件和最下面元件之间等间距对齐。

（9）"对齐到栅格上"命令：将选中的元件对齐在网格点上，便于电路连接。

2. 元件的对齐

在如图 5-18 所示子菜单中选择"对齐"命令，系统将弹出如图 5-19 所示的"排列对象"对话框。

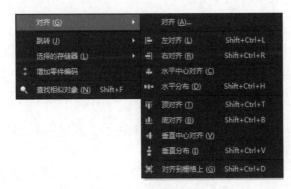

图 5-18　"对齐"子菜单

图 5-19　"排列对象"对话框

"排列对象"对话框中的各选项说明如下。

（1）"水平排列"选项组包括"不变""左侧""居中""右侧""平均分布"5种按钮。

➥ "不变"单选按钮：选中该单选按钮，则元件保持不变。

➥ "左侧"单选按钮：作用同"左对齐"命令。

➥ "居中"单选按钮：作用同"水平中心对齐"命令。

➥ "右侧"单选按钮：作用同"右对齐"命令。

➥ "平均分布"单选按钮：作用同"水平分布"命令。

（2）"垂直排列"选项组包括"不变""顶部""居中""底部""平均分布"5种按钮。

➥ "不变"单选按钮：选中该单选按钮，则元件保持不变。

➥ "顶部"单选按钮：作用同"顶对齐"命令。

➥ "居中"单选按钮：作用同"垂直中心对齐"命令。

➥ "底部"单选按钮：作用同"底对齐"命令。

➥ "平均分布"单选按钮：作用同"垂直分布"命令。

（3）"将基元移至栅格"复选框：勾选该复选框，对齐后，元件将被放到栅格点上。

扫一扫，看视频

动手学——集成频率合成器电路元件布局

源文件：yuanwenjian\ch05\Learning4\集成频率合成器电路.PrjPcb

本实例对如图5-20所示的集成频率合成器电路元件进行布局。

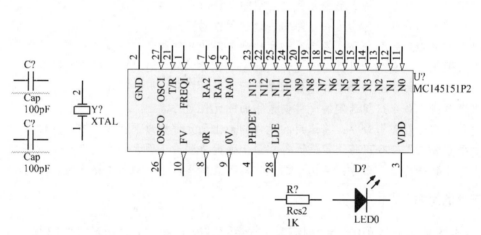

图5-20　元件布局结果

【操作步骤】

（1）打开下载资源包中的 yuanwenjian\ch05\Learning4\example\集成频率合成器电路.PrjPcb 文件。

（2）单击选中 MC145151P2，显示浮动的元件。按 Space 键使元件翻转 90°，然后再按 1 次 Space 键，放置元件结果如图5-21所示。

（3）选中晶振体元件 XTAL，将其放到芯片左侧，同时按 Space 键翻转元件，放置结果如图5-22 所示。

（4）以同样的方法对电阻元件、电容元件、发光二极管元件进行翻转布局，结果如图5-24 所示。

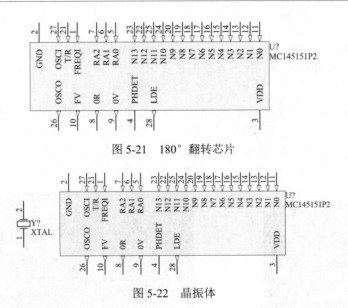

图 5-21　180°翻转芯片

图 5-22　晶振体

技巧与提示——选择元件位置

在进行元件布局过程中，不需要考虑元件真实排列，只需要在满足电路要求的基础上保持美观、清晰。同时，尽量将元件排列紧凑，以便节省后期布线操作工作量。因此在本例布局过程中，应尽量将元件放在指定芯片对应接口端附近。

5.3　操作实例——实用看门狗电路

扫一扫，看视频

源文件：yuanwenjian\ch05\Operation\实用看门狗电路.PrjPcb

本节将从基础出发，通过如图 5-23 所示的实用看门狗电路完整展示如何使用原理图编辑器来完成电路的设计工作。

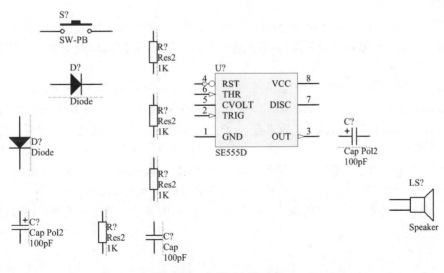

图 5-23　实用看门狗电路

【操作步骤】

（1）打开下载资源包中的 yuanwenjian\ch05\Operation\example\实用看门狗电路.PrjPcb 文件，如图 5-24 所示。双击原理图文件，进入原理图设计环境。

（2）在 Components（元件）面板右上角中单击■按钮，在弹出的快捷菜单中选择 File-based Libraries Preferences（库文件参数）命令，系统将弹出如图 5-25 所示的"可用的基于文件的库"对话框。在该对话框中单击 添加库 (A) 按钮，在弹出的"打开"对话框中选择 Miscellaneous Devices.IntLib（通用元件库）和 TI Analog Timer Circuit.IntLib（模拟定时器电路元件库），然后单击"打开"按钮。

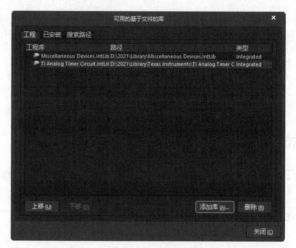

图 5-24　创建新原理图文件　　　　　图 5-25　"可用的基于文件的库"对话框

📢 提示：

> 在绘制原理图的过程中，放置元件的基本原则是根据信号的流向放置，从左到右或从上到下。首先应该放置电路中的关键元件，然后放置电阻、电容等外围元件。

在本例中，设定图纸上信号的流向是从左到右，关键元件包括单片机芯片、地址锁存芯片和扩展数据存储器。

（3）放置定时器芯片。打开 Components（元件）面板，在元件库下拉列表中选择 TI Analog Timer Circuit.IntLib（模拟定时器电路元件库），在元件过滤框中输入 SE555D（定时器），如图 5-26 所示。双击该元件，即可将选择的定时器芯片放在原理图上。

（4）放置扬声器芯片。这里的扬声器所在库文件为 Miscellaneous Devices.IntLib（通用元件库）。打开 Components（元件）面板，在元件库下拉列表中选择 Miscellaneous Devices.IntLib（通用元件库），在元件过滤框中输入 Speaker（扬声器），如图 5-27 所示。双击该元件，即可将选择的扬声器芯片放在原理图上。

（5）放置二极管芯片。这里的二极管所在库文件为 Miscellaneous Devices.IntLib（通用元件库）。打开 Components（元件）面板，在元件库下拉列表中选择 Miscellaneous Devices.IntLib（通用元件库）文件，在元件过滤框中输入 Diode（二极管），如图 5-28 所示。双击该元件，即可将选择的二极管芯片放在原理图上。

📢 提示：

> 在放置过程中按 Space 键可 90° 翻转芯片，按 X 键、Y 键芯片可分别绕 X、Y 轴对称翻转。

（6）放置外围元件。本例是采用 1 个开关元件 SW-PB、4 个电阻元件、1 个电容元件和 2 个极性电容元件构成的局部电路，这些元件都在库文件 Miscellaneous Devices.IntLib（通用元件库）中。打开 Components（元件）面板，在元件库下拉列表中选择 Miscellaneous Devices.IntLib（通用元件库）文件，在元件列表中选择电容电阻 Res2、Cap、极性电容 Cap Pol2，逐一进行放置，如图 5-29 所示。

图 5-26　放置定时器芯片　　　图 5-27　放置扬声器芯片　　　图 5-28　放置二极管芯片

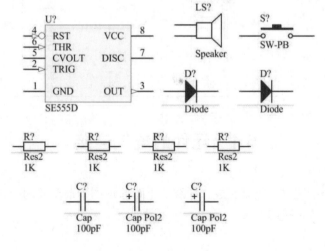

图 5-29　放置元件

（7）元件布局。在图纸上放置好元件之后，再对各个元件进行布局。按住选中拖动元件，元件上显示附送的十字光标，表示选中元件。拖动元件至对应位置，释放鼠标左键，完成元件定位。用同样的方法，调整其余元件位置，完成布局后的原理图如图 5-23 所示。

第6章 电气连接

内容简介

完成元件的放置后，按照电路设计流程，需要将各个元件连接起来，以建立并实现电路的实际连通性。

内容要点

➤ 电气元件的连接
➤ 线束
➤ 停电/来电自动告知电路图设计

案例效果

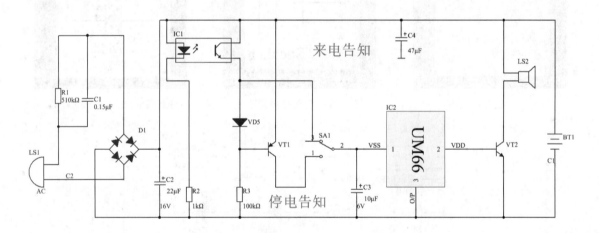

6.1 元件的电气连接

电气元件之间的连接通过导线来完成。导线是电路原理图中最重要的图元，不同于一般的绘图工具，绘图工具没有电气连接的意义。

6.1.1 绘制导线

导线是电路原理图中最基本的电气组件之一，原理图中的导线具有电气连接的意义。本小节主要介绍绘制导线的具体步骤和导线的属性设置。

【执行方式】

➤ 菜单栏：执行"放置"→"线"命令。

ﾁ 工具栏：单击"布线"工具栏中的█（放置线）按钮。

ﾁ 右键命令：右击，在弹出的快捷菜单中选择"放置"→"线"命令。

ﾁ 组合键：P键+W键。

【操作步骤】

（1）执行上述操作，进入绘制导线状态。光标变成十字形，系统处于绘制导线状态。

（2）将光标移到要绘制导线的起点，若导线的起点是元器件的管脚，则当光标靠近元器件管脚时，会自动移动到元器件的管脚上，同时出现一个红色的"×"（表示电气连接）。单击确定导线起点。

（3）移动光标到导线折点或终点，在导线折点处或终点处单击确定导线的位置，每转折一次都要单击一次。导线转折时，可以通过按Shift键+Space键切换选择导线转折的模式。导线转折共有3种模式，分别是直角、45°角和任意角，如图6-1所示。

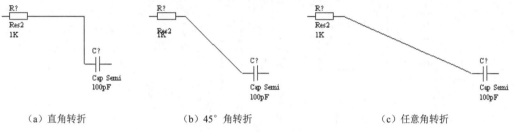

（a）直角转折　　　　　（b）45°角转折　　　　　（c）任意角转折

图6-1　导线的直角、45°角和任意角转折

（4）绘制完第一根导线后，右击退出绘制第一根导线。此时系统仍处于绘制导线状态，将光标移动到新的导线的起点，按照上面的方法继续绘制其他导线。

（5）绘制完所有的导线后，双击鼠标右键退出绘制导线状态，光标由十字形变成箭头。

【编辑属性】

在绘制导线状态下，按下Tab键，弹出Properties面板，如图6-2所示。在完成导线绘制后，双击导线同样会弹出Properties面板。

【选项说明】

（1）在Properties面板中，主要对导线的颜色和宽度进行设置。单击"颜色"右边的颜色框，弹出选择颜色的对话框，选中合适的颜色作为导线的颜色即可，如图6-3所示。

图6-2　Properties面板

图6-3　选择颜色

（2）导线的宽度设置是通过 Width（线宽）右边的下拉按钮来实现的，有 4 种选择：Smallest（最细）、Small（细）、Medium（中等）和 Large（粗）。一般不需要设置导线宽度，采用默认设置即可。

动手学——集成频率合成器电路导线连接

源文件：yuanwenjian\ch06\Learning1\集成频率合成器电路.PrjPcb
本实例使用导线连接电路，如图 6-4 所示。

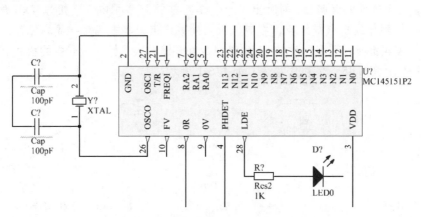

图 6-4　导线绘制完成的原理图

【操作步骤】

（1）打开下载资源包中的 yuanwenjian\ch06\Learning1\example\集成频率合成器电路.PrjPcb 文件。

电路指南——导线布置

在集成频率合成器电路原理图中，主要绘制两部分导线，分别为第 26、27 引脚与电容、晶振体及电源地等的连接导线，以及第 28 引脚 LDE 与电阻、发光二极管及电源地的连接导线。其他地址总线和数据总线可以连接一小段导线，便于后面网络标号的放置。

（2）单击"布线"工具栏中的 ■（放置线）按钮，光标变成十字形。将光标移动到 MC145151 的第 28 引脚 LDE 处，在 LDE 的引脚上将出现一个红色的"×"，单击确定。拖动鼠标到下方电阻引脚端单击，第一根导线即绘制完成，如图 6-5 所示。此时光标仍为十字形，采用相同的方法绘制其他导线，如图 6-6 所示。

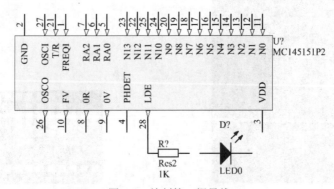

图 6-5　绘制第一根导线

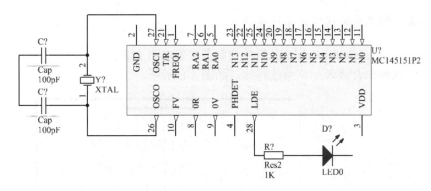

图 6-6　绘制导线连接元件

技巧与提示——导线绘制

只要光标变为十字形状，就处于绘制导线命令状态下。若要退出绘制导线状态，双击鼠标右键即可（光标变成箭头形状后，才表示退出该命令状态）。

（3）导线除了完成元件连接外，还有其他功能。为了便于后面网络标号的放置，在芯片对应引脚上绘制适当长度的导线。

（4）导线绘制完成后的集成频率合成器电路原理图如图6-4所示。

6.1.2　绘制总线

总线就是用一条线来表达数条并行的导线，如常说的数据总线和地址总线等。总线的使用可以简化原理图，便于读图。总线本身没有实际的电气连接意义，所以必须由总线接出的各个单一导线上的网络标号来完成电气意义上的连接。由总线接出的各个单一导线上必须放置网络标号，具有相同网络标号的导线表示实际电气意义上的连接。

【执行方式】

- ➦ 菜单栏：执行"放置"→"总线"命令。
- ➦ 工具栏：单击"布线"工具栏中的▥（放置总线）按钮。
- ➦ 右键命令：右击，在弹出的快捷菜单中选择"放置"→"总线"命令。
- ➦ 快捷键：P 键 + B 键。

【操作步骤】

启动绘制总线命令后，光标变成十字形，在合适的位置单击确定总线的起点，然后拖动鼠标，在转折处或在总线的末端单击确定。绘制总线的方法与绘制导线的方法基本相同。

【编辑属性】

在绘制总线状态下，按 Tab 键，弹出 Properties 面板，如图6-7所示。在绘制总线完成后，如果想要修改总线属性，双击总线，同样会弹出 Properties 面板。

【选项说明】

"总线"的 Properties 面板的设置与"线"的 Properties 面板类似，主要是对总线的颜色和总线的宽度进行设置。在此不再赘述，一般情况下采用默认设置即可。

图 6-7　Properties 面板

动手学——集成频率合成器电路总线连接

源文件：yuanwenjian\ch06\Learning2\集成频率合成器电路.PrjPcb

本实例讲解集成频率合成器电路总线连接，如图6-8所示。

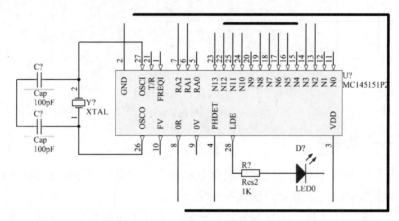

图 6-8　绘制总线后的原理图

【操作步骤】

（1）打开下载资源包中的 yuanwenjian\ch06\Learning2\example\集成频率合成器电路.PrjPcb 文件。

（2）单击"布线"工具栏中的▦（放置总线）按钮，光标变成十字形，进入绘制总线状态。在恰当的位置（N13 处即管脚 23 处空一格的位置，空的位置是为了绘制总线分支）单击确认总线的起点，然后在总线的末端再次单击，完成第一条总线的绘制，结果如图6-9所示。

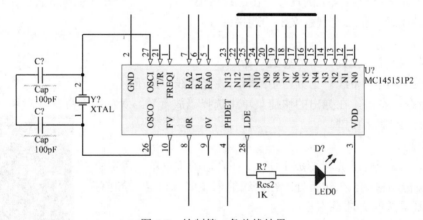

图 6-9　绘制第一条总线结果

（3）采用同样的方法绘制剩余的总线，然后单击总线转折处，完成总线绘制后的原理图如图 6-8 所示。

知识链接——总线命令

绘制总线与绘制导线的方法基本相同。由于中间有总线分支需要连接，因此在绘制过程中总线与对应要连接的引脚不平行，需向总线绘制方向错开一个，以此类推，结束端向后多绘制一格。

6.1.3 绘制总线分支

总线分支是单一导线进出总线的端点。导线与总线连接时必须使用总线分支，总线和总线分支没有任何的电气连接意义，只是让电路图看上去更专业，因此电气连接功能要由网络标号来完成。

【执行方式】

- ➥ 菜单栏：执行"放置"→"总线入口"命令。
- ➥ 工具栏：单击"布线"工具栏中的 ▓（放置总线入口）按钮。
- ➥ 右键命令：右击，在弹出的快捷菜单中选择"放置"→"总线入口"命令。
- ➥ 快捷键：P 键 + U 键。

【操作步骤】

（1）执行绘制总线分支命令后，光标变成十字形，并有分支线"/"悬浮在游标上。如果需要改变分支线的方向，按 Space 键即可。

（2）移动光标到要放置总线分支的位置，光标上出现两个红色的"×"符号，单击即可完成第一个总线分支的放置。依次可以放置所有的总线分支。

（3）绘制完所有的总线分支后，右击或按 Esc 键退出绘制总线分支状态（此时光标由十字形变成箭头形状）。

【编辑属性】

在绘制总线分支状态下，按 Tab 键，弹出 Properties 面板，如图 6-10 所示。在退出绘制总线分支状态后，双击总线分支同样会弹出 Properties 面板。

图 6-10 Properties 面板

【选项说明】

在"总线入口"的 Properties 面板中，可以设置总线分支的"颜色"和"线宽"；"位置"一般不需要重新设置，采用默认设置即可。

动手学——集成频率合成器电路总线分支连接

源文件：yuanwenjian\ch06\Learning3\集成频率合成器电路.PrjPcb

本实例讲解集成频率合成器电路总线分支连接，如图 6-11 所示。

扫一扫，看视频

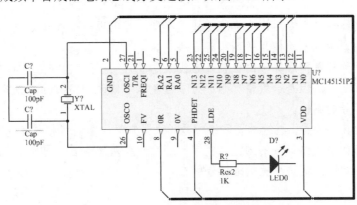

图 6-11 绘制总线分支后的原理图

【操作步骤】

（1）打开下载资源包中的 yuanwenjian\ch06\Learning3\example\集成频率合成器电路.PrjPcb 文件。

（2）单击"布线"工具栏中的▦（放置总线入口）按钮，十字光标上出现分支线╱或╲。由于在 MC145151P2 原理图中采用╱分支线，所以通过按 Space 键旋转调整分支线的方向。绘制分支线很简单，只需要将十字光标上的分支线移动到合适的位置，单击就可以了。

知识链接——总线分支命令

完成总线分支的绘制后，单击退出总线分支绘制状态。这一点与绘制导线和总线不同，当绘制导线和总线时，双击鼠标右键退出导线和总线绘制状态。右击表示在当前导线和总线绘制完成后，开始下一段导线或总线的绘制。

（3）绘制完总线分支后的原理图如图 6-11 所示。

📢 **提示：**

在放置总线分支的时候，总线分支朝向的方向有时是不一样的，左边的总线分支向右倾斜，而右边的总线分支向左倾斜。在放置的时候，只需要按 Space 键就可以改变总线分支的朝向。

6.1.4　设置网络标签

在原理图绘制过程中，除了使用导线连接元器件外，还可以通过设置网络标号来实现。网络标号实际上是一个电气连接点，具有相同网络标号的电气连接表明是连在一起的。网络标号主要用于层次原理图电路和多重式电路中的各个模块之间的连接。也就是说，定义网络标号的用途是将两个或两个以上没有相互连接的网络命名为相同的网络标号，使它们在电气意义上属于同一网络，这在印制电路板布线时非常重要。在连接线路比较远或走线复杂时，使用网络标号代替实际走线会使电路图更简化。

【执行方式】

↘ 菜单栏：执行"放置"→"网络标签"命令。

↘ 工具栏：单击"布线"工具栏中的 Net（放置网络标号）按钮。

↘ 右键命令：右击，在弹出的快捷菜单中选择"放置"→"网络标签"命令。

↘ 快捷键：P 键 + N 键。

【操作步骤】

（1）启动放置网络标号命令后，光标将变成十字形，并出现一个虚线方框悬浮在光标上。此方框的大小、长度和内容由上一次使用的网络标号决定。

（2）将光标移动到放置网络标号的位置（导线或总线），光标上出现红色的"×"符号，单击就可以放置一个网络标号了。但是一般情况下，为了避免以后修改网络标号，在放置网络标号前，可按 Tab 键设置网络标号的属性。

（3）移动光标到其他位置，继续放置网络标号（放置完第一个网络标号后，不要右击）。在放置网络标号的过程中，如果网络标号的末尾为数字，那么这些数字会自动增加。

（4）右击或按 Esc 键，退出放置网络标号状态。

【编辑属性】

启动放置网络标号命令后，按 Tab 键打开 Properties 面板。在放置网络标号完成后，双击网络标号也会打开 Properties 面板，如图 6-12 所示。

【选项说明】

↘ Net Name（网络名称）：定义网络标号。在文本框中可以直接输入想要放置的网络标号，也可以单击后面的下拉按钮，在弹出的下拉列表中选取前面使用过的网络标号。

↘ 颜色：单击右侧的颜色框，弹出选择颜色的对话框，用户可以选择颜色。

↘ Rotation（旋转）：用来设置网络标号在原理图上的放置方向。单击 0 Degrees 后面的下拉按钮，在弹出的下拉列表中即可选择网络标号的方向。也可以用 Space 键调整方向，每按一次 Space 键，改变 90°。

↘ Font（字体）：单击字体文本后具体的字体按钮，弹出"字体"下拉列表，从中可以选择字体，如图 6-13 所示。

图 6-12 Properties 面板

图 6-13 字体设置

动手学——集成频率合成器电路放置网络标号

源文件：yuanwenjian\ch06\Learning5\集成频率合成器电路.PrjPcb

本实例讲解集成频率合成器电路放置网络标号，如图 6-14 所示。

扫一扫，看视频

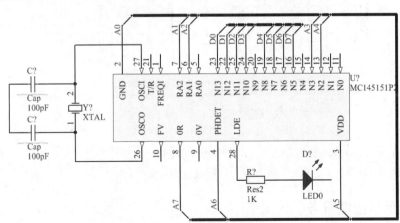

图 6-14 放置网络标号后的原理图

【操作步骤】

（1）打开下载资源包中的 yuanwenjian\ch06\Learning5\example\集成频率合成器电路.PrjPcb 文件。

知识链接——网络标号命令

对于难以用导线连接的元件，应该采用设置网络标号的方法，这样可以使原理图结构清晰、易读、易修改。

图 6-15　Properties 面板

（2）选择菜单栏中的"放置"→"网络标签"命令，或单击"布线"工具栏中的 Net（放置网络标号）按钮，这时光标变成十字形状，并带有一个初始标号 Net Label1。按 Tab 键，弹出 Properties（属性）面板，在 Net Name（网络名称）文本框中输入 D0，其他采用默认设置即可，如图 6-15 所示。

（3）将光标移到 MC145151P2 芯片的 N13 引脚，光标出现红色的"×"符号，单击完成网络标号 D0 的设置。将光标依次移到 D1~D7，会发现网络标签的末位数字自动增加。

（4）用同样的方法完成其他网络标签的放置，右击退出放置网络标签状态。完成放置网路标签后的原理图如图 6-14 所示。

电路指南——网络标签放置

在原理图中，主要放置数据总线（D0~D7）和地址总线（A0~A7）的网络标签。

扫一扫，看视频

练一练——TI TTL Logic 电路的绘制

从 TI Databook\TI TTL Logic 1988（Commercial.lib）元件库中取出 74LS273 和 74LS374，按照如图 6-16 所示的电路，练习放置总线接口、总线和网络标号。

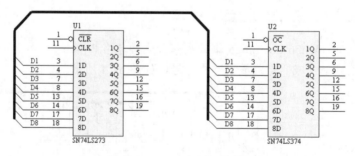

图 6-16　TI TTL Logic 电路

📋 **思路点拨：**

源文件：yuanwenjian\ch06\Practice1\TI TTL Logic 电路.PrjPcb
需要用到"放置"菜单下的"总线入口""总线""网络标签"等命令。

6.1.5　放置电源和接地符号

放置电源和接地符号时，一般不采用绘图工具栏中的放置电源和接地符号菜单命令，而是利用电源和接地符号工具栏来完成。首先介绍电源和接地符号工具栏，然后再介绍绘图工具栏中的放置电源和接地符号菜单命令。

1. 原理图符号

【执行方式】

菜单栏：执行"视图"→"工具栏"→"应用工具"命令，打开"应用工具"工具栏，如图6-17所示。

【操作步骤】

单击"应用工具"工具栏中的"电源"按钮，弹出电源和接地符号工具栏，如图6-18所示。

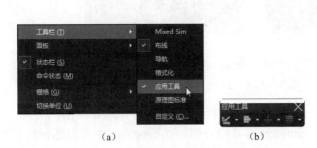

图6-17 选择"应用工具"命令后出现的工具栏　　　图6-18 电源和接地符号工具栏

【选项说明】

在电源和接地符号工具栏中，单击"电源"和"接地"按钮，可以得到相应的电源和接地符号，非常方便易用。

2. 放置电源和接地符号

【执行方式】

- ↪ 菜单栏：执行"放置"→"电源端口"命令。
- ↪ 工具栏：单击"布线"工具栏中的▇（GND端口）或▇（VCC电源端口）按钮；单击"应用工具"工具栏中的"电源和接地符号"按钮。
- ↪ 右键命令：右击，在弹出的快捷菜单中选择"放置"→"电源端口"命令。
- ↪ 快捷键：P键 + O键。

【操作步骤】

（1）启动放置电源和接地符号命令后，光标变成十字形，同时一个电源或接地符号悬浮在光标上。

（2）在适合的位置单击或按Enter键，即可放置电源和接地符号。

（3）右击或按Esc键退出电源和接地符号放置状态。

【编辑属性】

启动放置电源和接地符号命令后，按Tab键弹出Properties面板，如图6-19所示。在放置电源和接地符号完成后，双击需要设置的电源符号或接地符号，也会弹出Properties面板。

（a） （b）

图 6-19　Properties 面板

【选项说明】

- 颜色：用来设置电源和接地符号的颜色。单击右边的色块，可以选择颜色。
- Rotation（旋转）：用来设置电源和接地符号的方向。在下拉列表中可以选择需要的方向，有 0 Degrees、90 Degrees、180 Degrees、270 Degrees。方向的设置也可以通过在放置电源和接地符号时按 Space 键来实现，每按一次 Space 键就变化 90°。
- 位置：可以定位 X、Y 的坐标，一般采用默认设置即可。
- Style（类型）：单击电源类型的下拉菜单按钮，出现几种不同的电源类型命令，这些命令和电源与接地工具栏中的图示存在一一对应的关系。
- Properties（属性）：在网络标号中输入所需要的名字，比如 GND、VCC 等。

动手学——集成频率合成器电路放置原理图符号

扫一扫，看视频

源文件：yuanwenjian\ch06\Learning6\集成频率合成器电路.PrjPcb
本实例讲解集成频率合成器电路放置原理图符号。

【操作步骤】

（1）打开下载资源包中的 yuanwenjian\ch06\Learning6\example\集成频率合成器电路.PrjPcb 文件。

电路指南——导线布置

在集成频率合成器电路原理图中，主要有电容与电源地的连接和电阻与电源 VCC 的连接。利用电源与接地符号工具栏和绘图工具栏中放置电源和接地符号的命令分别完成电源和接地符号的放置，并比较两者优劣。

（2）选中晶振体元件 XTAL，将其放置到芯片左侧，同时按 Space 键翻转元件，放置结果如图 6-20 所示。

（3）利用电源和接地符号工具栏绘制电源和接地符号。

① 单击"布线"工具栏中的 （VCC 电源端口）按钮，光标变成十字形，同时有 VCC 图示

悬浮在光标上。按 Tab 键，弹出 Properties（属性）面板，如图 6-21 所示。移动光标到合适的位置，单击完成 VCC 图示的放置。

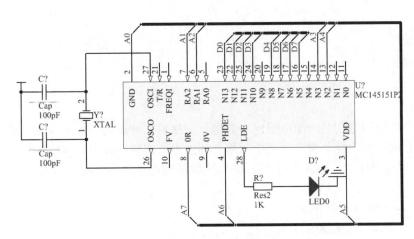

图 6-20　放置原理图符号

图 6-21　电源端口设置面板

② 单击"布线"工具栏中的 （GND 端口）按钮，光标变成十字形，同时有 GND 图示悬浮在光标上。以同样的方法设置符号属性，移动光标到合适的位置，单击完成 GND 图示的放置。

（4）利用"应用工具"工具栏中的放置电源和接地符号菜单命令。

单击"应用工具"工具栏中的"电源"按钮右侧的下拉按钮，在弹出的下拉菜单中选择"放置电源 VCC 端口"和"放置 GND 接地"命令，光标变成十字形，同时一个电源图示悬浮在光标上。其图示与上一次设置的电源或接地图示相同。

练一练——定时开关电路的绘制

绘制如图 6-22 所示的定时开关电路。

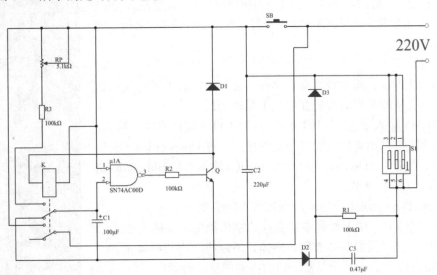

图 6-22　定时开关电路

📑 **思路点拨：**

源文件：yuanwenjian\ch06\Practice2\定时开关电路.PrjPcb

（1）创建工程文件与原理图文件。

（2）加载元件库。

（3）放置元件。

（4）元件位置调整。

（5）连接电路。

6.1.6 放置输入/输出端口

在设计电路原理图时，一个电路网络与另一个电路网络的电气连接有三种形式：①可以直接通过导线连接；②可以通过设置相同的网络标号来实现两个网络之间的电气连接；③相同网络标号的输入/输出端口，在电气意义上也是连接的。输入/输出端口是层次原理图设计中不可缺少的组件。

【执行方式】

↘ 菜单栏：执行"放置"→"端口"命令。

↘ 工具栏：单击"布线"工具栏中的 D1 按钮。

↘ 右键命令：右击，在弹出的快捷菜单中选择"放置"→"端口"命令。

↘ 快捷键：P 键 + R 键。

【操作步骤】

（1）启动放置输入/输出端口命令后，光标变成十字形，同时一个输入/输出端口图示悬浮在光标上。

（2）移动光标到原理图的合适位置，在光标与导线相交处会出现红色的"×"符号，这表明实现了电气连接。单击即可定位输入/输出端口的一端，移动鼠标光标使输入/输出端口大小合适，单击完成一个输入/输出端口的放置。

（3）右击退出放置输入/输出端口状态。

【编辑属性】

在放置输入/输出端口状态下，按 **Tab** 键或者在退出放置输入/输出端口状态后，双击放置的输入/输出端口符号，弹出 Properties 面板，如图 6-23 所示。

【选项说明】

↘ Name（名称）：用于设置端口名称。这是端口最重要的属性之一，具有相同名称的端口在电气上是连通的。

↘ I/O Type（输入/输出端口的类型）：用于设置端口的电气特性，对后面的电气规则检查提供一定的依据。有 Unspecified（未指明或不确定）、Output（输出）、Input（输入）和 Bidirectional（双向型）4 种类型。

↘ Harness Type（线束类型）：设置线束的类型。

↘ Font（字体）：用于设置端口名称的字体类型、字体大小、字体颜色，同时设置字体加粗、斜体、下划线、横线等效果。

↘ Border（边界）：用于设置端口边界的线宽、颜色。

↘ Fill（填充颜色）：用于设置端口内填充颜色。

图 6-23 Properties 面板

动手学——集成频率合成器电路放置输入/输出端口

源文件：yuanwenjian\ch06\Learning7\集成频率合成器电路.PrjPcb
本实例在集成频率合成器电路中放置输入/输出端口，如图 6-24 所示。

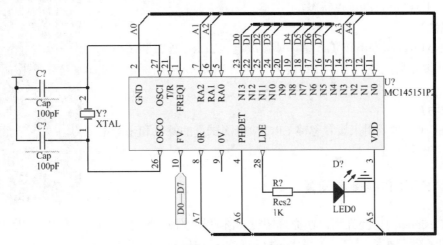

图 6-24 放置输入/输出端口后的原理图

【操作步骤】

（1）打开下载资源包中的 yuanwenjian\ch06\Learning7\example\集成频率合成器电路.PrjPcb 文件。

（2）选择菜单栏中的"放置"→"端口"命令，或单击"布线"工具栏中的 ![](（放置端口）按钮，光标变成十字形，同时输入/输出端口的图示会悬浮在光标上。移动光标到 MC145151P2 芯片总线的终点，按 Tab 键，弹出 Properties（属性）面板，在 Name（名称）框中输入 D0-D7，其他采用默认设置即可，如图 6-25 所示。

（3）单击确定输入/输出端口的一端，移动光标到输入/输出端口大小合适的位置单击确认，右击退出放置输入/输出端口状态。放置输入/输出端口后的原理图如图 6-24 所示。

6.1.7 放置通用 No ERC 检查测试点

放置通用 No ERC 检测测试点的主要目的是让系统在进行电气规则检查时，忽略对某些节点的检查。例如系统默认输入型管脚必须连接，但实际上某些输入型管脚不连接也是常事，如果不放置通用 No ERC 检查测试点，那么系统在编译时就会生成错误信息，并在管脚上放置错误标记。

图 6-25 Properties 面板

【执行方式】

- 菜单栏：执行"放置"→"指示"→"通用 No ERC 标号"命令。
- 工具栏：单击"布线"工具栏中的 ![](通用 No ERC 标号）按钮。
- 右键命令：右击，在弹出的快捷菜单中选择"放置"→"指示"→"通用 No ERC 标号"命令。
- 快捷键：P 键 +I 键 +N 键。

【操作步骤】

启动放置忽略 ERC 检查测试点命令后，光标变成十字形，并且在光标上悬浮一个红色的"×"符号。将光标移动到需要放置 No ERC 的节点上，单击完成一个忽略 ERC 检查测试点的放置。右击或按 Esc 键退出放置忽略 ERC 检查测试点状态。

【编辑属性】

在放置 No ERC 状态下按 Tab 键，或在放置 No ERC 检查测试点完成后，双击需要设置属性的 No ERC 符号，弹出 Properties 面板，如图 6-26 所示。

【选项说明】

Properties 面板主要用来设置忽略 ERC 检查测试点的颜色和坐标位置，采用默认设置即可。

图 6-26 Properties 面板

6.1.8 放置 PCB 布线参数设置

Altium Designer 21 允许用户在原理图设计阶段规划指定网络的铜膜宽度、过孔直径、布线策略、布线优先权和布线板层属性。如果用户在原理图中对某些有特殊要求的网络设置 PCB 布线指示，在创建 PCB 的过程中就会自动在 PCB 中引入这些设计规则。

【执行方式】

- ↳ 菜单栏：执行"放置"→"指示"→"参数设置"命令。
- ↳ 右键命令：右击，在弹出的快捷菜单中选择"放置"→"指示"→"参数设置"命令。

【操作步骤】

启动放置 PCB 布线参数设置命令后，光标变成十字形，PCB Rule 图示悬浮在光标上。将光标移动到放置 PCB 布线标志的位置，单击即可完成 PCB 布线标志的放置。右击退出 PCB 布线标志状态。

【编辑属性】

在放置 PCB 布线标志状态下按 Tab 键，或在已放置的 PCB 布线标志上双击弹出 Properties 面板，如图 6-27 所示。

【选项说明】

1. Properties 选项组

- ↳ "属性"选项组用于设置 PCB 布线标志的名称。
- ↳ Label（名称）：用来设置 PCB 布线标志的名称。
- ↳ Style（类型）文本框：用于设定 PCB 布线指示符号在原理图上的类型，包括 Large（大的）、Tiny（极小的）。

2. Location（位置）选项组

用于设定 PCB 布线指示符号在原理图上的 X 轴和 Y 轴坐标。

图 6-27 Properties 面板

3. Parameters（参数）选项组

列出了该 PCB 布线指示的相关参数，包括名称、数值及类型规则。

动手学——设置导线宽度约束规则

设置导线宽度约束规则。

【操作步骤】

（1）选择菜单栏中的"放置"→"指示"→"参数设置"命令，在光标处于放置 PCB 布线标志的状态时按 Tab 键，弹出 Properties（属性）面板。

（2）在面板中选中任一参数值，单击 Add（添加）按钮下的 Rule（规则）选项，系统将弹出如图 6-28 所示的"选择设计规则类型"对话框，选中 Width Constraint（导线宽度约束规则）选项，单击"确定"按钮，弹出相应的导线宽度设置对话框，如图 6-29 所示。该对话框分为两部分，上部分是图形显示部分，下部分是列表显示部分，两部分均可用于设置导线的宽度。

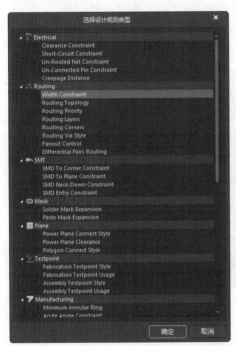

图 6-28 "选择设计规则类型"对话框

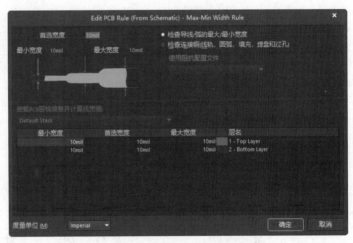

图 6-29 导线宽度设置对话框

（3）属性设置完毕后，单击"确定"按钮即可关闭该对话框。移动光标到需要放置 PCB 布线标志的位置，单击即可完成放置。

6.1.9 放置离图连接

在原理图编辑环境下，离图连接的作用和网络标签的作用相同；不同之处是，网络标签用在了同一张原理图中，而离图连接用在同一工程文件下不同的原理图中。放置离图连接的操作步骤如下。

【执行方式】

菜单栏：执行"放置"→"离图连接器"命令。

【操作步骤】

执行该命令后，光标变成十字形状，并带有一个离图连接，如图 6-30 所示。

移动光标到需要放置离图连接的元件引脚末端或导线上，当出现红色"×"符号时，单击确定离图连接的位置，即可完成离图连接的一次放置。此时光标仍处于放置离图连接的状态，重复操作即可放置其他的离图连接。

【选项说明】

在放置离图连接的过程中，用户可以对其属性进行设置。双击离图连接或者在光标处于放置离图连接状态时按 Tab 键，弹出如图 6-31 所示的 Properties 面板。

其中各选项意义如下。

- ➡ Location（位置）：用于设置连接符位置。可以设置 X 和 Y 的坐标值。
- ➥ 颜色：用于设置文本颜色。
- ➡ Rotation（旋转）：用于设定离图连接在原理图上的放置方向。有 0 Degrees、90 Degrees、180 Degrees 和 270 Degrees 4 个选项。
- ➡ Style（类型）：用于设置外观风格，包括 Left（左）和 Right（右）两种选择。
- ➥ Net Name（网络名称）：用于设置连接符名称。这是离图连接最重要的属性之一，具有相同名称的网络在电气上是连通的。

图 6-30 离图连接

图 6-31 Properties 面板

6.2 线 束

线束载有多个信号并可含有总线和电线。这些线束经过分组，统称为单一实体。这种多信号连接即称为 Signal Harnesses。

Altium Designer 引进了一种名为 Signal Harnesses 的新方法来建立元件之间的连接，以降低电路图的复杂性。该方法通过汇集所有信号的逻辑组对总线和电线连接性进行了扩展，大大简化了电气配线路径和电路图设计的构架，并提高了电路图的可读性。

通过 Signal Harnesses，也就是线束连接器，可以创建和操作子电路之间更高的抽象级别，用更简单的图形展现更复杂的设计。

线束连接器产品应用于汽车、家电、仪器仪表、办公设备、商用机器和电子产品引线。电子控制板应用于数码产品、家用电器和汽车工业。随着汽车功能的增加，电子控制技术的普遍应用，电气元件越来越多，电线也会越来越多。

6.2.1 线束连接器

线束连接器是端子的一种。连接器又称插接器，由插头和插座组成。连接器是汽车电路中线束的中继站。线束与线束、线束与电气部件之间的连接一般采用连接器。

【执行方式】

↘ 菜单栏：执行"放置"→"线束"→"线束连接器"命令。

↘ 工具栏：单击"布线"工具栏中的■（放置线束连接器）按钮。

↘ 快捷键：P 键 + H 键 + C 键。

【操作步骤】

（1）执行上述操作后，此时光标变成十字形状，并带有一个线束连接器符号。

（2）将光标移动到想要放置线束连接器的位置，单击确定线束连接器的起点。然后拖动鼠标，单击确定终点，如图 6-32 所示。此时系统仍处于绘制线束连接器状态，用同样的方法绘制另一个线束连接器。绘制完成后，右击退出绘制状态。

（3）设置线束连接器的属性。双击总线或在光标处于放置总线的状态时按 Tab 键，弹出如图 6-33 所示的 Properties 面板，在其中可以对线束连接器的属性进行设置。

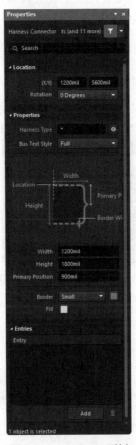

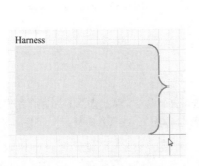

图 6-32　放置线束连接器　　　　图 6-33　Properties 面板

【选项说明】

该面板中包括三个选项卡。

1. Location（位置）选项卡

- ➥（X/Y）（位置）：用于表示线束连接器左上角顶点的位置坐标，用户可以输入设置。
- ➥ Rotation（旋转）：用于表示线束连接器在原理图上的放置方向，有 0 Degrees、90 Degrees、180 Degrees 和 270 Degrees 4 个选项。

2. Properties（属性）选项卡

- ➥ Harness Type（线束类型）：用于设置线束连接器中线束的类型。
- ➥ Bus Text Style（总线文本类型）：用于设置线束连接器中文本显示类型。单击后面的下三角按钮，有 2 个选项 Full（全部）和 Prefix（前缀）供选择。
- ➥ Width（宽度）、Height（高度）：用于设置线束连接器的长度和宽度。
- ➥ Primary Position（主要位置）：用于设置线束连接器的宽度。
- ➥ Border（边框）：用于设置边框线宽、颜色。单击后面的颜色块，可以在弹出的对话框中设置颜色。
- ➥ Fill（填充色）：用于设置线束连接器内部的填充颜色。单击颜色块，可以在弹出的对话框中设置颜色。

3. Entries（线束入口）选项卡

在该选项组中可以为连接器添加、删除和编辑与其余元件连接的入口，如图 6-34 所示。单击 Add（添加）按钮，在该面板中自动添加线束入口，如图 6-35 所示。

图 6-34　Entries（线束入口）选项卡

图 6-35　添加线束入口

📽 **知识拓展：**

选择菜单栏中的"放置"→"线束"→"预定义的线束连接器"命令，弹出如图 6-36 所示的"放置预定义的线束连接器"对话框。在该对话框中可精确定义线束连接器的名称、端口、线束入口等。

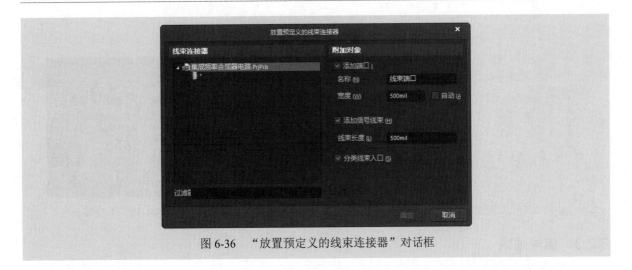

图 6-36 "放置预定义的线束连接器"对话框

6.2.2 线束入口

线束通过"线束入口"的名称来识别每个网络或总线。Altium Designer 21 正是使用这些名称而非线束入口顺序来建立整个设计中的连接的。除非命名的是线束连接器,否则网络命名一般不使用线束入口的名称。

【执行方式】

- ↘ 菜单栏:执行"放置"→"线束"→"线束入口"命令。
- ↘ 工具栏:单击"布线"工具栏中的█(放置线束入口)按钮。
- ↘ 快捷键:P 键 + H 键 + E 键。

【操作步骤】

(1)执行上述操作后,此时光标变成十字形状,并带有一个线束入口图示。

(2)移动光标到线束连接器内部,单击选择要放置的位置(只能在线束连接器左侧的边框上移动),如图 6-37 所示。

【选项说明】

在放置线束入口的过程中,用户可以对线束入口的属性进行设置。双击线束入口或在光标处于放置线束入口的状态时按 Tab 键,弹出如图 6-38 所示的 Properties 面板,在其中可以对线束入口的属性进行设置。

- ↘ 文本颜色:用于设置图纸入口名称文字的颜色,同样,单击后面的颜色块,可以在弹出的对话框中设置颜色。
- ↘ Font(文本字体):用于设置线束入口的文本字体。单击右侧的按钮█,弹出如图 6-39 所示的下拉列表。
- ↘ Harness Name(线束入口名称):用于设置线束入口的名称。

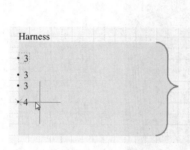

图 6-37　放置线束入口　　　　图 6-38　Properties 面板　　　　图 6-39　下拉列表

6.2.3　信号线束

信号线束是一组具有相同性质的并行信号线的组合。通过信号线束线路连接到同一电路图上另一个线束接头，或连接到电路图入口或端口，以使信号连接到另一个原理图。

【执行方式】

- ↘ 菜单栏：执行"放置"→"线束"→"信号线束"命令。
- ↘ 工具栏："布线"工具栏中的 ▉（放置信号线束）按钮。
- ↘ 快捷键：P 键 +B 键。

【操作步骤】

（1）执行上述操作后，此时光标变成十字形状。

（2）将光标移动到想要完成电气连接的元件的引脚上，单击放置信号线束的起点，如图 6-40 所示。出现蓝色的符号*表示电气连接成功。移动光标，多次单击可以确定多个固定点，最后放置信号线束的终点。此时光标仍处于放置信号线束的状态，重复上述操作可以继续放置其他的信号线束。

【选项说明】

在放置信号线束的过程中，用户可以对信号线束的属性进行设置。双击信号线束或在光标处于放置信号线束的状态时按 Tab 键，弹出如图 6-41 所示的 Properties 面板，在其中可以对信号线束的属性进行设置。

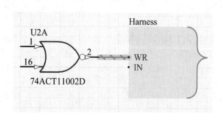

图 6-40　放置信号线束　　　　　　　　图 6-41　Properties 面板

扫一扫，看视频

练一练——Zigbee_Module 局部电路的绘制

绘制 Zigbee_Module 电路中的线束部分，如图 6-42 所示。

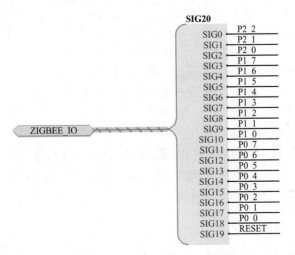

图 6-42 Zigbee_Module 电路

📋 **思路点拨：**

源文件：yuanwenjian\ch06\Practice3\Zigbee_Module 局部电路.PrjPcb
需要使用"布线"工具上的线束连接器、线束入口和放置信号线束命令。

扫一扫，看视频

6.3 操作实例——停电/来电自动告知电路图设计

本例设计的是一个由集成电路构成的停电/来电自动告知电路图，如图 6-43 所示。适用于需要提示停电或来电的场合。VT1、VD5、R3 组成了停电告知控制电路；IC1、D1 等构成了来电告知控制电路；IC2、VT2、LS2 为报警声驱动电路。

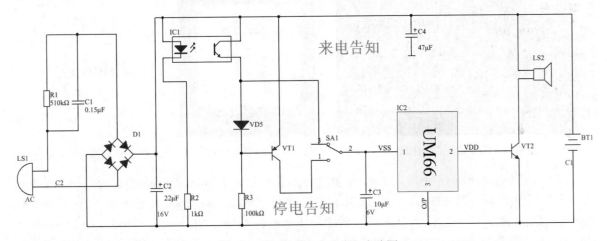

图 6-43 停电/来电自动告知电路图

源文件：yuanwenjian\ch06\Operation\停电/来电自动告知电路.PrjPcb
【操作步骤】

1. 建立工作环境

（1）在 Altium Designer 21 主界面中，选择菜单栏中的"文件"→"新的"→"项目"命令，新建一个"停电/来电自动告知电路.PrjPcb"工程文件。

（2）选择"文件"→"新的"→"原理图"命令，然后右击，在弹出的快捷菜单中选择"保存"命令，将新建的原理图文件另存为"停电/来电自动告知电路.SchDoc"。

2. 加载元件库

在 Components（元件）面板右上角中单击■按钮，在弹出的快捷菜单中选择 File-based Libraries Preferences（库文件参数）命令，打开"可用的基于文件的库"对话框，然后在其中加载需要的元件库。本例中需要加载的元件库如图 6-44 所示。

3. 放置元件

（1）打开 Components（元件）面板，浏览刚刚加载的元件库 UM66.SchLib，选中其中的音乐三极管元件 UM66，如图 6-45 所示。双击该元件，在原理图中放置 UM66 元件，如图 6-46 所示。

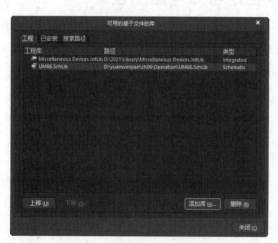  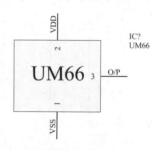

图 6-44 加载需要的元件库　　图 6-45 选择 UM66 元件　　图 6-46 放置 UM66 元件

（2）打开 Components（元件）面板，浏览已经加载的元件库 Miscellaneous Devices.IntLib（通用元件库），找到所需外围元件：3 个电阻（Res2）、1 个直流电源（Battery）、1 个电容（Cap）、3 个极性电容（Cap Pol2）、2 个三极管（QNPN、PNP）、1 个电铃（Bell）、1 个电桥（Bridge）、1 个扬声器（Speaker）、1 个单刀单掷开关（SW-SPDT）、1 个二极管（Diode），然后将其放置在图纸上，如图 6-47 所示。

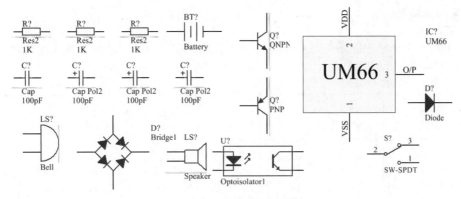

图 6-47 放置外围元件

（3）依次双击各元件，设置其属性，并对这些元件进行布局，结果如图 6-48 所示。

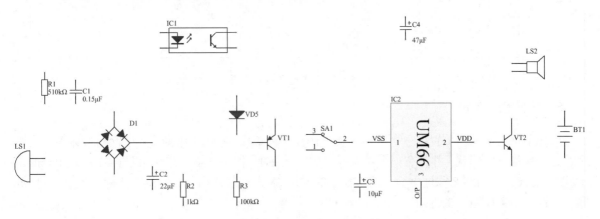

图 6-48 元件布局结果

4. 连接导线

选择菜单栏中的"放置"→"线"命令，或单击"布线"工具栏中的■■（放置线）按钮，完成元件之间的端口及引脚的电气连接，结果如图 6-49 所示。

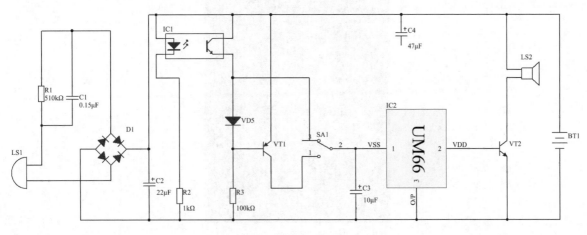

图 6-49 完成布线

5. 放置电源符号

单击"布线"工具栏中的 ■ （VCC 电源端口）按钮，放置电源（本例需要 1 个电源），结果如图 6-50 所示。

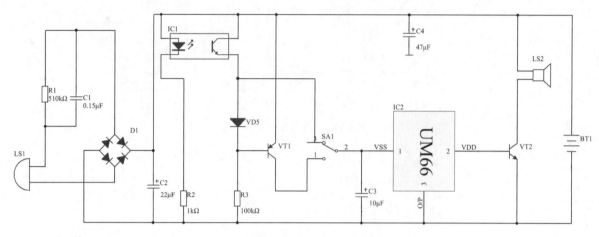

图 6-50　放置电源符号结果

6. 放置网络标签

选择菜单栏中的"放置"→"网络标签"命令，或单击工具栏中的 Net （放置网络标签）按钮，这时光标变成十字形状，并带有一个初始标号 Net Label1。按 Tab 键，打开如图 6-51 所示 Properties（属性）面板。在网络名称框中输入网络标签的名称 6V，接着移动光标，将网络标签放置到对应位置上，标注结果如图 6-52 所示。

图 6-51　编辑网络标签

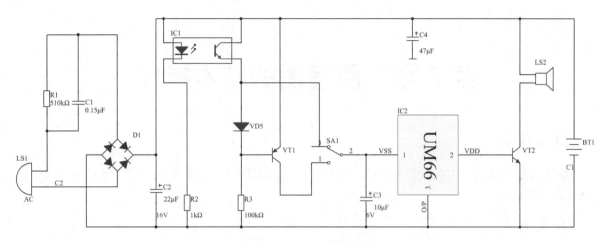

图 6-52　完成放置网络标签

7. 标注原理图

选择菜单栏中的"放置"→"文本字符串"命令，或单击"应用工具"工具栏 下拉列表中的Ａ（文本字符串）按钮，显示浮动的文本图标。按 Tab 键，弹出 Properties（属性）面板，在 Properties（属性）选项组下的 Text（文本）框中输入"停电告知""来电告知"，如图 6-53 所示。最终得到如图 6-43 所示的停电/来电自动告知电路图。

8. 保存原理图

选择菜单栏中的"文件"→"保存"命令，或单击"原理图标准"工具栏中的 圖（保存）按钮，保存绘制结果。

（a）

（b）

图 6-53　Properties 面板

第 7 章　原理图的基本操作

内容简介

在原理图绘制过程中会有很多技巧，这些技巧可以消除烦琐或易错的步骤。本章将详细讲述这些常用的操作。

内容要点

➥ 元件的属性编辑
➥ 元件的编号管理
➥ 原理图绘制的技巧
➥ 绘制抽水机电路

案例效果

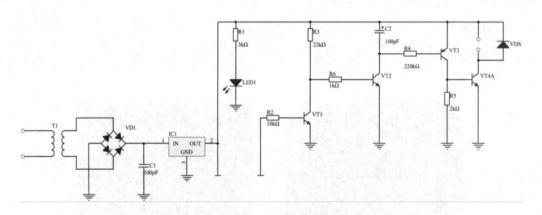

7.1　元件的属性编辑

在原理图上放置的所有元件都具有特定属性，在放置好每一个元件后，应该对其属性进行正确的编辑和设置，以免给后面的网络表及 PCB 的制作带来错误。

元件属性设置具体包含元件的基本属性设置、元件的外观属性设置、元件的扩展属性设置、元件的模型设置和元件管脚的编辑 5 个方面。

【执行方式】

右击原理图中的元件，在弹出的快捷菜单中选择 Properties 命令。

【操作步骤】

执行上述操作，系统会弹出相应的 Properties 面板，图 7-1 所示是电阻元件 Res2 的属性设置面板，用户可以根据实际情况进行设置。

技巧与提示——简单编号

在电路原理图比较复杂且有很多元件的情况下，如果用手工方式对编辑元件逐个标识，不仅效率低，而且容易出现标识遗漏、跳号等问题。此时，可以使用 Altium Designer 21 提供的自动标识功能轻松完成对元件的编辑。

扫一扫，看视频

练一练——看门狗电路的元件属性设置

绘制看门狗电路，如图 7-2 所示。

图 7-1　电阻元件 Res2 的属性面板

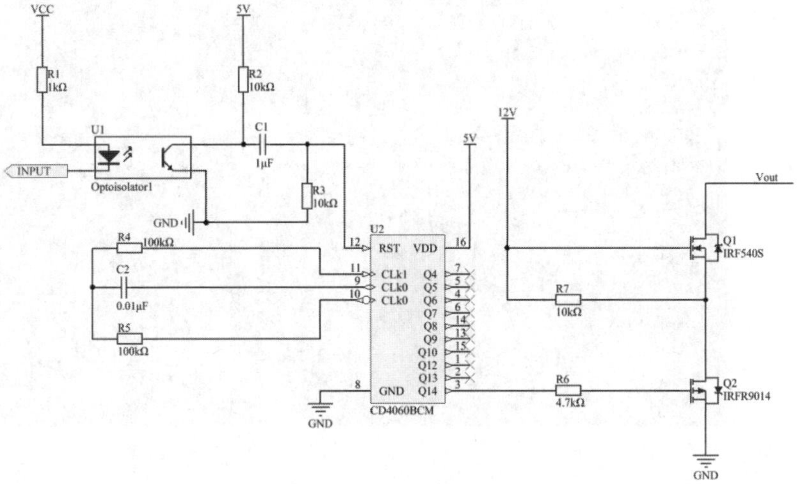

图 7-2　看门狗电路

📋 思路点拨：

> 源文件：yuanwenjian\ch07\Practice1\看门狗电路.PrjPcb
>
> （1）打开源文件。
>
> （2）连接电路。
>
> （3）添加接地电源符号。
>
> （4）添加电路端口符号。
>
> （5）添加忽略 ERC 检查测试点符号。
>
> （6）设置元件属性。

7.2　元件编号管理

对于元件较多的原理图，当设计完成后，往往会发现元件的编号很混乱或者有些元件还没有编号。此时用户可以逐个手动更改这些编号，但是这样比较烦琐，而且容易出现错误。

7.2.1　原理图元件自动编号

Altium Designer 21 提供了元件编号管理的功能。

【执行方式】

菜单栏：执行"工具"→"标注"→"原理图标注"命令。

【操作步骤】

执行此命令，系统将弹出如图 7-3 所示"标注"对话框。在该对话框中，可以对元件进行重新编号。

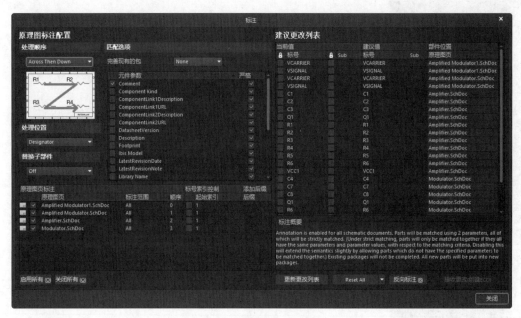

图 7-3　重置后的元件编号

【选项说明】

"标注"对话框分为两部分：左侧是"原理图标注配置"，右侧是"建议更改列表"。

（1）在左侧的"原理图标注配置"栏中列出了当前工程中的所有原理图文件。通过勾选文件名前面的复选框，可以对原理图进行重新编号。

（2）在"标注"对话框左上角的"处理顺序"下拉列表中列出了 4 种编号顺序，即 Up Then Across（先向上后左右）、Down Then Across（先向下后左右）、Across Then Up（先左右后向上）和 Across Then Down（先左右后向下）。

（3）在"匹配选项"选项组中列出了元件的参数名称。通过勾选参数名前面的复选框，用户可以选择是否根据这些参数进行编号。

（4）在右侧的"当前值"栏中列出了当前的元件编号，在"建议值"栏中列出了新的编号。

（5）单击 Reset All（全部重新编号）按钮，可将所有编号进行重置。系统将弹出 Information（信息）对话框，提示用户编号发生了哪些变化。单击 OK 按钮，重置后的所有元件编号将被消除。

（6）单击"更新更改列表"按钮，重新编号，系统将弹出如图 7-4 所示的 Information 对话框，提示用户相对前一次状态或相对初始状态发生的改变。

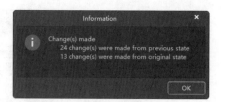

图 7-4　Information 对话框

（7）在"建议更改列表"中可以查看重新编号后的变化。如果对这种编号满意，则单击"接收更改"按钮，在弹出的"工程变更指令"对话框中更新修改，如图 7-5 所示。

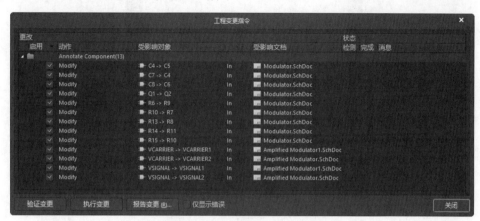

图 7-5　"工程变更指令"对话框

（8）在"工程变更指令"对话框中，单击"验证变更"按钮，可以验证修改的可行性，如图 7-6 所示。

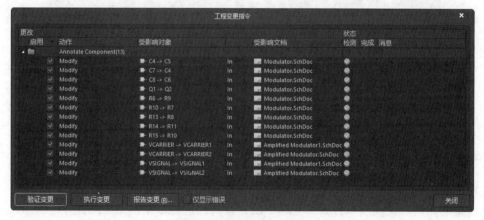

图 7-6　验证修改的可行性

（9）单击"报告变更"按钮，系统将弹出如图 7-7 所示的"报告预览"对话框，在其中可以将修改后的报表输出。单击"导出"按钮，可以将该报表保存，默认文件名为 Amplified Modulator. PRJPCB And Amplified Modulator.xls（是一个 Excel 文件）；单击"打开报告"按钮，可以将该报表打开；单击"打印"按钮，可以将该报表打印输出。

（10）单击"工程变更指令"对话框中的"执行变更"按钮，即可执行修改，如图 7-8 所示。至此对元件的重新编号便完成了。

图 7-7　"报告预览"对话框

图 7-8　"工程变更指令"对话框

动手学——集成频率合成器电路元件属性编辑

源文件：yuanwenjian\ch07\Learning1\集成频率合成器电路.PrjPcb

本实例讲解如何对集成频率合成器电路中的元件属性进行编辑，结果如图 7-9 所示。

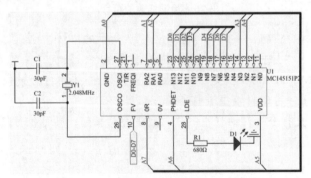

图 7-9　设置好元件属性后的原理图

【操作步骤】

（1）打开下载资源包中的 yuanwenjian\ch07\Learning1\example\集成频率合成器电路.PrjPcb。

（2）编辑元件编号。

① 选择菜单栏中的"工具"→"标注"→"原理图标注"命令，系统将弹出如图 7-10 所示的"标注"对话框。在该对话框中，可以对元件进行重新编号。

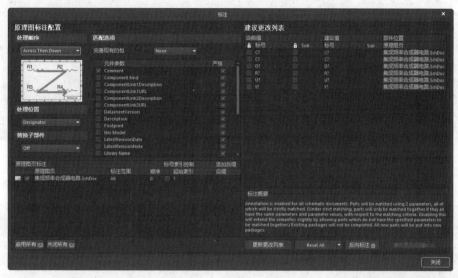

图 7-10　"标注"对话框

② 在"标注"对话框中，单击"更新更改列表"按钮，重新编号，系统将弹出如图 7-11 所示的 Information（信息）对话框，提示用户相对前一次状态和相对初始状态发生的改变。

③ 单击 OK 按钮，在"更新更改列表"中可以查看重新编号后的变化，如图 7-12 所示。

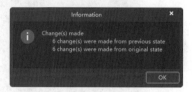

图 7-11　Information 对话框

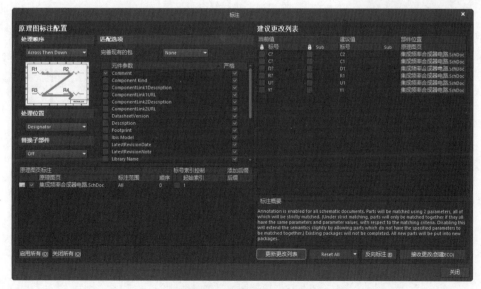

图 7-12　重置后的元件编号

④ 如果对这种编号满意，则单击"接收更改（创建 ECO）"按钮，在弹出的"工程变更指令"对话框中更新修改，如图 7-13 所示。

图 7-13 "工程变更指令"对话框

⑤ 在"工程变更指令"对话框中，单击"执行变更"按钮，执行修改，如图 7-14 所示。

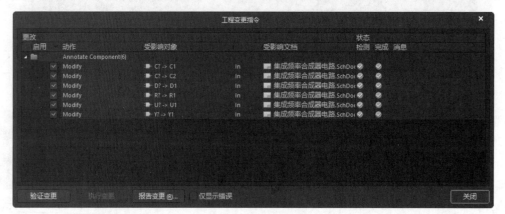

图 7-14 执行修改

⑥ 单击"关闭"按钮，完成设置，退出对话框。原理图元件编号结果如图 7-15 所示。

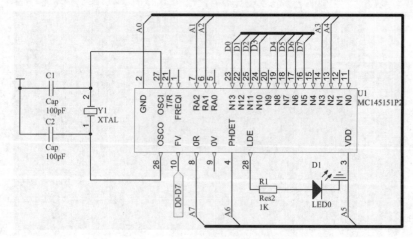

图 7-15 原理图编号编辑结果

技巧与提示——编辑元件属性

"标注"命令只能快速编辑元件编号，无法对元件其余属性进行设置。在只需设置元件编号的情况下，直接利用此命令即可；但如果还需设置其他属性，则需利用不同方法打开元件属性设置对话框，设置元件其余参数。可在设置过程中按 Tab 键，也可在放置后双击元件。

（3）编辑元件属性。

① 双击电阻 Res2 元件，弹出 Properties（属性）面板，对该元件的相关属性进行设置。

② 在 Parameters（参数）选项卡中，设置电阻值为 680Ω，如图 7-16 所示。

③ 按 Enter 键，完成设置。

④ 用同样的方法设置其他元件属性，最终结果如图 7-9 所示。

图 7-16　设置电阻属性

7.2.2　回溯更新原理图元件标号

"反向标注原理图"命令用于从印制电路回溯更新原理图元件标号。在设计印制电路时，有时可能需要对元件重新编号，为了保持原理图和 PCB 板图的一致性，可以使用该命令基于 PCB 板图来更新原理图中的元件标号。

【执行方式】

菜单栏：执行"工具"→"标注"→"反向标注原理图"命令。

【操作步骤】

执行上述命令，弹出如图 7-17 所示对话框，选择 WAS-IS 文件，用于从 PCB 文件更新原理图文件的元件标号。

图 7-17　选择 WAS-IS 文件对话框

【选项说明】

WAS-IS 文件是在 PCB 文档中执行"反向标注原理图"命令后生成的文件。在选择 WAS-IS 文件后，系统将弹出一个消息对话框，显示所有将被重新命名的元件。当然，这时原理图中的元件名称并没有真正被更新。此时，单击"确定"按钮，弹出"标注"对话框，如图 7-18 所示。在该对话框中可以先预览系统推荐的重命名，然后决定是否执行更新命令，创建新的 ECO 文件。

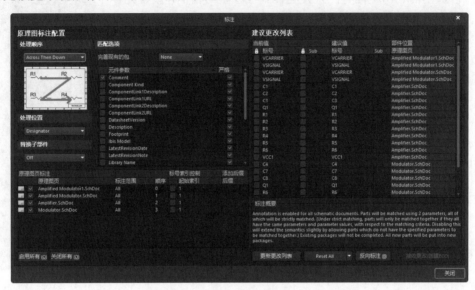

图 7-18 "标注"对话框

7.3 原理图绘制技巧

本节将介绍一些原理图的绘制技巧，这些技巧会给原理图的绘制带来极大的方便。

7.3.1 工作窗口的缩放

在原理图编辑器中，电路原理图具有缩放功能，便于用户进行观察。选择菜单栏中的"视图"命令，在其下拉菜单中列出了对原理图画面进行缩放的多种命令，如图 7-19 所示。

菜单中有关窗口缩放的操作可分为以下 4 种类型。

1. 在工作窗口中显示选择的内容

在工作窗口中显示选择的内容操作包括在工作窗口中显示整个原理图、显示所有元件、显示选定区域、显示选定元件和选中的坐标附近区域，它们构成了"视图"菜单的第一栏。

图 7-19 "视图"菜单

➥ 适合文件：用于观察并调整整张原理图的布局。单击该命令后，编辑窗口将以最大的比例显示整张原理图的内容，包括图纸边框和标题栏等。

↪ 适合所有对象：用于观察整张原理图的组成概况。单击该命令后，编辑窗口将以最大比例显示电路原理图上的所有元件。

↪ 区域：在工作窗口中选中一个区域，放大选中的区域。单击该命令，光标以十字形状出现在工作窗口中，单击确定区域的一个顶点，移动光标确定区域的对角顶点后单击，在工作窗口中将只显示选择的区域。

↪ 点周围：在工作窗口中显示一个坐标点附近的区域。同样是用于放大选中的区域，但区域的选择与上一个命令不同。单击该命令，光标以十字形状出现在工作窗口中，移动光标至要显示的点，单击后移动光标，在工作窗口中将出现一个以该点为中心的虚线框，确定虚线框的范围后单击，将会显示虚线框所包含的范围。

↪ 选中的对象：用于放大显示选中的对象。单击该命令后，选中的多个对象将以适当的尺寸放大显示。

2. 显示比例的缩放

显示比例的缩放操作包括确定原理图的显示比例、原理图的放大和缩小显示以及按原比例显示原理图上坐标点附近的区域，它们一起构成了"视图"菜单的第二栏和第三栏。

↪ 放大：以光标为中心放大画面。

↪ 缩小：以光标为中心缩小画面。

3. 使用快捷键和工具栏按钮执行视图显示操作

Altium Designer 21 为大部分视图操作提供了快捷键，具体如下所示。

↪ Pg Up 键：放大显示。

↪ Pg Dn 键：缩小显示。

↪ Home 键：按原比例显示以光标所在位置为中心的附近区域。

↪ 同时为常用视图操作提供了工具栏按钮，具体如下所示。

↪ （适合所有对象）按钮：在工作窗口中显示所有对象。

↪ （缩放区域）按钮：在工作窗口中显示选定区域。

↪ （缩放选中对象）按钮：在工作窗口中显示选定元件。

4. 使用鼠标滚轮平移和缩放

使用鼠标滚轮平移和缩放图纸的操作方法如下。

↪ 平移：向上滚动鼠标滚轮则向上平移图纸，向下滚动鼠标滚轮则向下平移图纸；按住 Shift 键的同时向下滚动鼠标滚轮会向右平移图纸；按住 Shift 键的同时向上滚动鼠标滚轮会向左平移图纸。

↪ 放大：按住 Ctrl 键的同时向上滚动鼠标滚轮会放大显示图纸。

↪ 缩小：按住 Ctrl 键的同时向下滚动鼠标滚轮会缩小显示图纸。

7.3.2　刷新原理图

绘制原理图时，完成滚动画面、移动元件等操作后，有时会出现画面显示残留的斑点、线段或图形变形等问题。为了解决这些问题可以刷新原理图。

【执行方式】

刷新原理图的方式如下。

❯ 工具栏：执行"导航"→"刷新"按钮。

❯ 快捷键：End 键。

【操作步骤】

执行上述操作，则刷新原理图。

7.3.3 高级粘贴

在原理图中，某些同类型元件可能有很多个，如电阻、电容等，而且它们具有大致相同的属性。如果一个个地放置，设置属性，工作量大且烦琐。因而，Altium Designer 21 提供了高级粘贴功能，大大方便了粘贴操作。

【执行方式】

高级粘贴的执行方式如下。

❯ 菜单栏：执行"编辑"→"智能粘贴"命令。

❯ 快捷键：Shift 键 + Ctrl 键 + V 键。

【操作步骤】

执行上述操作，系统将弹出"智能粘贴"对话框，如图 7-20 所示。

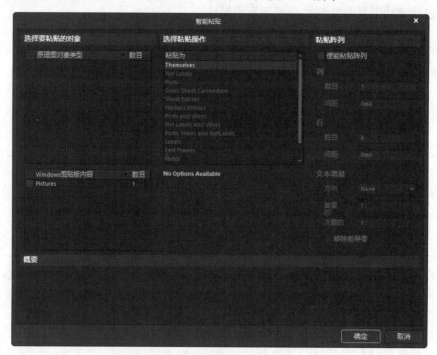

图 7-20 "智能粘贴"对话框

知识链接——"智能粘贴"命令

在执行"智能粘贴"命令前，必须复制或剪切某个对象，使 Windows 的剪切板中有相关材料。否则菜单栏中命令为灰色，无法执行此命令。

【选项说明】

在"智能粘贴"对话框中可以先对要粘贴的内容适当设置，再执行粘贴操作。其中各选项组的功能如下。

- ➥ "选择要粘贴的对象"选项组：用于选择要粘贴的对象。
- ➥ "选择粘贴操作"选项组：用于设置要粘贴对象的属性。
- ➥ "粘贴阵列"选项组：用于设置阵列粘贴。"使能粘贴阵列"复选框用于控制阵列粘贴的功能。阵列粘贴是一种特殊的粘贴方式，能够一次性按照指定间距将同一个元件或元件组重复粘贴到原理图图纸上。当原理图中需要放置多个相同对象时，该操作会非常有用。

动手学——阵列晶体管

源文件：yuanwenjian\ch07\Learning2\晶体管.PrjPcb

本实例阵列如图 7-21 所示的晶体管元件。

【操作步骤】

（1）打开 Components（元件）面板，在 Miscellaneous Devices.IntLib 元件库中选择晶体管 2N3904，将其放置到原理图中。

（2）选中原理图中的晶体管元件，选择菜单栏中的"编辑"→"复制"命令，将该元件放到剪贴板中。

（3）选择菜单栏中的"编辑"→"智能粘贴"命令，系统将弹出"智能粘贴"对话框。

（4）勾选"使能粘贴阵列"复选框，阵列粘贴的设置如图 7-22 所示。单击"确定"按钮，完成阵列，结果如图 7-21 所示。

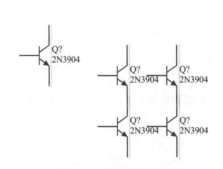

图 7-21　阵列粘贴效果

图 7-22　设置阵列粘贴

需要设置的粘贴阵列参数如下。

（1）"列"选项组：用于设置水平方向阵列粘贴的数量和间距。

- ➥ "数目"文本框：用于设置水平方向阵列粘贴的列数。
- ➥ "间距"文本框：用于设置水平方向阵列粘贴的间距。若设置为正数，则元件由左向右排列；若设置为负数，则元件由右向左排列。

（2）"行"选项组：用于设置竖直方向阵列粘贴的数量和间距。

- ➥ "数目"文本框：用于设置竖直方向阵列粘贴的行数。

➘ "间距"文本框：用于设置竖直方向阵列粘贴的间距。若设置为正数，则元件由下到上排列；若设置为负数，则元件由上到下排列。

（3）"文本增量"选项组：用于设置阵列粘贴中元件标号的增量。

➘ "方向"下拉列表：用于确定元件编号递增的方向，有 None（无）、Horizontal First（先水平）和 Vertical First（先竖直）3 种选择。None 表示不改变元件编号；Horizontal First 表示元件编号递增的方向是先按水平方向由左向右递增，再按竖直方向由下往上递增；Vertical First 表示先竖直方向由下往上递增，再水平方向由左向右递增。

➘ "首要的"文本框：用于指定相邻两次粘贴之间元件标识的编号增量，系统的默认设置为 1。

➘ "次要的"文本框：用于指定相邻两次粘贴之间元件引脚编号的数字增量，系统的默认设置为 1。

➘ "移除前导零"复选框：勾选此复选框，可从文本字符串中删除前导零。

练一练——绘制广告彩灯电路

本实例绘制如图 7-23 所示的广告彩灯电路。

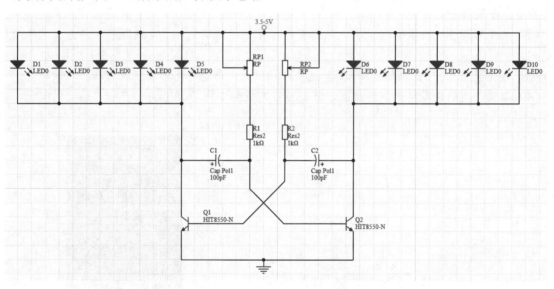

图 7-23　广告彩灯电路原理图设计

📋 **思路点拨：**

源文件：yuanwenjian\ch07\Practice2\广告彩灯电路.PrjPcb

（1）新建工程文件与原理图文件。

（2）加载元件库。

（3）放置元件。

（4）阵列元件。

（5）元件布局。

（6）电气连接。

（7）放置电源接地符号。

7.3.4 查找文本

查找文本命令用于在电路图中查找指定的文本。通过此命令可以迅速找到包含某一文字标识的图元。

【执行方式】

查找文本执行方式如下。

❧ 菜单栏：执行"编辑"→"查找文本"命令。

❧ 快捷键：Ctrl 键 + F 键。

【操作步骤】

执行上述操作，系统将弹出"查找文本"对话框，如图 7-24 所示。

【选项说明】

对话框中各选项的功能如下。

图 7-24 "查找文本"对话框

❧ "要查找的文本"选项组：用于输入或选择需要查找的文本。

❧ Scope（范围）选项组：包含"图纸页面范围""选择""标识符"3 个下拉列表。"图纸页面范围"下拉列表用于设置所要查找的电路图范围，包含 Current Document（当前文档）、Project Documents（项目文档）、Open Documents（已打开的文档）和 Project Physical Documents（项目实物文件）4 个选项。"选择"下拉列表用于设置需要查找的文本对象的范围，包含 All Objects（所有对象）、Selected Objects（选择的对象）和 Deselected Objects（未选择的对象）3 个选项。All Objects 表示对所有的文本对象进行查找；Selected Objects 表示对选中的文本对象进行查找；Deselected Objects 表示对没有选中的文本对象进行查找。"标识符"下拉列表用于设置查找的电路图标识符范围，包含 All Identifiers（所有 ID）、Net Identifiers Only（仅网络 ID）和 Designators Only（仅标号）3 个选项。

❧ "选项"选项组：用于匹配查找对象所具有的特殊属性，包含"区分大小写""整词匹配""跳至结果"3 个复选框。勾选"区分大小写"复选框表示查找时要注意大小写的区别；勾选"整词匹配"复选框表示只查找具有整个单词的匹配文本，要查找的网络标识包含的内容有网络标号、电源端口、I/O 端口和方块电路 I/O 端口；勾选"跳至结果"复选框表示查找后跳到结果处。

用户按照实际情况设置完对话框的内容后，单击"确定"按钮开始查找。

7.3.5 文本替换

文本替换命令用于将电路图中指定文本用新的文本替换掉，该操作在需要将多处相同文本修改成另一文本时非常有用。

【执行方式】

文本替换执行方式如下。

❧ 菜单栏：执行"编辑"→"替换文本"命令。

❧ 快捷键：Ctrl 键 + H 键。

【操作步骤】

执行此上述操作，系统将弹出如图 7-25 所示的"查找并替换文本"对话框。

图 7-25 "查找并替换文本"对话框

【选项说明】

可以看出如图 7-24 和图 7-25 所示的两个对话框非常相似，对于相同的部分，这里不再赘述，读者可以参看"查找文本"命令，下面只对未提到的一些选项进行解释。

- ➥ "用...替换"文本框：用于输入替换原文本的新文本。
- ➥ "替换提示"复选框：用于设置是否显示确认替换提示对话框。如果勾选该复选框，表示在进行替换之前，显示确认替换提示对话框；反之不显示。

7.3.6 发现下一个

发现下一个命令用于查找"发现下一个"对话框中指定的文本。

【执行方式】

- ➥ 菜单栏：执行"编辑"→"查找下一个"命令。
- ➥ 快捷键：F3 键。

7.3.7 查找相似对象

原理图编辑器提供了查找相似对象的功能。

【执行方式】

菜单栏：执行"编辑"→"查找相似对象"命令。

【操作步骤】

执行此命令，光标将变成十字形状出现在工作窗口中，移动光标到某个对象上单击，系统将弹出"查找相似对象"对话框，如图 7-26 所示。

图 7-26 "查找相似对象"对话框

【选项说明】

在"查找相似对象"对话框中列出了该对象的一系列属性。通过对各项属性进行匹配程度的设置，可决定搜索的结果。此时该对话框给出了如下对象属性。

- Kind（种类）选项组：显示对象类型。
- Design（设计）选项组：显示对象所在的文档。
- Graphical（图形）选项组：显示对象图形属性。
  - X1：设置 X1 坐标值。
  - Y1：设置 Y1 坐标值。
  - Orientation（方向）：放置方向。
  - Locked（锁定）：确定是否锁定。
  - Mirrored（镜像）：确定是否镜像显示。
  - Display Mode（显示模式）：确定是否显示模型。
  - Show Hidden Pins（显示隐藏引脚）：确定是否显示隐藏引脚。
  - Show Designator（显示标号）：确定是否显示标号。
- Object Specific（对象特性）选项组：显示对象特性。
  - Description（描述）：对象的基本描述。
  - Lock Designator（锁定标号）：确定是否锁定标号。
  - Lock Part ID（锁定元件 ID）：确定是否锁定元件 ID。
  - Pins Locked（引脚锁定）：锁定引脚。
  - File Name（文件名称）：文件名称。
  - Configuration（配置）：文件配置。
  - Library（元件库）：库文件。
  - Symbol Reference（符号参考）：符号参考说明。
  - Component Designator（组成标号）：对象所在的元件标号。
  - Current Part（当前元件）：对象当前包含的元件。
  - Comment（元件注释）：关于元件的说明。
  - Current Footprint（当前封装）：当前元件封装。
  - Component Type（元件类型）：当前元件类型。
  - Database Table Name（数据库表的名称）：数据库中表的名称。
  - Use Library Name（所用元件库的名称）：所用元件库名称。
  - Use Database Table Name（所用数据库表的名称）：当前对象所用数据库表的名称。
  - Design Item ID（设计 ID）：元件设计 ID。

在选中元件的每一栏属性后都另有一栏，在该栏上单击将弹出下拉列表，在其中可以选择搜索的对象和被选择的对象在该项属性上的匹配程度，包含以下 3 个选项。

- Same（相同）：被查找对象的该项属性必须与当前对象相同。
- Different（不同）：被查找对象的该项属性必须与当前对象不同。
- Any（忽略）：查找时忽略该项属性。

动手学——查找晶体管

源文件：yuanwenjian\ch07\Learning3\晶体管.PrjPcb
本实例修改多个晶体管属性，结果如图 7-27 所示。

扫一扫，看视频

【操作步骤】

（1）打开下载资源包中的 yuanwenjian\ch07\Learning3\example\晶体管.PrjPcb。

（2）选择菜单栏中的"编辑"→"查找相似对象"命令，光标变成十字形状出现在工作窗口中，移动光标到某个晶体管上单击，系统将弹出如图 7-28 所示的"查找相似对象"对话框。

图 7-27　晶体管　　　　　　图 7-28　"查找相似对象"对话框

（3）设置匹配程度时，将 Comment（注释）和 Current Footprint（当前封装）属性设置为 Same（相同），其余保持默认设置即可找到所有和晶体管有相同取值和相同封装的元件。

（4）单击"应用"按钮，在工作窗口中将屏蔽所有不符合搜索条件的对象，并跳转到要求最相近的对象上，如图 7-27 所示。此时可以逐个查看这些相似的对象。

扫一扫，看视频

7.4　操作实例——绘制抽水机电路

源文件：yuanwenjian\ch07\Operation \抽水机电路.PrjPcb

本例绘制的抽水机电路主要由 4 只晶体管组成，如图 7-29 所示。潜水泵的供电受继电器的控制，继电器线圈中的电流是否形成，取决于晶体管 VT4A 是否导通。

【操作步骤】

1. 建立工作环境

（1）在 Windows 操作系统下，双击 图标，启动 Altium Designer 21。

（2）选择菜单栏中的"文件"→"新的"→"项目"命令，新建名为"抽水机电路"的工程文件。

（3）选择菜单栏中的"文件"→"新的"→"原理图"命令，在工程文件中新建一个默认名为 Sheet1.SchDoc 的电路原理图文件。

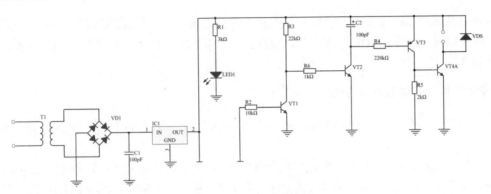

图 7-29　抽水机电路图

（4）选择菜单栏中的"文件"→"保存"命令，在弹出的保存文件对话框中输入"抽水机电路"文件名，指定保存位置，然后单击"保存"按钮。此时，Projects（工程）面板中的工程名字变为"抽水机电路.PrjPcb"，原理图文件名为"抽水机电路.SchDoc"，并保存在指定位置。

（5）设置图纸参数。单击界面右下角 Panels 按钮，弹出快捷菜单，选择 Properties（属性）命令，打开 Properties（属性）面板，并自动固定在右侧边界上，如图 7-30 所示。

（6）在此面板中对图纸参数进行设置。在此将图纸的尺寸设置为 A4，Orientation（定位）设置为 Landscape（横向），Title Block（标题块）设置为 Standard（标准），其他采用默认设置，按 Enter 键完成图纸属性设置。

2. 加载元件库

单击 Components（元件）面板右上角的■按钮，在弹出的快捷菜单中选择 File-based Libraries Preferences（库文件参数）命令，系统将弹出"可用的基于文件的库"对话框，然后在其中加载需要的元件库。本例中需要加载的元件库如图 7-31 所示。

图 7-30　Properties 面板

图 7-31　需要加载的元件库

在绘制电路原理图的过程中，放置元件的基本依据是根据信号的流向放置，或从左到右，或从右到左。首先放置电路中关键的元件，之后放置电阻、电容等外围元件。本例中将按照从左到右的顺序放置元件。

3. 查找元件，并加载其所在的库

由于不知道设计中用到的 LM394BH 和 MC7812AK 元件所在的库位置，因此首先要查找这两个元件。

（1）单击 Components（元件）面板右上角的■按钮，在弹出的快捷菜单中选择 File-based Libraries Search（库文件搜索）命令，在弹出的"基于文件的库搜索"对话框中输入 LM394BH，如图 7-32 所示。

（2）单击 查找⑸ 按钮，系统开始查找此元件。查找到的元件将显示在 Components（元件）面板中，如图 7-33 所示。选中查找到的元件右击，在弹出的快捷菜单中选择 Place LM394BH 命令，如图 7-34 所示。弹出元件库加载确认对话框，如图 7-35 所示。单击 Yes 按钮，加载元件 LM394BH 所在的库。用同样的方法可以查找元件 MC7812AK，加载其所在的库，并将其放置在原理图中，结果如图 7-36 所示。

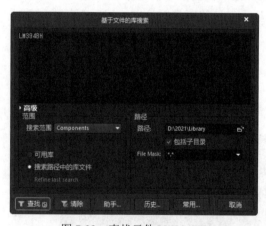

图 7-32　查找元件 LM394BH

图 7-33　查找元件 LM394BH

图 7-34　快捷菜单

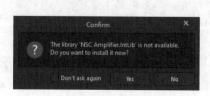

图 7-35　确认对话框

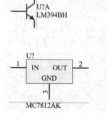

图 7-36　加载的主要元件

4. 放置外围元件

（1）首先放置 2N3904。打开 Components（元件）面板，在当前元件库下拉列表中选择 Miscellaneous Devices. IntLib（通用元件库），在元件名称列表框中选择 2N3904，如图 7-37 所示。

（2）双击 2N3904，将此元件放到原理图的合适位置。

（3）同理放置元件 2N3906，如图 7-38 所示。

图 7-37　选择元件 2N3904

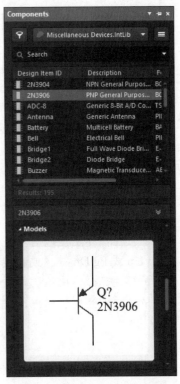

图 7-38　选择元件 2N3906

（4）放置二极管元件。在 Components（元件）面板元件过滤框中输入 dio，元件预览窗口中将显示符合条件的元件。在元件列表中双击 Diode，将元件放到图纸空白处。

（5）放置发光二极管元件。在 Components（元件）面板元件过滤框中输入 led，元件预览窗口中将显示符合条件的元件。在元件列表中双击 LED0，将元件放到图纸空白处。

（6）放置整流桥（二极管）元件。在 Components（元件）面板元件过滤框中输入 b，元件预览窗口中将显示符合条件的元件。在元件列表中双击 Bridge1，将元件放到图纸空白处。

（7）放置变压器元件。在 Components（元件）面板元件过滤框中输入 tr，元件预览窗口中将显示符合条件的元件。在元件列表中双击 Trans，将元件放到图纸空白处。

（8）放置电阻和电容。打开 Components（元件）面板，在元件列表中分别选择电阻和电容进行放置。最终结果如图 7-39 所示。

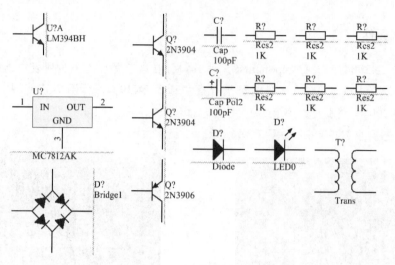

图 7-39　元件放置结果

5. 布局元件

元件放置完成后，需要适当调整，将它们分别排列在原理图中最恰当的位置，这样有助于后续的设计。

（1）选中元件，按住鼠标左键拖动至合适的位置后释放鼠标左键，即可完成移动。在移动对象时，可以通过按 **Pg Up** 或 **Pg Dn** 键（或直接滚动鼠标滚轮）缩放视图，以便观察细节。

（2）选中元件的标注部分，按住鼠标左键进行拖动，可以移动元件标注的位置。

（3）采用同样的方法调整所有元件，效果如图 7-40 所示。

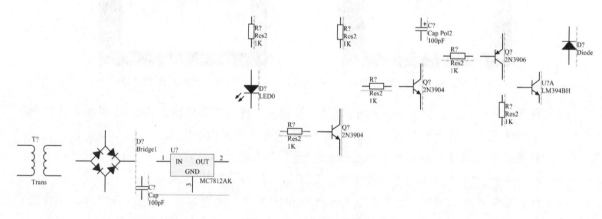

图 7-40　元件调整效果

在图纸上放置好元件之后，再对各个元件的属性进行设置，包括元件的标识、序号、型号和封装形式等。

（4）编辑元件属性。双击变压器元件 Trans，在弹出的 Properties（属性）面板中修改元件属性。参数设置如图 7-41 所示。

（5）用同样的方法设置其余元件，设置好元件属性的元件布局如图 7-42 所示。

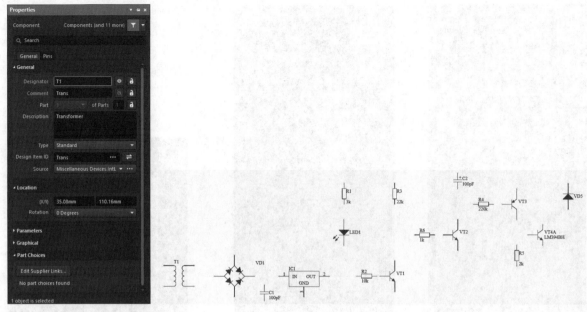

图 7-41　设置变压器 T1 的属性　　　　　图 7-42　设置好元件属性后的元件布局

6. 连接导线

根据电路设计的要求，将各个元件用导线连接起来。

（1）单击"布线"工具栏中的绘制导线按钮，完成元件之间的电气连接，结果如图 7-43 所示。

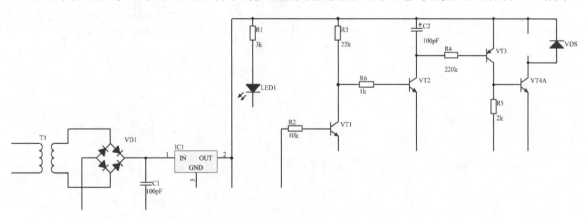

图 7-43　布线结果

（2）放置电源。单击"布线"工具栏中的放置电源按钮，按 Tab 键，弹出 Properties（属性）面板，在原理图中元件 IC1 引脚 2 处、R2 左端点处对应位置放置电源符号。继续按 Tab 键，弹出 Properties（属性）面板，设置"类型"为 Bar，在原理图的合适位置放置，如图 7-44 所示。

（3）放置接地符号。单击"布线"工具栏中的放置接地符号按钮，按 Tab 键，弹出 Properties（属性）面板，放置接地符号，如图 7-45 所示。

（4）选择菜单栏中的"编辑"→"替换文本"命令，系统将弹出如图 7-46 所示的"查找并替换文本"对话框，在"查找文本"框中输入 K，在"用…替换"框中输入 kΩ，单击"确定"按钮，修改电阻元件单位。绘制完成的抽水机电路图如图 7-29 所示。

图 7-44　设置电源符号

图 7-45　设置接地符号

图 7-46　"查找并替换文本"对话框

第 8 章　原理图的编译

内容简介

在使用 Altium Designer 设计电路图的过程中，完成了元件的摆放和网络的电气连接设置之后，还需要对工程进行编译，以方便进行查错。在编译的过程中，系统会对整个工程进行检查。

内容要点

- 设置工程选项并编译
- 原理图的查错
- 编译看门狗电路

案例效果

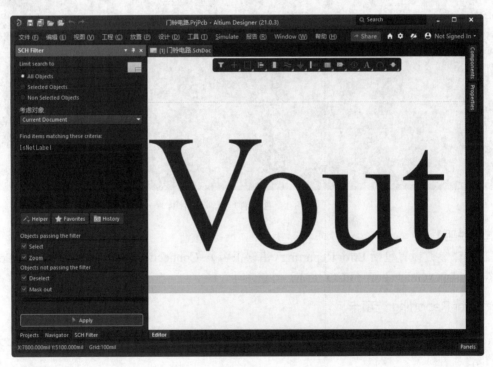

8.1　编　译　工　程

Altium Designer 21 可以对原理图的电气连接特性进行自动检测，检测后的错误信息将在 Messages 工作面板中列出，同时在原理图中标注出来。用户可以对检测规则进行设置，然后根据面板中所列出的错误信息对原理图进行修改。

8.1.1　设置工程选项

在编译前首先要对工程选项进行设置，以确定在编译时系统所需要的工程和编译后系统的各种报告类型。

【执行方式】

菜单栏：执行"工程"→"工程选项"命令。

【操作步骤】

执行此命令，系统将弹出如图 8-1 所示的项目管理选项对话框，所有与工程有关的选项都可以在该对话框中进行设置。

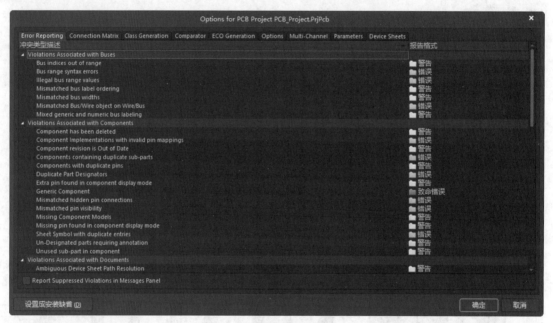

图 8-1　项目管理选项对话框

【选项说明】

项目编译参数设置包括 Error Reporting（错误报告）、Connection Matrix（连接矩阵）、Comparator（比较器）、ECO Generation（ECO 生成）等选项卡。

1. Error Reporting 选项卡

Error Reporting 选项卡用于设置原理图设计的错误类型，报告类型分为错误、警告、致命错误以及不报告 4 种。

在此简单介绍一下 Violations Associated with Buses（总线错误检查报告），其中包括超出定义范围的总线编号索引、总线命名的语法错误、总线范围值违规等。

> ❧ Bus indices out of range（超出定义范围的总线编号索引）：总线和总线分支线共同完成电气连接，如果定义总线的网络标号为 D[0...7]，则当存在 D8 及 D8 以上的总线分支线时将违反该规则。
> ❧ Bus range syntax errors（总线命名的语法错误）：用户可以以放置网络标号的方式对总线进

行命名。当总线命名存在语法错误时将违反该规则。例如，定义总线的网络标号为 D[0...] 时将违反该规则。

- Illegal bus range values（总线范围值违规）：与总线相关的网络标号索引出现负值。
- Mismatched bus label ordering（总线网络标号不匹配）：同一总线的分支线属于不同网络时，这些网络对总线分支线的编号顺序不正确。
- Mismatched bus widths（总线编号范围不匹配）：总线编号范围超出界定。
- Mismatched Bus/Wire object on Wire/Bus（总线种类不匹配）：总线上放置了与总线不匹配的对象。
- Mixed generic and numeric bus labeling（与同一总线相连的不同网络标识符类型错误）：有的网络采用数字编号，有的网络采用了字符编号。

对于每一种错误都可以设置相应的报告类型，并采用不同的颜色。单击其后的按钮，弹出错误报告类型的下拉列表。一般采用默认设置，即不需要对错误报告类型进行修改。单击 按钮，可以恢复到系统默认设置。

2. Connection Matrix（连接矩阵）选项卡

在项目管理选项对话框中，选择 Connection Matrix 选项卡，如图 8-2 所示。

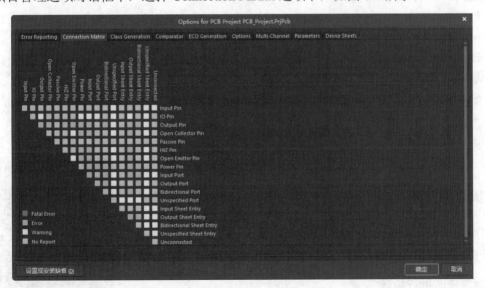

图 8-2　Connection Matrix 选项卡

该选项卡中显示了各种引脚、端口和图纸入口之间的连接状态以及错误等级，便于在设计中运用电气规则检查电气连接，如引脚间的连接、元件和图纸的输入。连接矩阵给出了原理图中不同类型的连接点以及是否被允许的图表描述。

动手学——设置编译项目的错误等级

本实例设置编译项目的错误等级，如图 8-3 所示。

【操作步骤】

对于各种连接的错误等级，用户可以自己进行设置。单击相应连接交叉点处的色块，通过色块的设置即可设置错误等级。

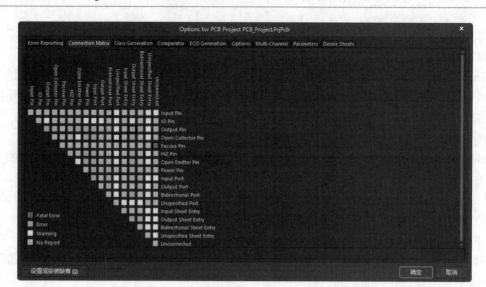

图 8-3　错误等级设置

（1）如果横坐标和纵坐标交叉点为红色，则当横坐标代表的引脚和纵坐标代表的引脚相连接时，将出现 Fatal Error（严重的错误）信息，如图 8-3 所示。

（2）如果横坐标和纵坐标交叉点为橙色，则当横坐标代表的引脚和纵坐标代表的引脚相连接时，将出现 Error（错误）信息。

（3）如果横坐标和纵坐标交叉点为黄色，则当横坐标代表的引脚和纵坐标代表的引脚相连接时，将出现 Warning（警告）信息。

（4）如果横坐标和纵坐标交叉点为绿色，则当横坐标代表的引脚和纵坐标代表的引脚相连接时，将不出现错误或警告信息。

（5）单击 设置成安装缺省 (D) 按钮，可以恢复到系统默认设置。一般采用默认设置，即不需要对错误等级进行设置。

8.1.2　编译原理图

对原理图的各种电气错误等级设置完毕，用户便可以对原理图进行编译操作，随即进入原理图的调试阶段。

1. 对原理图进行编译

【执行方式】

菜单栏：执行"工程"→Validate…命令，如图 8-4 所示。

【操作步骤】

执行此命令，即可进行文件的编译。执行编译原理图命令后，错误信息将在弹出的 Messages 面板中显示出来，并且在下方的"细节"选项栏中显示出错误信息的详细内容，如图 8-5 所示。

2. 对工程进行编译

图 8-4　选择 Validate…命令

编译完原理图后，还需要对整个工程进行编译。执行"工程"→Validate…命令，或在项目文件上右击，在弹出的快捷菜单中选择 Validate …选项，如图 8-6 所示。

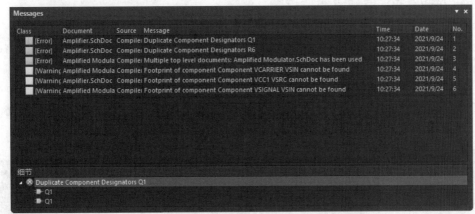

图 8-5 Messages 面板

3. 放置 No ERC 标志

在设计系统时，一些元件的端口、引脚等可能是根据某种特殊需求而故意设置的，但是编译时可能会引起一些错误或警告。解决的方法是放置 No ERC 标志。

执行菜单栏中的"放置"→"指示"→"通用 No ERC 标号"命令，或单击"布线"工具栏上的 ⊠（放置通用 No ERC 标号）按钮，放置 No ERC 标志到原理图上，如图 8-7 所示。

图 8-6 快捷菜单

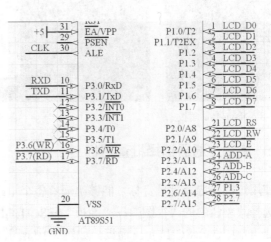

图 8-7 放置 No ERC 标志

8.2 原理图的查错

工程的编译只能检查工程项目管理选项中出现的错误，具有一定的局限性。如果检测后的 Messages 面板中没有错误信息出现，并不表示该原理图的设计完全正确。用户还需将网络表中的内容与所要求的设计反复对照和修改，直到完全正确为止。

8.2.1 通过 Navigator 面板查看原理图

在编译完成后，用户可以通过如图 8-8 所示的 Navigator 面板浏览整个电路原理图的元件、网络、总线网络及当前原理图的所有相关文件。

整个工程的文件结构以及各个原理图的元件和网络信息都可以从 Navigator 面板中看出。单击该面板中的 交互式导航 按钮，光标将变成十字形状，单击要查看的文件，工作窗口中就出现该文件对应的信息，如图 8-9 所示。

图 8-8　Navigator 面板

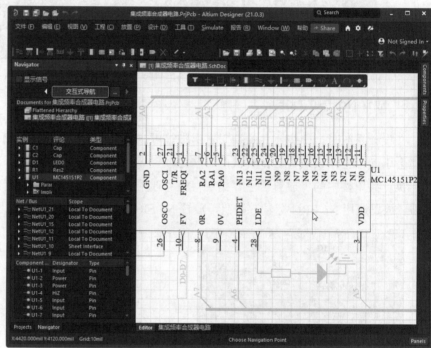

图 8-9　通过 Navigator 查看文件

8.2.2 使用过滤器选择批量目标

使用过滤器选择批量目标，能够给观察整个电路原理图的元件带来很大的方便。

选择菜单栏中的"视图"→"面板"→SCH Filter 命令，或者单击右下角的 Panels 按钮，在弹出的快捷菜单中选择 SCH Filter 面板，如图 8-10 所示。

在 SCH Filter 面板中单击 Helper 按钮，弹出 Query Helper 对话框，如图 8-11 所示。在此对话框中可以通过中间的"+"、"-"、Div、Mod、And 等符号组合成复杂的条件语句，也可以通过 Categories 选项组下拉列表选择语句。

动手学——检查电路网络标签

源文件：yuanwenjian\ch08\Learning2\看门狗电路.PrjPcb
本实例检查看门狗电路网络标签，如图 8-12 所示。

扫一扫，看视频

图 8-10　SCH Filter 面板

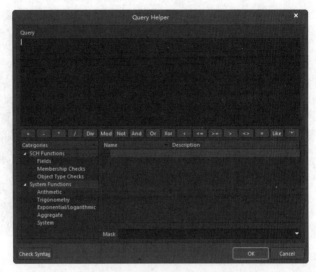

图 8-11　Query Helper 对话框

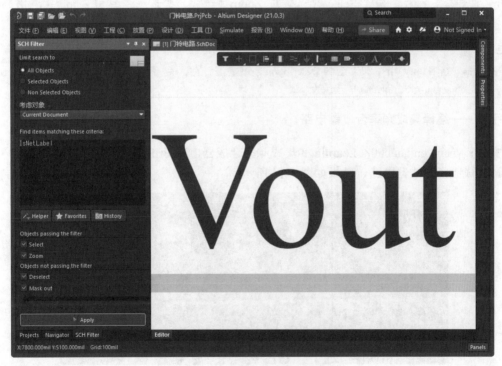

图 8-12　检查看门狗电路网络标签

【操作步骤】

（1）打开下载资源包中的 yuanwenjian\ch08\Learning2\example\看门狗电路.PrjPcb。

（2）选择菜单栏中的"视图"→"面板"→SCH Filter（原理图过滤器）命令，弹出 SCH Filter

（原理图过滤器）面板。

（3）单击 （帮助）按钮，在弹出的对话框下方选择 SCH Functions（原理图作用）→Object Type Checks（对象类型检查）选项，右边窗口中出现一系列的条件语句，如图 8-13 所示。

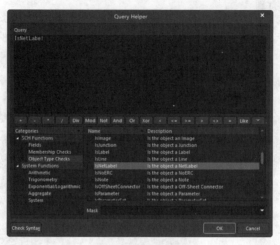

图 8-13　条件语句

（4）选择语句 IsNetLabel，则在上面 Query（疑问）框中出现该语句。然后单击 OK 按钮，返回 Filter（过滤器）面板。勾选 Select（选择）、Zoom（缩放）复选框，单击 Apply（应用）按钮，就可以选择全部 NetLable，如图 8-12 所示。

🔊 注意：

这里每条语句在 Name 列下，而对应的 Description 也就是语句的解释。例如，IsArc 语句，根据 Description 解释，就是 Is the object an Arc，即查询是弧线的对象。

扫一扫，看视频

动手学——编译集成频率合成器电路

源文件：yuanwenjian\ch08\ Learning3\集成频率合成器电路.PrjPcb
编译集成频率合成器电路，结果如图 8-14 所示。

图 8-14　编译结果

【操作步骤】

（1）打开下载资源包中的 yuanwenjian\ch08\Learning3\example\集成频率合成器电路.PrjPcb 文件。

（2）双击芯片 MC145151P2，弹出 Properties（属性）面板，切换到 Pins 选项卡，单击■按钮，弹出"元件管脚编辑器"对话框，修改所有管脚类型为 Passive（被动），如图 8-15 所示。单击"确定"按钮，退出对话框。

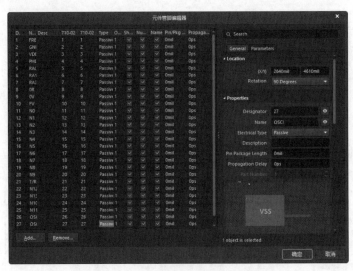

图 8-15 "元件管脚编辑器"对话框

（3）选择菜单栏中的"工程"→"工程选项"命令，系统将弹出 Options for PCB Project 集成频率合成器电路.PrjPcb（PCB 工程集成频率合成器电路.PrjPcb 选项）对话框，如图 8-16 所示。在 Violations Associated with Nets（与网络关联的违例）栏中选择 Nets with only one pin（网络只有一个管脚）和 Unconnected Wires（断开线）选项，在右侧"报告格式"栏中选择"不报告"选项，如图 8-16 所示。完成设置后，单击"确定"按钮，退出对话框。

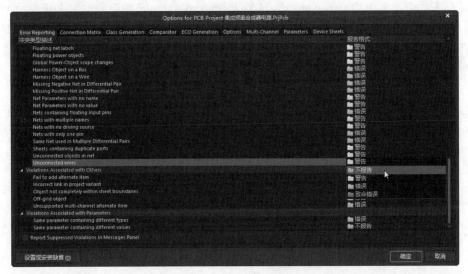

图 8-16 Options for PCB Project 集成频率合成器电路.PrjPcb 对话框

（4）选择菜单栏中的"工程"→Validate PCB Project（工程编译）命令，即可进行工程文件的编译。

（5）文件编译完成后，系统的自动检测结果将出现在 Messages（信息）面板中，如图 8-14 所示。

8.3 操作实例——编译看门狗电路

源文件：yuanwenjian\ch08\Operation\看门狗电路.PrjPcb

检查如图 8-17 所示的看门狗电路并编译电路图。

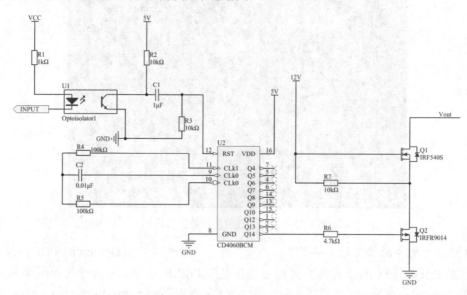

图 8-17 看门狗电路

【操作步骤】

（1）打开下载资源包中的 yuanwenjian\ch08\Operation\example\看门狗电路.PrjPcb 文件。

（2）选择菜单栏中的"工程"→Validate...（编译看门狗电路.SchDoc）命令，对原理图进行编译，错误信息将在弹出的 Messages（信息）面板中显示出来。双击错误信息，在下方的细节选项栏下显示出错误信息的详细内容，如图 8-18 所示。

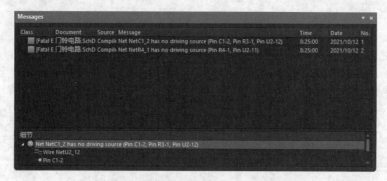

图 8-18 编译原理图后出现的错误信息

（3）选择菜单栏中的"工程"→"工程选项"命令，打开 Options for PCB Project 看门狗电路.PrjPcb（PCB 工程选项）对话框，选择 Error Reporting（错误报告）选项卡，将 Violations Associated with Nets（与网络关联的违例）栏中的 Nets with no driving source（网络中没有驱动源）设置为"不报告"，如图 8-19 所示。

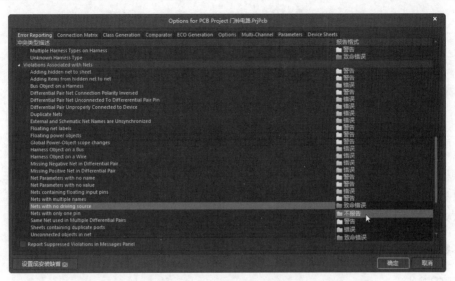

图 8-19　Options for PCB Project 看门狗电路.PrjPcb 对话框

（4）单击"确定"按钮，完成设置，关闭对话框。

（5）选择菜单栏中的"工程"→Validate…（编译看门狗电路.SchDoc）命令，对原理图进行第二次编译，显示编译无误，如图 8-20 所示。

图 8-20　编译信息

第9章 原理图报表输出及打印

内容简介

在对原理图绘制结果进行必要的查错和编译后，还需进行打印报表输出等后续操作，这些工作全部完成才是一个完整的电路设计。通过本章及前几章的学习，读者可以系统地掌握基本电路的绘制流程，这对后面高级电路的学习也会有很大帮助。

内容要点

- ↘ 报表的输出
- ↘ 原理图中的常用操作
- ↘ 创建输出任务配置文件并打印输出
- ↘ 汽车多功能报警器电路

案例效果

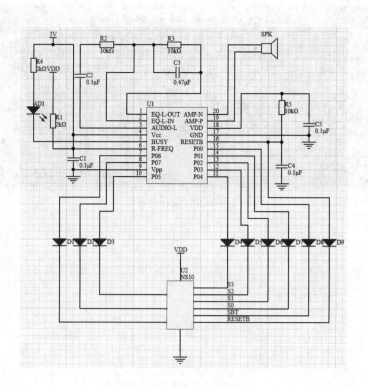

9.1 报表的输出

Altium Designer 21 具有丰富的报表功能，可以方便地生成各种类型的报表。

9.1.1　网络报表

对于电路设计而言，网络报表是电路原理图的精髓，是连接原理图和 PCB 板的桥梁。所谓网络报表，指的是彼此连接在一起的一组元器件引脚，一个电路实际上是由若干个网络组成的。网络报表是电路板自动布线的灵魂，也是电路原理图设计软件与印制电路板设计软件之间的接口。没有网络报表，就没有电路板的自动布线。网络报表包含两部分信息：元件信息和网络连接信息。

Altium Designer 21 中的网络报表有两种，一种是针对单个原理图文件的网络报表；另一种是针对整个项目的网络报表。

1.　设置网络报表选项

在生成网络报表之前，首先要设置网络报表选项。

【执行方式】

菜单栏：执行"工程"→"工程选项"命令。

【操作步骤】

执行此命令，打开项目管理选项对话框。

【选项说明】

选择 Options 选项卡，如图 9-1 所示。

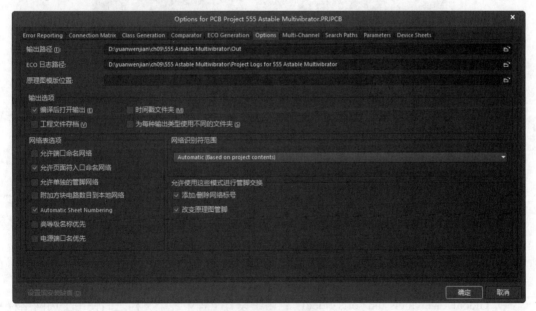

图 9-1　Options 选项卡

在该选项卡中可以对网络报表的有关选项进行设置。

* 输出路径：用于设置网络报表的输出路径。系统默认的路径是系统在当前项目文档所在文件夹内创建的（本书中所有使用的源文件均放置在下载的资源包中）。单击 🖿 按钮，用户可以设置路径。
* ECO 日志路径：用于设置 ECO 文件的输出路径。单击 🖿 按钮，用户可以设置路径。
* "输出选项"选项组：它包括 4 个复选框，分别为编译后打开输出、时间标志文件夹、工程

存档文件以及为每种输出类型使用不同的文件夹。

➥ "网络表选项"选项组：用来设置生成网络报表的条件。

➤ 允许端口命名网络：用于设置是否允许用系统产生的网络名代替电路输入/输出端口相关联的网络名。若只是设计简单的电路原理图文件，不包含层次关系，可勾选此功能。

➤ 允许页面符入口命名网络：用于设置是否允许用系统产生的网络名代替与子原理图入口相关联的网络名。此功能系统默认勾选。

➤ 允许单独的管脚网络：设置生成网络表时，用于是否允许系统自动将管脚号添加到各个网络名称中。

➤ 附加方块电路数目到本地网路：设置产生网络报表时，用于是否允许系统把图纸号自动添加到各个网络名称中，以识别该网络的位置。当一个工程中包含多个原理图文件时，可勾选此功能。

➤ 高等级名称优先：用于设置产生网络时，以什么样的优先权排序。勾选该复选框，系统以命令的等级决定优先权。

➤ 电源端口名称优先：功能同上。勾选该复选框，系统对电源端口给予更高的优先权。

➥ "网络识别符范围"选项组：用来设置网络标识的认定范围。单击右边的下拉按钮，在弹出的下拉列表中可以选择网络标识的认定范围。"网络识别符范围"选项组有 5 个选项可供选择，如图 9-2 所示。

图 9-2 网络标识的认定范围

➤ Automatic（Based on project contents）：用于设置系统自动在当前项目内认定网络标识。一般情况下采用该默认选项。

➤ Flat（Only ports global）：用于设置使工程中的各个图纸之间直接用全局输入/输出端口来建立连接关系。

➤ Hierarchical（Sheet entry < - > port connections，power ports global）：用于设置在层次原理图中，通过方块电路符号内的输入/输出端口与子原理图中的输入/输出端口来严格建立连接关系。

➤ Strict Hierarchical（Sheet entry < - > port connections，power ports local）：用于设置在层次原理图中，强制添加层次原理图关系。

➤ Global（Netlabels and ports global）：用于设置工程中各个文档之间使用全局网络标号与全局输入/输出来建立连接关系。

2. 生成原理图的网络报表

【执行方式】

菜单栏：执行"设计"→"文件的网络表"命令。

【操作步骤】

执行此命令后，系统弹出网络报表格式选择菜单，如图 9-3 所示。

知识链接——网络报表文件

在 Altium Designer 21 中，针对不同的设计项目，可以创建多种格式的网络报表。这些网络报表文件不但可以在 Altium Designer 21 中使用，而且可以被其他 EDA 设计软件所调用。

【选项说明】

在网络报表格式选择菜单中，选择 Protel（生成原理图网络表）命令，系统自动生成当前原理图文件的网络报表文件，并存放在当前 Projects 面板中的 Generated 文件夹中。单击 Generated 文件夹前面的+，双击打开网络报表文件，分别生成两个原理图的网络报表 AV.NET 和 FMI.NET。

电路指南——文件的网络表

AV.NET 和 FMI.NET 两个网络报表包含的信息分别为同名原理图中的元件属性信息。

该网络报表文件是一个简单的 ASCII 码文本文件，它包含元器件信息和网络连接信息两部分。

图 9-3　网络报表格式
选择菜单

- 元器件信息由若干小段组成，每一个元器件的信息为一小段，用方括号隔开，空行由系统自动生成，如图 9-4 所示。
- 网络连接信息由若干小段组成，每一个网络的信息为一小段，用圆括号隔开，如图 9-5 所示。

图 9-4　一个元器件的信息　　　　图 9-5　一个网络的信息

从网络报表中可以看出元器件是否重名、是否缺少封装信息等问题。

3. 生成项目的网络报表

【执行方式】

菜单栏：执行"设计"→"工程的网络表"命令。

【操作步骤】

执行此命令，系统弹出网络报表格式选择菜单。

【选项说明】

执行 Protel 命令，系统自动生成当前项目的网络报表文件，并存放在当前 Projects 面板中的 Generated 文件夹中。单击 Generated 文件夹前面的+，双击打开网络报表文件。

动手学——生成集成频率合成器电路网络报表

源文件：yuanwenjian\ch09\Learning1\集成频率合成器电路.PrjPcb
本实例生成集成频率合成器电路网络报表，如图 9-6 所示。

扫一扫，看视频

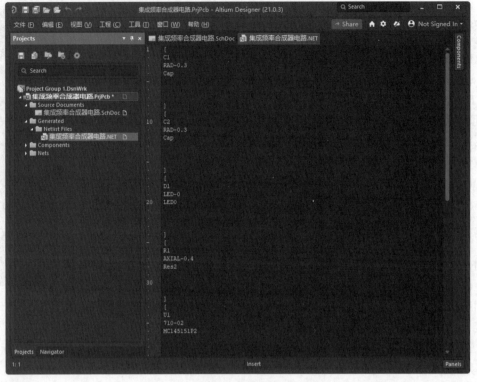

图 9-6 网络报表

【操作步骤】

（1）打开下载资源包中的 yuanwenjian\ch09\Learning1\example\集成频率合成器电路.PrjPcb。

（2）选择菜单栏中的"工程"→"工程选项"命令，打开项目管理选项对话框。

（3）选择 Options（选项）选项卡，如图 9-7 所示。单击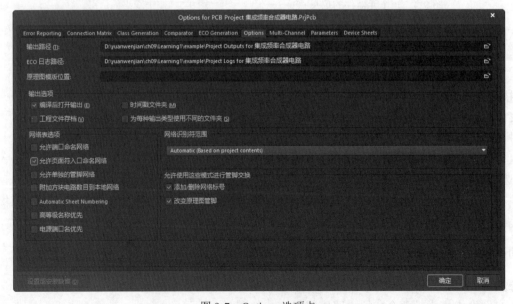按钮，用户可以设置各种报表的输出
路径。

图 9-7 Options 选项卡

（4）选择菜单栏中的"设计"→"工程的网络表"→Protel（生成原理图网络表）命令，系统自动生成当前原理图文件的网络报表文件，并存放在当前 Projects（工程）面板中的 Generated（生成）文件夹中。单击 Generated（生成）文件夹前面的 ▶，双击打开网络报表文件，如图 9-6 所示。

9.1.2 元器件报表

元器件报表主要用来列出当前项目中用到的所有元器件的信息，相当于一份元器件采购清单。依照这份清单，用户可以查看项目中用到的元器件的详细信息；同时在制作电路板时，可以作为采购元器件的参考。

设置元器件报表选项。

【执行方式】

菜单栏：执行"报告"→Bill of Materials（材料清单）命令。

【操作步骤】

执行此命令，系统弹出元器件报表对话框，如图 9-8 所示。

图 9-8 元器件报表对话框

【选项说明】

（1）在该对话框中，可以对创建的元器件报表进行选项设置。首先来看右侧的两个选项卡。

① General（通用）选项卡：一般用于设置常用参数。部分选项功能如下。

➥ File Format（文件格式）下拉列表：用于为元件报表设置文件输出格式。单击右侧的下拉按钮 ▼，可以选择不同的文件输出格式，如 CSV 格式、Excel 格式、PDF 格式、HTML 格式、文本格式、XML 格式等。

➥ Add to Project（添加到项目）复选框：若勾选该复选框，则系统在创建了元件报表之后会将报表直接添加到项目里面。

➥ Open Exported（打开输出报表）复选框：若勾选该复选框，则系统在创建了元件报表以后，会自动以相应的格式打开。

> ↳ Template（模板）下拉列表：用于为元件报表设置显示模板。单击右侧的下拉按钮▼，可以使用曾经用过的模板文件，也可以单击***按钮重新选择。选择时，如果模板文件与元件报表在同一目录下，则可以勾选下面的 Relative Path to Template File（模板文件的相对路径）复选框，使用相对路径搜索，否则应该使用绝对路径搜索。

② Columns（纵队）选项卡：用于列出系统提供的所有元件属性信息，如 Description（元件描述信息）、Component Kind（元件种类）等。部分选项功能如下。

> ↳ Drag a column to group（将列拖到组中）选项组：用于设置元件的归类标准。如果将 Columns（纵队）选项组中的某一属性信息拖到该选项组中，则系统将以该属性信息为标准，对元件进行归类，显示在元件报表中。

> ↳ Columns（纵队）选项组：单击◉按钮，将其进行显示，即将在元件报表中显示出来需要查看的有用信息。在图9-9中，使用了系统的默认设置，即只勾选了 Comment（注释）、Description（描述）、Designator（指示符）、Footprint（封装）、LibRef（库编号）和 Quantity（数量）6个复选框。

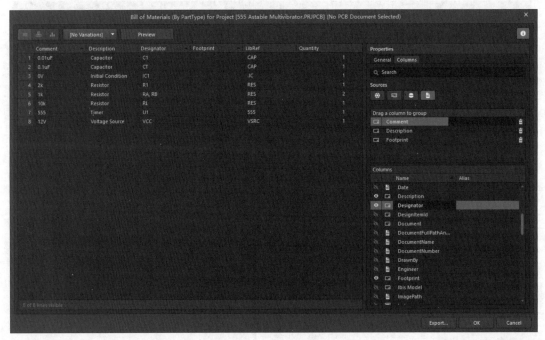

图 9-9　元件的归类显示

（2）在左边元器件列表的各栏中都有一个下拉按钮▣，单击该按钮，可以设置元器件列表的显示内容。例如，单击 Comment 栏的下拉按钮▣，将弹出如图 9-10 所示的下拉列表。

动手学——输出元器件报表

扫一扫，看视频

源文件：yuanwenjian\ch09\Learning2\集成频率合成器电路网络报表.PrjPcb

本实例输出元器件报表，如图 9-11 所示。

图 9-10　Comment 下拉列表

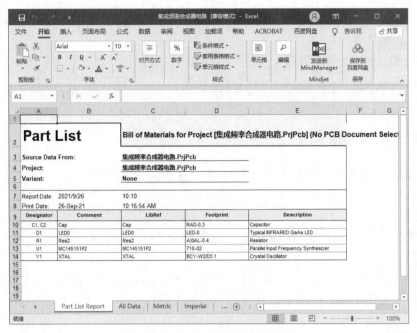

图 9-11 由 Excel 生成元器件报表

【操作步骤】

（1）打开下载资源包中的 yuanwenjian\ch09\Learning2\example\集成频率合成器电路网络报表.PrjPcb。

（2）选择菜单栏中的"报告"→Bill of Materials（元器件清单）命令，系统弹出元器件报表对话框。

（3）单击 Template（模板）下拉列表后面的 按钮，选择"yuanwenjian\Library\Templates\Component Default Template.XLT"模板文件，如图 9-12 所示。

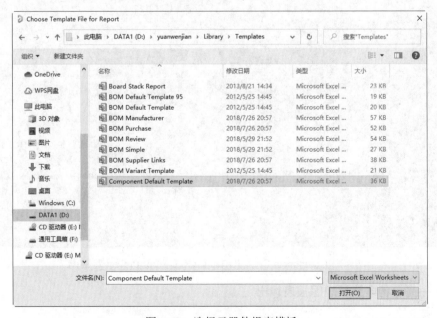

图 9-12 选择元器件报表模板

（4）单击 打开(O) 按钮后，返回元器件报表对话框。单击 OK 按钮，退出该对话框。

（5）生成元器件报表。

单击 Export... 按钮，保存元器件报表。这是一个 Excel 文件，打开该文件，如图 9-11 所示。

用户还可以根据需要生成其他文件格式的元器件报表，只需在元器件报表对话框中设置一下即可。

9.1.3 元器件交叉引用报表

元器件交叉引用报表用于生成整个工程中各原理图的元器件报表，相当于一份元器件清单报表。

【执行方式】

菜单栏：执行"报告"→Component Cross Reference（元器件交叉引用报表）命令。

【操作步骤】

执行此命令，系统弹出 Component Cross Reference Report for Project（元器件交叉引用报表）对话框。其中把整个项目中的元器件按照所属的不同电路原理图而分组显示出来，如图 9-13 所示。

【选项说明】

其实元器件交叉引用报表就是一张元器件清单报表。该对话框与元器件报表对话框基本相同，这里不再赘述。

图 9-13 Component Cross Reference Report for Project 对话框

练一练——光电枪电路原理图报表输出

设计图 9-14 所示的光电枪电路原理图并输出。

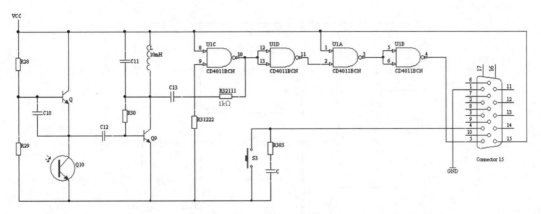

图 9-14　光电枪电路原理图

📋 **思路点拨：**

源文件：yuanwenjian\ch09\Practice1\光电枪电路.PrjPcb

（1）创建一个名为"光电枪电路.PrjPcb"的工程文件。

（2）在工程文件中创建一个名为"光电枪电路.SchDoc"的原理图文件，再使用 Properties 面板设置图纸的属性。

（3）使用 Components 面板依次放置各个元件并设置其属性。

（4）元件布局。

（5）使用布线工具连接各个元件。

（6）设置并放置电源和接地。

（7）进行 ERC 检查。

（8）报表输出。

（9）保存设计文档和工程文件。

9.2　原理图中的常用操作

原理图在绘制完成后，通常还要进行一些其他操作，以方便原理图的检查。

9.2.1　元器件测量距离

Altium Designer 21 为用户提供了测量原理图中两元件间距离的测量方法。

【执行方式】

菜单栏：执行"报告"→"测量距离"命令。

【操作步骤】

执行此命令，光标将变成十字形，分别选择原理图中两点，弹出 Information 对话框，其中显示了两点间距，如图 9-15 所示。

图 9-15　Information 对话框

练一练——设计电脑麦克风电路原理图

按照电路原理图的绘制步骤，设计如图 9-16 所示的电脑麦克风电路原理图，并输出报表文件。

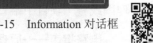

扫一扫，看视频

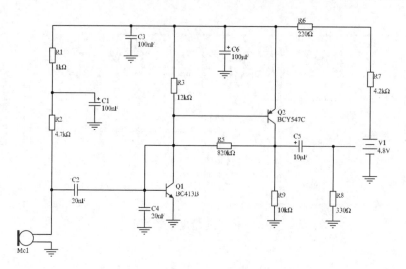

图 9-16　电脑麦克风电路原理图

思路点拨：

源文件：yuanwenjian\ch09\Practice2\电脑麦克风电路原理图.PrjPcb
（1）创建工程文件与原理图文件。
（2）放置元件。
（3）元件布局。
（4）电气连接。
（5）编译工程文件。
（6）生成网络报表文件。

9.2.2　端口引用参考表

Altium Designer 21 可以为电路原理图中的输入/输出端口添加端口引用参考。端口引用参考直接添加在原理图图纸端口上，用来指出该端口在何处被引用。

【执行方式】
菜单栏：执行"报告"→"端口交叉参考"命令。

【操作步骤】
执行此命令，出现"端口交叉参考"子菜单，如图 9-17 所示。

图 9-17　"端口交叉参考"子菜单

【选项说明】
子菜单命令意义如下：

- Add To Project（添加到工程）：在整个项目中添加端口引用参考。
- 从工程中移除：从整个项目中删除端口引用参考。

若选择菜单栏中的"报告"→"端口交叉参考"→"从工程中移除"命令，可以看到在当前原理图或整个项目中端口引用参考被删除。

电路指南——原理图高级编辑

在 Altium Designer 21 中，对于各种报表文件，可以采用前面介绍的方法逐个生成并输出，也可以直接利用系统提供的输出任务配置文件功能输出，即只需一次设置就可以完成所有报表文件（如网络报表、元器件交叉引用报表、元器件清单报表、原理图文件打印输出及 PCB 文件打印输出等）的输出。

9.3 打印输出和输出任务配置文件

本节主要介绍文件打印输出、生成输出任务配置文件的方法和步骤。

9.3.1 打印输出

为方便原理图的浏览和交流，经常需要将原理图打印到图纸上。Altium Designer 21 提供了直接将原理图打印输出的功能。

电路指南——打印输出

在打印之前首先进行页面设置。

1. 打印设置

【执行方式】
菜单栏：执行"文件"→"页面设置"命令。

【操作步骤】
执行此命令，弹出 Schematic Print Properties（原理图打印属性）对话框，如图 9-18 所示。单击"打印设置"按钮，弹出打印机设置对话框，对打印机进行设置，如图 9-19 所示。设置、预览完成后，单击"打印"按钮，打印原理图。

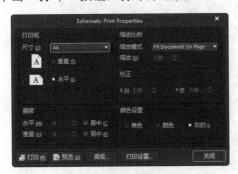

图 9-18 Schematic Print Properties 对话框

图 9-19 设置打印机

2. 打印

【执行方式】
↘ 菜单栏：执行"文件"→"打印"命令。
↘ 工具栏：单击"原理图标准"工具栏中的 （打印）按钮。

【操作步骤】
执行上述操作，在连接打印机的情况下，可以实现打印原理图的功能。

9.3.2 创建输出任务配置文件

利用输出任务配置文件批量生成报表文件之前，必须先创建输出任务配置文件。

【执行方式】

- 菜单栏：执行"文件"→"新的"→"Output Job 文件"命令。
- 右键命令：在 Projects 面板上右击，在弹出的快捷菜单中选择"添加新的...到工程"→"Output Job File"命令。

【操作步骤】

执行上述操作，新建一个默认名为 Job1.OutJob 的输出任务配置文件。

扫一扫，看视频

动手学——生成集成频率合成器电路任务配置文件

源文件：yuanwenjian\ch09\Learning4\集成频率合成器电路.PrjPcb
本实例生成集成频率合成器电路任务配置文件，如图 9-20 所示。

【操作步骤】

（1）打开下载资源包中的 yuanwenjian\ch09\Learning4\example\集成频率合成器电路.PrjPcb 文件。

（2）选择菜单栏中的"文件"→"新的"→"Output Job 文件（输出工作文件）"命令，新建一个任务配置文件。

（3）选择菜单栏中的"文件"→"另存为"命令，在弹出的对话框中命名为"集成频率合成器电路.OutJob"，单击"保存"按钮。结果如图 9-20 所示。

图 9-20　输出任务配置文件

【选项说明】

按照输出数据类型，可以将输出文件分为 9 大类。

- Netlist Outputs：表示网络表输出文件。
- Simulator Outputs：表示模拟器输出文件。
- Documentation Outputs：表示原理图文件和 PCB 文件的打印输出文件。

- **Assembly Outputs**：表示 PCB 汇编输出文件。
- **Fabrication Outputs**：表示与 PCB 有关的加工输出文件。
- **Report Outputs**：表示各种报表输出文件。
- **Validation Outputs**：表示各种生成的输出文件。
- **Export Outputs**：表示各种输出文件。
- **PostProcess Outputs**：表示后处理输出文件。

【延伸命令】

在任一输出任务配置文件上右击，弹出输出配置环境菜单，如图 9-21 所示。

- 剪切：用于剪切选中的输出文件。
- 复制：用于复制选中的输出文件。
- 粘贴：用于粘贴剪贴板中的输出文件。
- 复制：用于在当前位置直接添加一个输出文件。
- 删除：用于删除选中的输出文件。

图 9-21　输出配置环境菜单

- 页面设置：用于进行打印输出的页面设置，该文件只对需要打印的文件有效。
- 配置：用于对输出报表文件进行选项设置。

9.4　操作实例——汽车多功能报警器电路的报表输出

扫一扫，看视频

源文件：yuanwenjian\ch09\Operation\汽车多功能报警器电路.PrjPcb

本例要设计的是汽车多功能报警器电路，如图 9-22 所示。即当系统检测到汽车出现故障时进行语音提示或报警。其中，前轮视频信号需要进行数字处理，在每个语音组合中加入 200 毫秒的静音。过程如下：左前轮、右前轮、左后轮、右后轮、胎压过低、胎压过高、请换电池、叮咚。

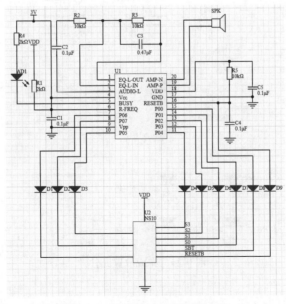

图 9-22　汽车多功能报警器电路

在本例中，主要学习原理图绘制完成后的原理图编译和打印输出。

【操作步骤】

1. 建立工作环境

（1）在 Altium Designer 21 主界面中，选择菜单栏中的"文件"→"新的"→"项目"命令，将新建的工程文件保存为"汽车多功能报警器电路.PrjPcb"。

（2）选择菜单栏中的"文件"→"新的"→"原理图"命令，然后右击，在弹出的快捷菜单中选择"保存"命令，将新建的原理图文件保存为"汽车多功能报警器电路.SchDoc"。

2. 加载元件库

单击 Components（元件）面板右上角的 ■ 按钮，在弹出的快捷菜单中选择 File-based Libraries Preferences（库文件参数）命令，则系统弹出"可用的基于文件的库"对话框，在其中加载需要的元件库。本例中需要加载的元件库如图 9-23 所示。

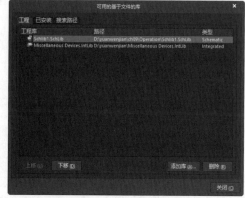

图 9-23　需要加载的元件库

3. 放置元件

在 Schlib1.SchLib 元件库找到 NV020C 芯片和 NS10 芯片，在 Miscellaneous Devices.IntLib 元件库中找到电阻、电容和二极管等元件，放置在原理图中，如图 9-24 所示。

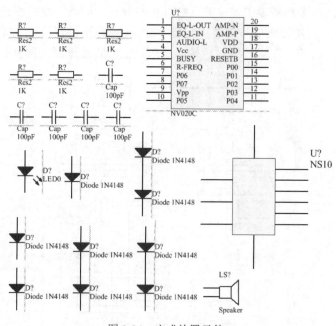

图 9-24　完成放置元件

4. 元件属性清单

元件属性清单包括元件的编号、注释和封装形式等。本例电路图的元件属性清单如表 9-1 所示。

表 9-1 元件属性清单

编 号	注释/参数值	封 装 形 式
U1	NV020C	DIP20
U2	NS10	HDR1X11
C1	104pF	RAD-0.3
C2	104pF	RAD-0.3
C3	471pF	RAD-0.3
C4	104pF	RAD-0.3
C5	104pF	RAD-0.3
D1	Diode 1N4148	D0-35
D2	Diode 1N4148	D0-35
D3	Diode 1N4148	D0-35
D4	Diode 1N4148	D0-35
D5	Diode 1N4148	D0-35
D6	Diode 1N4148	D0-35
D7	Diode 1N4148	D0-35
D8	Diode 1N4148	D0-35
D9	Diode 1N4148	D0-35
AD1	LED0	LED-0
R1	2kΩ	AXIAL-0.4
R2	10kΩ	AXIAL-0.4
R3	10kΩ	AXIAL-0.4
R4	2kΩ	AXIAL-0.4
R5	10kΩ	AXIAL-0.4
SPK	Speaker	PIN2

5. 元件布局和布线

（1）完成元件属性设置后对元件进行布局，将全部元器件合理地布置到原理图上。

（2）按照设计要求连接电路原理图中的元件，完成后的电路原理图文件如图 9-23 所示。

6. 编译参数设置

（1）选择菜单栏中的"工程"→"工程选项"命令，弹出 Options for PCB Project 汽车多功能报警器电路.PrjPcb（汽车多功能报警器电路.PrjPcb 工程属性）对话框，如图 9-25 所示。在 Error Reporting（错误报告）选项卡的"冲突类型描述"列表中罗列了网络构成、原理图层次、设计错误类型等报告信息。

（2）选择 Connection Matrix（连接矩阵）选项卡，在矩阵的上部和右边所对应的元件引脚或端口等交叉点处单击色块，可以设置错误等级。

（3）选择 Comparator（比较）选项卡，在 Comparison Type Description（比较类型描述）列表中设置元件连接、网络连接和参数连接的差别比较类型。本例将选用默认参数。

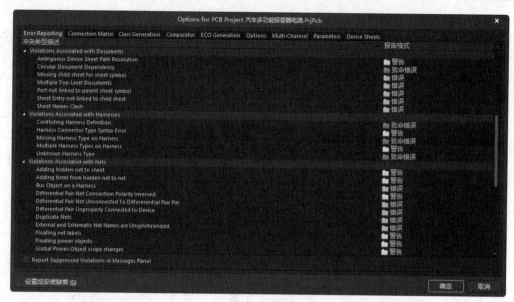

图 9-25　Options for PCB Project 汽车多功能报警器电路.PrjPcb 对话框

7. 编译工程

（1）选择菜单栏中的"工程"→Validate PCB Project 汽车多功能报警器电路.PrjPcb（编译 PCB 工程汽车多功能报警器电路.PrjPcb）命令，对工程进行编译，弹出如图 9-26 所示的 Messages（信息）对话框。

图 9-26　Messages 对话框

（2）错误检查。如有错误，查看错误报告，根据错误报告信息对原理图进行修改，然后重新编译，直到正确为止，最终得到如图 9-26 所示的结果。

8. 创建网络表

选择菜单栏中的"设计"→"文件的网络表"→Protel（生成原理图网络表）命令，系统自动生成当前原理图的网络表文件"汽车多功能报警器电路.NET"，并存放在当前工程下的 Generated\Netlist Files 文件夹中。双击打开该原理图的网络表文件"汽车多功能报警器电路.NET"，如图 9-27 所示。

该网络表的组成形式与上述基于整个工程的网络表是一样的，在此不再重复。

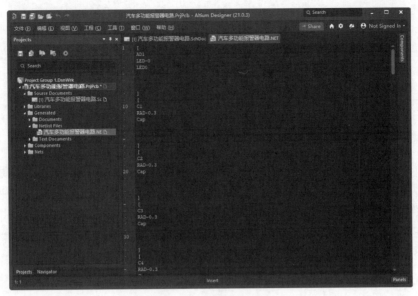

图 9-27　原理图网络表

9. 元器件报表的创建

（1）关闭网络表文件，返回原理图窗口。选择菜单栏中的"报告"→Bill of Materials（元器件清单）命令，系统弹出相应的"元件报表"对话框，如图 9-28 所示。

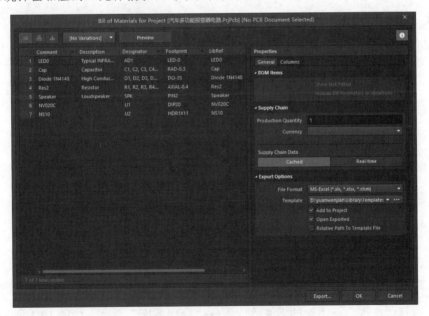

图 9-28　"元件报表"对话框

（2）在元件报表对话框中，单击 Template（模板）后面的 ··· 按钮，选择"yuanwenjian\Library\Template\BOM Default Template.XLT"模板文件。

（3）单击 打开(O) 按钮后，返回元件报表对话框，完成模板添加。

（4）单击 Export... 按钮，可以将该报表进行保存，默认文件名为"汽车多功能报警器电路.xls"，是一个 Excel 文件。

第 10 章 原理图库设计

内容简介

本章首先详细介绍各种绘图工具的使用方法，然后讲解原理图库文件编辑器的使用方法，并通过实例讲述如何创建原理图库文件以及绘制库元器件的具体步骤。并在此基础上，介绍库元器件的管理以及库文件输出报表的方法。

通过本章的学习，读者可以对绘图工具以及原理图库文件编辑器的使用方法有一定的了解，能够绘制简单的原理图符号。

内容要点

↳ 创建原理图库
↳ 库元件设计
↳ 元件部件设计
↳ 库元件管理

案例效果

10.1 创建原理图库

【执行方式】

菜单栏：执行"文件"→"新的"→"库"→"原理图库"命令，如图 10-1 所示。

【操作步骤】

执行此命令，打开原理图元件库文件编辑器，创建一个新的原理图元件库文件，默认名为 SchLib1.SchLib。

图 10-1 创建原理图元件库文件

10.2 设置元件库编辑器工作区参数

在原理图元件库文件中设置工作环境与设置原理图类似，包括文档设置和参数设置，下面将进行详细介绍。

1. 文档设置

【执行方式】

菜单栏：执行"工具"→"文档选项"命令。

【操作步骤】

在原理图元件库文件的编辑环境中，执行上述命令，系统将弹出如图 10-2 所示的 Properties 面板，在其中可以根据需要设置相应的参数。

【选项说明】

该面板与原理图编辑环境中的 Properties 面板内容相似，所以这里只介绍其中部分选项的含义，对于其他选项，用户可以参考第 4 章介绍的关于原理图编辑环境的 Properties 面板的设置方法。

图 10-2 Properties 面板

➥ Visible Grid（可视栅格）复选框：用于设置显示可视栅格的大小。

➥ Snap Grid（捕捉栅格）选项组：用于设置显示捕捉栅格的大小。

➥ Sheet Border（原理图边界）复选框：用于设置原理图边界是否显示及显示颜色。

➥ Sheet Color（原理图颜色）复选框：用于设置原理图中管脚与元件的颜色及是否显示。

2. 参数设置

【执行方式】

菜单栏：执行"工具"→"原理图优先项"命令。

【操作步骤】

执行此命令，系统将弹出如图 10-3 所示的"优选项"对话框。

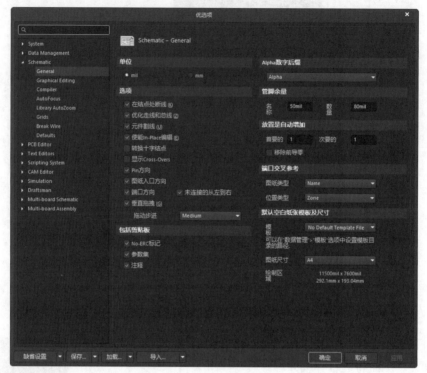

图 10-3 "优选项"对话框

【选项说明】

在该对话框中可以对其他的一些有关选项进行设置，设置方法与在原理图编辑环境中完全相同。

练一练——创建库文件

创建元件库文件并设置图纸。

扫一扫，看视频

思路点拨：

源文件：yuanwenjian\ch10\Practice1\创建库文件.schlib

（1）创建库文件。

（2）设置图纸大小为 B。

10.3 库元件设计

了解了原理图库文件的基本设置后，下面将详细介绍库元件的创建与编辑过程。

10.3.1 新建库元件

在需要绘制新的库元件时，需要创建一个新的原理图元件库文件 [在 SCH Library（原理图元件库）面板中显示]。

【执行方式】

❯ 菜单栏：执行"工具"→"新器件"命令。

❯ 工具栏：单击"应用工具"工具栏中的"实用工具" 按钮下拉菜单中的 （创建器件）按钮。

❯ 面板：在 SCH Library（原理图元件库）面板中，单击下面的"添加"按钮。

【操作步骤】

（1）执行上述操作，弹出 New Component 对话框，从中输入要创建的库元件名称，如图 10-4 所示。

（2）单击"确定"按钮，关闭该对话框。此时可以在 SCH Library 面板中看到新建的库元件（默认名为 Component_1，后缀"1"依次递增），如图 10-5 所示。

图 10-4　New Component 对话框　　　　　图 10-5　新建库元件

10.3.2　编辑库元件名称

在创建一个新的原理图元件库文件的同时，系统已自动为该库添加了一个默认名为 Component_1 的库元件，在 SCH Library 面板中可以看到。

【执行方式】

双击 SCH Library 面板原理图符号名称栏中的库元件。

【操作步骤】

（1）执行此命令，弹出 Properties 面板，输入要修改的库元件名称，如图 10-6 所示。

（2）按 Enter 键，则默认名为 Component_1 的库元件变成要修改的名称。

动手学——创建单片机芯片文件

源文件：yuanwenjian\ch10\Learning1\8051.schlib

本实例创建单片机芯片文件，如图 10-7 所示。

扫一扫，看视频

图 10-6　Properties 面板

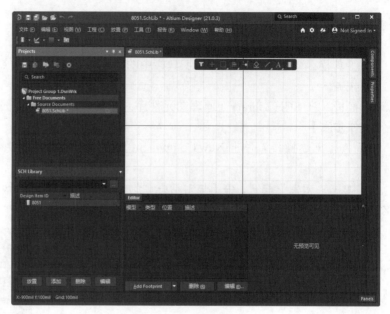

图 10-7　单片机芯片文件

【操作步骤】

（1）选择菜单栏中的"文件"→"新的"→"库"→"原理图库"命令，新建名为 Schlib1.SchLib 的原理图库文件，在设计窗口中打开一幅空白图纸。

（2）右击，在弹出的快捷菜单中选择"保存"命令，命名为 8051，结果如图 10-8 所示。进入工作环境，此时原理图元件库内已经存在一个自动命名的 Component_1 元件。

（3）双击 SCH Library（原理图元件库）面板原理图符号名称栏中的库元件名称 Component_1，则系统弹出如图 10-9 所示的 Properties（属性）面板。输入新元件名称 8051，然后按 Enter 键即可。元件库浏览器中即多出了一个元件 8051。

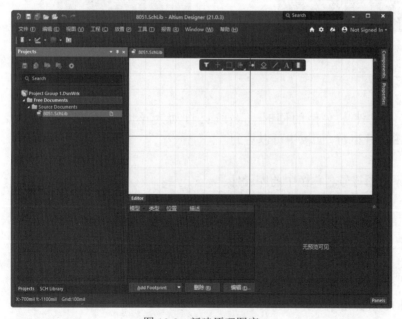

图 10-8　新建原理图库

图 10-9　Properties 面板

10.3.3 放置管脚

管脚是元件与元件、元件与导线连接的唯一接口，是原理图库文件设计不可或缺的重要部分。

【执行方式】

- 菜单栏：执行"放置"→"管脚"命令。
- 工具栏：单击"应用工具"工具栏中的"实用工具"按钮 下拉菜单中的 （放置管脚）按钮。

【操作步骤】

（1）执行上述操作，光标将变成十字形状，并附有一个管脚符号。移动光标到矩形边框处，单击"完成放置"按钮，如图 10-10 所示。在放置管脚时，一定要保证具有电气连接特性的一端朝外，即带有"×"号的一端朝外，这可以通过在放置管脚时按 Space 键旋转来实现。

（2）在放置管脚时按 Tab 键或者双击已放置的管脚，系统将弹出如图 10-11 所示的 Properties 面板。

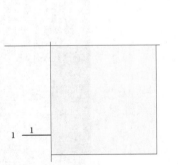

图 10-10 放置元件管脚

（a）　　　　　　　　　　（b）

图 10-11 Properties 面板

【选项说明】

在该面板中可以对管脚的各项属性进行设置。

"管脚属性"面板中 Properties 属性的含义如下。

General（常规）选项卡中各项属性含义如下。

（1）Location（位置）选项组：Rotation（旋转）文本框用于设置端口放置的角度，有 0 Degrees、90 Degrees、180 Degrees、270 Degrees 4 种选择。

（2）Properties（属性）选项组：有 Designator（指定管脚）文本框、Name（名称）文本框、Electrical Type（电气类型）下拉列表、Description（描述）文本框、Pin Package Length（管脚包长度）文本框、Pin Length（管脚长度）文本框 6 种选项。

- ➥ Designator 文本框：用于设置库元件管脚的编号，应该与实际的管脚编号相对应，这里输入 9。
- ➥ Name（名称）文本框：用于设置库元件管脚的名称，并激活右侧的"可见"按钮 👁。
- ➥ Electrical Type（电气类型）下拉列表：用于设置库元件管脚的电气特性。有 Input（输入）、IO（输入输出）、Output（输出）、OpenCollector（打开集流器）、Passive（中性的）、Hiz（高阻型）、Emitter（发射器）和 Power（激励）8 个选项。在这里选择 Passive（中性的）选项，表示不设置电气特性。
- ➥ Description（描述）文本框：用于填写库元件管脚的特性。
- ➥ Pin Package Length（管脚包长度）文本框：用于填写库元件管脚封装长度。
- ➥ Pin Length（管脚长度）文本框：用于填写库元件管脚的长度。

（3）Symbols（管脚符号）选项组：根据管脚的功能及电气特性为该管脚设置不同的 IEEE 符号，作为读图时的参考。可放置在原理图符号的 Inside（内部）、Inside Edge（内部边沿）、Outside Edge（外部边沿）或 Outside（外部）等不同位置，设置 Line Width（线宽），没有任何电气意义。

（4）Font Settings（字体设置）选项组：用于元件 Designator（指定管脚标号）和 Name（名称）字体的通用设置与通用位置参数设置。

Parameters（参数）选项卡：用于设置库元件的 VHDL 参数。

10.3.4　编辑元件属性

【执行方式】
- ➥ 工具栏：在 SCH Library（原理图元件库）面板中单击"器件"栏中的"编辑"按钮。
- ➥ 快捷命令：在 SCH Library（原理图元件库）面板中双击"器件"栏中的库元件名称。

【操作步骤】
执行上述操作，弹出如图 10-12 所示的 Properties 面板。

【选项说明】
在该面板中可以对所创建的库元件进行特性描述，并设置其他属性参数。主要设置内容包括以下 7 项。

（1）General（常规）选项组的设置内容如下。
- ➥ Design Item ID（设计项目标识）文本框：库元件名称。
- ➥ Designator（符号）文本框：库元件标号，即把该元件放置到原理图文件时，系统最初默认显示的元件标号。这里设置为"U？"，单击 👁（可见）按钮，则放置该元件时，序号"U？"会显示在原理图上。单击"锁定管脚"按钮 🔒，所有的管脚将和库元件成为一个整体，但不能在原理图上单独移动管脚。用户可以单击该按钮，这样对电路原理图的绘制和编辑会有很大好处，以减少不必要的麻烦。

图 10-12　Properties 面板

> Comment（元件）文本框：用于说明库元件型号。并单击 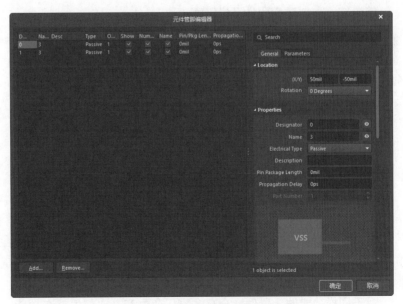 ⊙（可见）按钮，则放置该元件时，输入的内容会显示在原理图上。

> Description（描述）文本框：用于描述库元件功能。

> Type（类型）下拉列表：库元件符号类型，可以选择设置。这里采用系统默认设置 Standard（标准）。

（2）Parameters（参数）选项组的设置内容如下。

> Footprint（封装）选项：可以为该库元件添加 PCB 封装模型。

> Models（模式）选项：可以为该库元件添加 PCB 封装模型之外的模型，如信号完整性模型、仿真模型、PCB 3D 模型等。

> Parameters（参数）选项：可以为该库元件添加参数。

> Links（元件库线路）选项：库元件在系统中的标识符。

> Rules（规则）选项：可以为该库元件添加规则。

（3）Graphical（图形）选项组：用于设置图形中线的颜色、填充颜色和管脚颜色。

（4）Pins（管脚）选项卡：系统将弹出如图 10-13 所示的选项卡，在该面板中可以对该元件所有管脚进行一次性的编辑设置。单击编辑按钮 ✏，弹出"元件管脚编辑器"对话框，如图 10-14 所示。

图 10-13　设置所有管脚

图 10-14　"元件管脚编辑器"对话框

10.4　元件部件设计

如果一个元件过于复杂，为了简化，可将此元件分为几个部件。本节介绍部件的创建方法。

10.4.1　添加子部件

创建一个库元件后，默认情况下包含一个子部件，即元件本身。若需要分部件绘制，则需要对部件进行添加。

【执行方式】

➘　菜单栏：执行"工具"→"新部件"命令。

➘　工具栏：单击"应用工具"工具栏中的"实用工具"按钮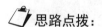下拉菜单中的▉（添加器件部件）按钮。

【操作步骤】

执行上述操作，在当前库元件下自动添加一个部件，即变为两个部件，PartA 为系统默认的部件，PartB 为新建的部件，如图 10-15 所示。

若需绘制第三个部件 PartC，则重复上述命令。

10.4.2　删除子部件

【执行方式】

菜单栏：执行"工具"→"移除部件"命令。

【操作步骤】

执行此命令，删除当前库元件下的部件。

练一练——创建库元件 74LS04

创建库元件 74LS04 并添加 PartA~PartF 共 6 个部件。

📓 **思路点拨：**

> 源文件：yuanwenjian\ch10\Practice2\创建库元件\8051.schlib
> （1）创建库元件并保存。
> （2）添加部件。

图 10-15　添加部件

10.5　库元件管理

用户要建立自己的原理图库文件，一种方法是绘制库元器件原理图符号，还有一种方法就是把其他库文件中的相似元件复制到自己的库文件中，对其进行编辑、修改，从而创建出适合自己需要的元器件原理图符号。

对于同样功能的元器件，会有多家厂商生产，它们虽然在功能、封装形式和引脚形式上完全相同，但是元器件型号不完全一致。在这种情况下，就没有必要创建每一个元器件符号，只要为其中一个已创建的元器件另外添加一个或多个别名就可以了。

（1）打开 SCH Library 面板，选中要添加别名的库元器件。

（2）单击 Design Item ID 区域下面的▉▉▉按钮，弹出 New Component 对话框，如图 10-16 所示。在其中的文本框中输入要

图 10-16　New Component 对话框

添加的原理图符号别名。

（3）单击 **确定** 按钮，关闭该对话框。此时元器件的别名将出现在 Design Item ID 区域中。

（4）重复上面的步骤，可以为元件添加多个别名。

📖 **知识拓展：**

选择菜单栏中的"工具"→"复制器件"命令，可以复制库元器件。

10.6 操作实例——复制晶振体元件

扫一扫，看视频

源文件： yuanwenjian\ch10\Operation\MiscellaneousDevices.IntLib

本实例复制集成库文件 MiscellaneousDevices.IntLib 中的晶振体元件 XTAL，如图 10-17 所示。

图 10-17 XTAL

【操作步骤】

（1）打开下载资源包中的 yuanwenjian\ch10\Operation\8051.SchLib。

（2）选择菜单栏中的"文件"→"打开"命令，找到库文件 Miscellaneous Devices.IntLib（常用电气元件杂项库），如图 10-18 所示。

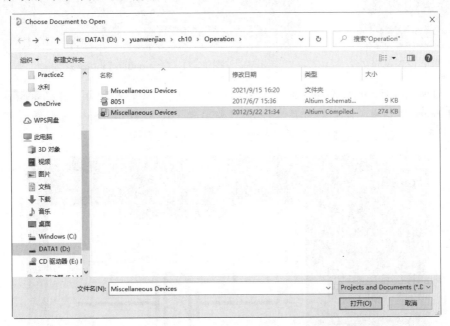

图 10-18 打开集成库文件

（3）单击 **打开(O)** 按钮，弹出"解压源文件或安装"对话框，如图 10-19 所示。

（4）单击 **解压源文件(E)** 按钮后，在 Projects（工程）面板中将显示该原理图库文件 Miscellaneous Devices.LibPkg，如图 10-20 所示。

（5）双击 Projects（工程）面板中的原理图库文件 Miscellaneous Devices.SchLib，打开该库文件。

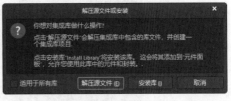

图 10-19 "解压源文件或安装"对话框

（6）打开 SCH Library（原理图元件库）面板，将显示 Miscellaneous Devices. IntLib 库文件中的所有库元器件。

（7）选中库元件 XTAL 后，选择菜单栏中的"工具"→"复制器件"命令，弹出 Destination Library 对话框，如图 10-21 所示。

图 10-20　打开原理图库文件

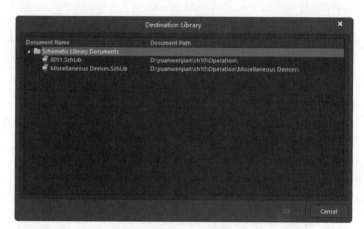

图 10-21　Destination Library 对话框

（8）在 Destination Library 对话框中选择创建的库文件 8051.SchLib，单击 OK 按钮，关闭 Destination Library 对话框。然后打开库文件 8051.SchLib，在 SCH Library（原理图元件库）面板中可以看到库元器件 XTAL 被复制到了该库文件中，如图 10-22 所示。

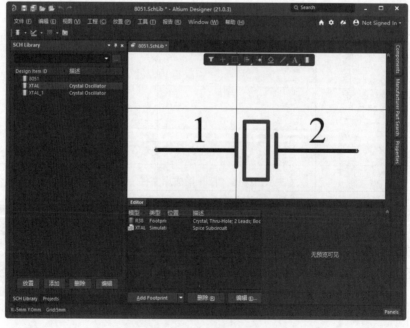

图 10-22　复制 XTAL

第 11 章　图形符号的绘制

内容简介

图形符号有两种用途，一种是在原理图中起到说明和修饰的作用，不具有任何电气意义；另一种是在原理图库中用于元件的外形绘制，可以提供更丰富的元件封装库资源。本章将详细讲解常用的绘图工具，从而更好地为原理图设计与原理图库设计服务。

内容要点

❯ 图形绘制工具
❯ 注释工具
❯ 制作可变电阻元件

案例效果

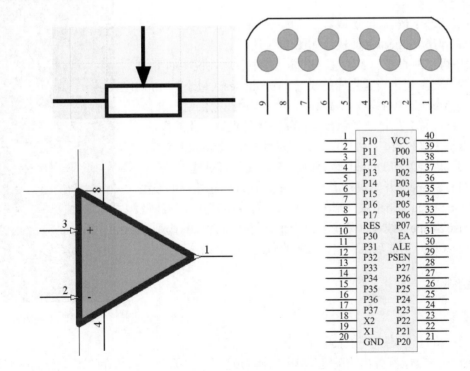

11.1　图形绘制工具

单击"应用工具"工具栏中的"实用工具"按钮 ，与"放置"菜单下"绘图工具"子菜单中的各项命令具有对应关系，均是图形绘制工具。

11.1.1 绘制直线

在电路原理图中，绘制出的直线在功能上完全不同于前面所讲的导线，因为它不具有电气连接意义，所以不会影响电路的电气结构。

【执行方式】

- ↘ 菜单栏：执行"放置"→"线"命令。
- ↘ 工具栏：单击"应用工具"工具栏中的"实用工具"按钮 下拉菜单中的 （放置线）按钮。

【操作步骤】

（1）执行上述操作，光标变成十字形，系统处于绘制直线状态。在指定位置单击确定直线的起点，移动光标形成一条直线，在适当的位置再次单击确定直线终点。若在绘制过程中需要转折，可在折点处单击确定直线转折的位置，每转折一次都要单击一次。转折时，可以通过按 Shift 键 + 空格键来切换选择直线转折的模式。与绘制导线一样，也有 3 种模式，分别是直角、45°角和任意角。

（2）绘制出第一条直线后，右击退出绘制第一条直线。此时系统仍处于绘制直线状态，将光标移动到新直线的起点，按照上面的方法继续绘制其他直线。

（3）右击或按 Esc 键可以退出绘制直线状态。

【选项说明】

在绘制直线状态下按 Tab 键或者在完成绘制直线后，双击需要设置属性的直线，弹出 Properties 面板，如图 11-1 所示。

在该面板中可以对直线的属性进行设置，其中各属性说明如下：

- ↘ Line（线宽）：用于设置直线的线宽。有 Smallest（最小）、Small（小）、Medium（中等）和 Large（大）4 种线宽供用户选择。
- ↘ ■（颜色设置）：单击颜色显示框■，用于设置直线的颜色。
- ↘ Line Style（线种类）：用于设置直线的线型。有 Solid（实线）、Dashed（虚线）和 Dotted（点划线）3 种线型可供选择。
- ↘ Start Line Shape（开始块外形）：用于设置直线起始端的线型。
- ↘ End Line Shape（结束块外形）：用于设置直线截止端的线型。
- ↘ Line Size Shape（线尺寸外形）：用于设置所有直线的线型。
- ↘ Vertices（顶点）选项组：用于设置直线各顶点的坐标值。

11.1.2 绘制弧

图 11-1　Properties 面板

【执行方式】

- ↘ 菜单栏：执行"放置"→"弧"命令。
- ↘ 右键命令：右击，在弹出的快捷菜单中选择"放置"→"弧"命令，即可以启动绘制圆弧命令。

【操作步骤】

（1）执行上述操作后，光标将变成十字形。将光标移到指定位置，单击确定圆弧的圆心，如图 11-2 所示。

（2）此时，光标自动移到圆弧的圆周上，移动光标可以改变圆弧的半径。单击确定圆弧的半径，如图 11-3 所示。

（3）光标自动移动到圆弧的起始点处，移动光标可以改变圆弧的起始点。单击确定圆弧的起始点，如图 11-4 所示。

（4）此时，光标移到圆弧的另一端，单击确定圆弧的终止点，如图 11-5 所示。一条圆弧绘制完成，系统仍处于绘制圆弧状态，若要继续，则按上面的步骤绘制；若要退出，右击或按 Esc 键即可。

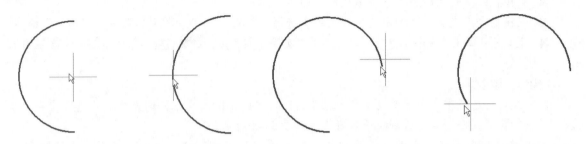

图 11-2　确定圆弧圆心　　图 11-3　确定圆弧半径　　图 11-4　确定圆弧起始点　　图 11-5　确定圆弧终止点

【选项说明】

（1）在绘制状态下，按 Tab 键，系统将弹出相应的圆弧属性编辑面板，如图 11-6 所示。

❧ Width（线宽）下拉列表：设置弧线的线宽，有 Smallest、Small、Medium 和 Large 4 种线宽可供用户选择。

❧ Radius（半径）：设置圆弧的半径长度。

❧ Start Angle（起始角度）：设置圆弧的起始角度。

❧ End Angle（终止角度）：设置圆弧的结束角度。

（2）双击需要设置属性的圆弧。圆弧绘制完毕后双击圆弧，弹出的属性编辑面板与图 11-6 略有不同，添加位置坐标，如图 11-7 所示。

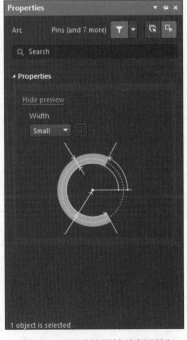

图 11-6　圆弧的属性编辑面板

图 11-7　位置坐标设置

➥ (X/Y)（位置）：设置圆弧的位置。

11.1.3 绘制多边形

【执行方式】

➥ 菜单栏：执行"放置"→"多边形"命令。
➥ 右键命令：右击，在弹出的快捷菜单中选择"放置"→"绘图工具"→"多边形"命令。
➥ 工具栏：单击"应用工具"工具栏中的"实用工具"按钮 下拉菜单中的 （放置多边形）按钮。

【操作步骤】

（1）执行上述操作，光标变成十字形。单击确定多边形的起点，移动光标至多边形的第二个顶点，单击确定第二个顶点，绘制出一条直线，如图 11-8 所示。

（2）移动光标至多边形的第三个顶点，单击确定第三个顶点。此时，出现一个三角形，如图 11-9 所示。

 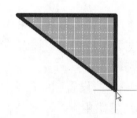

图 11-8　确定多边形一边　　　　　图 11-9　确定多边形第三个顶点

（3）继续移动光标，确定多边形的下一个顶点，多边形变成一个四边形或两个相连的三角形，如图 11-10 所示。

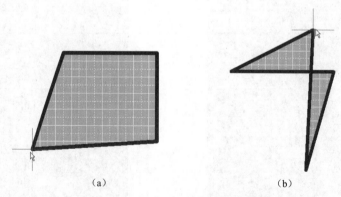

（a）　　　　　　　　　　　　　（b）

图 11-10　确定多边形的第四个顶点

（4）继续移动光标，可以确定多边形的第五、第六……第 n 个顶点，绘制出各种形状的多边形，右击，完成此多边形的绘制。

（5）此时系统仍处于绘制多边形状态，若需要继续，则按上面的步骤绘制，否则右击或按 Esc 键退出绘制命令。

【选项说明】

（1）在绘制状态下，按 Tab 键，系统将弹出相应的多边形属性编辑面板，如图 11-11 所示。

- Border（边界）：设置多边形的边框粗细和颜色，多边形的边框线型，有 Smallest、Small、Medium 和 Large 4 种线宽可供用户选择。
- Fill Color（填充颜色）：设置多边形的填充颜色。选中后面的颜色块，多边形将以该颜色填充多边形，此时单击多边形边框或填充部分都可以选中该多边形。
- Transparent（透明的）复选框：勾选该复选框则多边形为透明的，内无填充颜色。

（2）多边形绘制完毕后双击，弹出的属性编辑面板与图 11-11 略有不同，其中添加的 Vertices（顶点）选项组用于设置多边形各顶点的坐标值，如图 11-12 所示。

图 11-11　多边形的属性编辑面板

图 11-12　顶点坐标设置

动手学——绘制运算放大器 LF353

源文件：yuanwenjian\ch11\Learning1\ NewLib.SchLib

LF353 是美国 TI 公司生产的双电源结形场效应管，常用于高速积分、采样保持等电路设计中，采用 8 管脚的 DIP 封装形式。本实例绘制的 LF353，如图 11-13 所示。

扫一扫，看视频

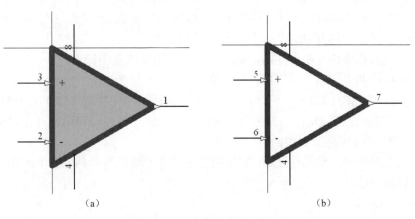

(a)　　　　　　　　　(b)

图 11-13　运算放大器 LF353

【操作步骤】

（1）选择菜单栏中的"文件"→"新的"→"库"→"原理图库"命令，打开原理图元件库文件编辑器，创建一个新的原理图元件库文件，命名为 NewLib.SchLib。

（2）选择菜单栏中的"工具"→"文档选项"命令，在弹出的 Properties（属性）面板中进行工作区参数设置。

（3）为新建的库文件原理图符号命名。单击"应用工具"工具栏中的"实用工具"按钮 下拉菜单中的创建器件按钮 创建器件，系统将弹出 New Component（新元件）对话框，如图 11-14 所示。在该对话框中输入库文件名称 LF353。单击"确定"按钮，关闭该对话框。

（4）单击"应用工具"工具栏中的"实用工具"按钮 下拉菜单中的放置多边形按钮 ，光标变成十字形状，以编辑窗口的原点为基准，绘制一个三角形的运算放大器符号，如图 11-15 所示。

图 11-14　New Component 对话框

图 11-15　运算放大器符号

（5）放置管脚。

① 单击"应用工具"工具栏中的"实用工具"按钮 下拉菜单中的放置管脚按钮 ，光标变成十字形，并附有一个引脚符号。

② 移动该管脚到多边形边框处，单击完成放置。用同样的方法，放置管脚 1、2、3、4、8 在三角形符号上，并设置好每一个管脚的相应属性，如图 11-16 所示。这样就完成了一个运算放大器原理图符号的绘制。

其中，1 为输出管脚 OUT1，2、3 为输入管脚 IN1（-）、IN1（+），8、4 则为公共的电源管脚 VCC+、VCC-。对这两个电源管脚的属性可以设置为"隐藏"，这样，执行"视图"→"显示隐藏管脚"命令，可以切换显示查看或隐藏。

（6）创建库元件的第二个子部件。

① 选择菜单栏中的"编辑"→"选择"→"区域内部"命令，或者单击标准工具栏中的区域内选择对象按钮 ，将图 11-16 中所示的子部件原理图符号选中。

② 单击标准工具栏中的复制按钮 ，复制选中的子部件原理图符号。

③ 选择菜单栏中的"工具"→"新部件"命令。

执行该命令后，在 SCH Library（原理图元件库）面板上库元件 LF353 的名称前多了一个 ⊞ 符号，单击 ⊞ 符号，可以看到该元件中有两个子部件，绘制的子部件原理图符号系统已经命名为 Part A，还有一个子部件 Part B 是新创建的。

④ 单击标准工具栏中的粘贴按钮 ，将复制的子部件原理图符号粘贴在 Part B 中，并改变管脚序号：7 为输出管脚 OUT2，6、5 为输入管脚 IN2（-）、IN2（+），8、4 仍为公共的电源管脚 VCC+、VCC-，如图 11-17 所示。

这样，一个含有两个子部件的库元件就建立好了。

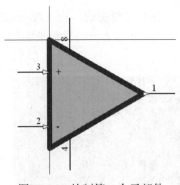

图 11-16　绘制第一个子部件

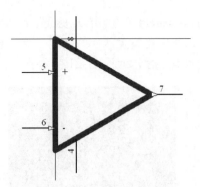

图 11-17　绘制第二个子部件

11.1.4　绘制矩形

Altium Designer 21 中绘制的矩形分为直角矩形和圆角矩形两种。它们的绘制方法基本相同。

【执行方式】

➥ 菜单栏：执行"放置"→"矩形"命令。

➥ 工具栏：单击"应用工具"工具栏中的"实用工具"按钮 ▨▼ 下拉菜单中的 ▨（放置矩形）按钮。

➥ 右键命令：右击，在弹出的快捷菜单中选择"放置"→"矩形"命令。

【操作步骤】

执行此命令，光标变成十字形。将十字光标移到指定位置，单击，确定矩形左上角位置，如图 11-18 所示。此时，光标自动跳到矩形的左上角，拖动光标，调整矩形至合适大小。再次单击，确定右下角位置，如图 11-19 所示，矩形绘制完成。此时系统仍处于绘制矩形状态，若需要继续，则按上面的方法绘制，否则右击或按 Esc 键，退出绘制命令。

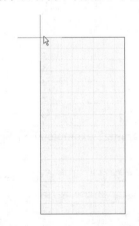

图 11-18　确定矩形左上角

图 11-19　确定矩形右下角

【选项说明】

（1）在绘制状态下，按 Tab 键，系统将弹出相应的矩形属性编辑面板，如图 11-20 所示。

➥ Border（边界）：设置矩形的边框粗细。

➥ Fill Color（填充颜色）：设置多边形的填充颜色。选中后面的颜色块，多边形将以该颜色填充多边形，此时单击多边形边框或填充部分都可以选中该多边形。

➥ Transparent（透明的）复选框：勾选该复选框则多边形为透明的，内无填充颜色。

（2）双击需要设置属性的矩形。矩形绘制完毕后双击，弹出的属性编辑面板与图 11-20 略有不同，添加位置坐标，如图 11-21 所示。

图 11-20　矩形的属性编辑面板

图 11-21　位置坐标设置

➥ (X/Y)（位置）：设置矩形起点的位置坐标。

➥ Width（宽度）文本框：设置矩形的宽。

➥ Height（高度）文本框：设置矩形的高。

➥ Border（边界）：设置矩形的边框粗细和颜色，矩形的边框线型，有 Smallest、Small、Medium 和 Large 4 种线宽可供用户选择。

动手学——绘制单片机芯片外形

扫一扫，看视频

源文件：yuanwenjian\ch11\Learning2\8051.SchLib

本实例绘制单片机芯片 8051，如图 11-22 所示。

【操作步骤】

（1）打开库文件。打开下载资源包中的 yuanwenjian\ch11\Learning2\example\8051.SchLib 文件，进入工作环境。

（2）绘制芯片。在图纸上绘制元件的外形。选择菜单栏中的"放置"→"矩形"命令，或者单击"应用工具"工具栏中的"实用工具"按钮 下拉菜单中的"放置矩形"按钮□，这时光标变成十字形，并带有一个矩形图形。在图纸上绘制一个矩形，如图 11-23 所示。

（3）放置管脚。

①单击"应用工具"工具栏中的"实用工具"按钮 下拉菜单中的放置管脚按钮，显示浮动的带光标管脚符号，按 Tab 键，打开 Properties（属性）面板，在该面板中，设置管脚的编号，如图 11-24 所示。然后按 Enter 键，结束操作。

② 在矩形框两侧依次放置管脚，管脚标号及名称在有数字的情况下依次递增，元件绘制结果如图 11-22 所示。

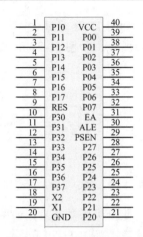

图 11-22　单片机芯片 8051

图 11-23　在图纸上放置一个矩形

（4）编辑元件属性。在 SCH Library（原理图元件库）面板中，双击元件，打开如图 11-25 所示的 Properties（属性）面板，在 Designator（标识符）栏输入预置的元件序号前缀（在此为 U？）。

图 11-24　Properties 面板

图 11-25　设置元件属性

11.1.5　绘制贝塞尔曲线

贝塞尔曲线在电路原理图中的应用比较多，可以用于绘制正弦波和抛物线等。

【执行方式】

↘ 菜单栏：执行"放置"→"贝塞尔曲线"命令。

↘ 右键命令：右击，在弹出的快捷菜单中选择"放置"→"贝塞尔曲线"命令。

【操作步骤】

（1）执行上述操作后，光标将变成十字形。将十字光标移到指定位置，单击确定贝塞尔曲线的起点。然后移动光标，单击确定第二点，绘制出一条直线，如图 11-26 所示。

（2）移动光标，在合适位置单击确定第三点，生成一条弧线，如图 11-27 所示。

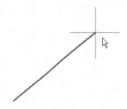 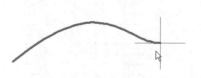

图 11-26 绘制一条直线 图 11-27 确定贝塞尔曲线的第三点

（3）移动光标，曲线将随光标的移动而变化，单击确定此段贝塞尔曲线，如图 11-28 所示。

（4）移动光标，重复操作，绘制出一条完整的贝塞尔曲线，如图 11-29 所示。

图 11-28 确定一段贝塞尔曲线 图 11-29 完整的贝塞尔曲线

（5）此时系统仍处于绘制贝塞尔曲线状态，若需要继续绘制，则按上面的步骤绘制，否则右击或按 Esc 键退出绘制状态。

【选项说明】

双击绘制完成的贝塞尔曲线，弹出 Properties 面板，如图 11-30 所示，此面板只用来设置贝塞尔曲线的"曲线宽度"和"颜色"。

动手学——绘制正弦波

源文件：yuanwenjian\ch11\Learning3\NewLib.SchLib.SchLib

本实例绘制如图 11-31 所示的正弦曲线。

 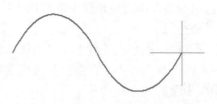

图 11-30 Properties 面板 图 11-31 绘制完一周期正弦曲线

【操作步骤】

（1）打开下载资源包中的 yuanwenjian\ch11\Learning3\example\NewLib.SchLib 文件。

（2）执行"放置"→"贝塞尔曲线"命令，进入绘制状态，光标变成十字形。

技巧与提示——曲线绘制

由于一条曲线是由 4 个点确定的，因此只要定义 4 个点就可形成一条曲线。但是对于正弦波，这 4 个点不是随便定义的，需要一些技巧。

（3）在曲线起点上单击，确定第 1 点；再将光标从这个点向右移动 2 个网格，向上移动 4 个网格，单击确定第 2 点；然后，在第 1 点右边水平方向上第 4 个网格上单击确定第 3 点；第 4 点和第 3 点位置相同，即在第 3 点的位置上连续点两下（若不用此法，很难绘制出一个标准的正弦波）。此时完成了半周正弦波的绘制，如图 11-32 所示。

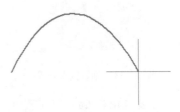

图 11-32　绘制半周正弦曲线

（4）采用同样的方法在第 4 点的下面绘制另外半周正弦波，或者采用复制的方法，完成一个周期的绘制，如图 11-31 所示。

用同样的方法绘制其他周期的正弦曲线。

知识链接——曲线设置

若要改变正弦曲线周期的大小，只需在第一步绘制时按比例改变各点的位置即可。

11.1.6　绘制椭圆或圆

Altium Designer 21 中绘制椭圆和圆的工具是一样的。当椭圆的长轴和短轴的长度相等时，椭圆就会变成圆。因此，绘制椭圆与绘制圆本质上是一样的。

【执行方式】

- 菜单栏：执行"放置"→"椭圆"命令。
- 工具栏：单击"应用工具"工具栏中的"实用工具"按钮 下拉菜单中的（放置椭圆）按钮 。
- 右键命令：在原理图的空白区域右击，在弹出的快捷菜单中选择"放置"→"椭圆"命令。

【操作步骤】

（1）执行上述操作后，光标变成十字形。将光标移到指定位置单击，确定椭圆的圆心位置，如图 11-33 所示。

（2）光标自动移到椭圆的右顶点，水平移动光标改变椭圆水平轴的长短，在合适位置单击确定水平轴的长度，如图 11-34 所示。

（3）此时光标移到椭圆的上顶点处，垂直拖动鼠标改变椭圆垂直轴的长短，在合适位置单击，完成一个椭圆的绘制，如图 11-35 所示。

（4）此时系统仍处于绘制椭圆状态，可以继续绘制椭圆。若要退出，右击或按 Esc 键即可。

【选项说明】

（1）在绘制状态下按 Tab 键，系统将弹出相应的椭圆属性编辑面板，如图 11-36 所示。

- Border（边界）：设置椭圆的边框粗细和颜色，椭圆的边框线型有 Smallest、Small、Medium 和 Large 4 种线宽可供用户选择。

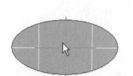

图 11-33　确定椭圆圆心

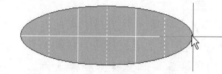

图 11-34　确定椭圆水平轴长度

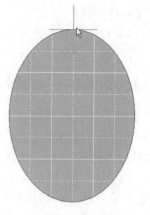

图 11-35　绘制完成的椭圆

➢ Fill Color（填充颜色）：设置椭圆的填充颜色。选中后面的颜色块，将以该颜色填充椭圆，此时单击椭圆边框或填充部分都可以选中该椭圆。

（2）椭圆绘制完毕后双击，弹出的属性编辑面板与图 11-36 略有不同，添加位置坐标，如图 11-37 所示。

图 11-36　椭圆的属性编辑面板

图 11-37　属性设置

➢ X Radius（X 方向的半径）：设置 X 方向的半径长度。
➢ Y Radius（Y 方向的半径）：设置 Y 方向的半径长度。
➢ (X/Y)（位置）：设置椭圆起始顶点的位置。

练一练——绘制串行接口元件

绘制如图 11-38 所示的串行接口元件。

扫一扫，看视频

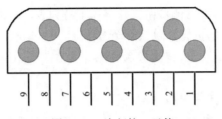

图 11-38　串行接口元件

思路点拨：

源文件：yuanwenjian\ch11\ Practice1\ NewLib.SchLib
（1）建立原理图库。
（2）建立新元件。
（3）绘制元件外形。

11.2　注　释　工　具

在原理图或原理图库编辑环境中，注释工具用于在原理图中或原理图库中绘制各种标注信息，使电路原理图和元件更清晰，数据更完整，可读性更强。

11.2.1　放置文本字和文本框

在绘制电路原理图时，为了增加原理图的可读性，设计者会在原理图的关键位置添加文字说明，即添加文本字和文本框。当需要添加少量的文字时，可以直接放置文本字，而对于需要大段文字说明时，就需要用文本框。

1.　放置文本字

【执行方式】
- 菜单栏：执行"放置"→"文本字符串"命令。
- 工具栏：单击"应用工具"工具栏中的"实用工具"按钮 下拉菜单中的（放置文本字符串）按钮 。
- 右键命令：右击，在弹出的快捷菜单中选择"放置"→"文本字符串"命令。

【操作步骤】
执行上述操作后，光标变成十字形，并带有一个文本字 Text。移动光标至需要添加文字说明处，右击即可放置文本字，如图 11-39 所示。

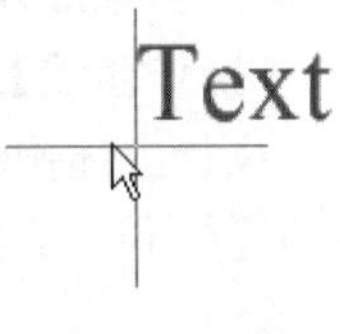

图 11-39　放置文本字

【选项说明】
（1）在绘制状态下按 Tab 键，系统将弹出相应的文本字符串属性编辑面板，如图 11-40 所示。
- Rotation（旋转）：设置文本字符串在原理图中的方向，有 0 Degrees、90 Degrees、180 Degrees 和 270 Degrees 4 个选项。
- Text（文本）：在该栏输入名称。

➲ Font（字体）：在该文本框右侧按钮打开字体下拉列表，设置字体大小，在方向盘上设置文本字符串在不同方向上的位置，包括 9 个方位。

（2）文本字符串绘制完毕后双击，弹出的属性编辑面板与图 11-40 略有不同，添加位置坐标，如图 11-41 所示。

➲ (X/Y)（位置）：设置字符串的位置。

图 11-40　字符串的属性编辑面板

图 11-41　属性设置

2. 放置文本框

【执行方式】

➲ 菜单栏：执行"放置"→"文本框"命令。

➲ 右键命令：右击，在弹出的快捷菜单中选择"放置"→"文本框"命令。

➲ 工具栏：单击"应用工具"工具栏中的"实用工具"按钮 下拉菜单中的（放置文本框）按钮 。

【操作步骤】

执行上述操作后，光标变成十字形。移动光标到指定位置，单击确定文本框的一个顶点，然后移动光标到合适位置，再次单击确定文本框对角线上的另一个顶点，完成文本框的放置，如图 11-42 所示。

【选项说明】

（1）在绘制状态下按 Tab 键，系统将弹出相应的文本框的属性编辑面板，如图 11-43 所示。

➲ Word Wrap（自动换行）：勾选该复选框，则文本框中的内容自动换行。

➲ Clip to Area（剪辑到区域）：勾选该复选框，则文本框中的内容剪辑到区域。

文本框设置和文本字符串大致相同，相同选项不再赘述。

（2）文本框绘制完毕后双击，弹出的属性编辑面板与图 11-43 略有不同，如图 11-44 所示。

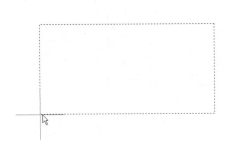

图 11-42 文本框的放置　　　　图 11-43 文本框的属性编辑面板　　　　图 11-44 属性设置

11.2.2 放置图片

在电路原理图的设计过程中，有时需要添加一些图片文件，例如元器件的外观、厂家标志等。

【执行方式】

- 菜单栏：执行"放置"→"图像"命令。
- 工具栏：单击"应用工具"工具栏中的"实用工具"按钮![icon]下拉菜单中的图像按钮![icon]。
- 右键命令：右击，在弹出的快捷菜单中选择"放置"→"图像"命令。

【操作步骤】

执行上述操作后，光标将变成十字形，并附有一个矩形框。移动光标到指定位置，单击确定矩形框的一个顶点，如图 11-45 所示。此时光标自动跳到矩形框的另一顶点，移动光标可改变矩形框的大小，在合适位置再次单击确定另一顶点，如图 11-46 所示。同时弹出选择图片界面，选择图片路径 X:\Altium\AD 21\Templates，如图 11-47 所示。选择好以后，单击 打开(O) 按钮即可将图片添加到原理图中。

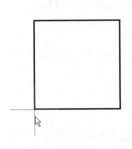

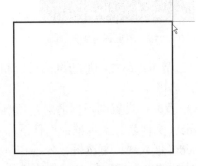

图 11-45 确定起点位置　　　　　　　图 11-46 确定终点位置

图 11-47　选择图片界面

【选项说明】

（1）在放置状态下，按 Tab 键，系统将弹出相应的图形属性编辑面板，如图 11-48 所示。

（2）双击图形，弹出的属性编辑面板与图 11-48 略有不同，如图 11-49 所示。

图 11-48　图形属性编辑面板

图 11-49　属性设置

- Border（边界）：设置图形边框的线宽和颜色，有 Smallest、Small、Medium 和 Large 4 种线宽供用户选择。

- (X/Y)（位置）：设置图形框的对角顶点位置。

- File Name（文件名）文本框：选择图片所在的文件路径名。

- Embedded（嵌入式）复选框：勾选该复选框后，图片将被嵌入原理图文件中，这样可以方便文件的转移。如果取消对该复选框的勾选状态，则在文件传递时需要将图片的链接也转移过去，否则将无法显示该图片。

- ↳ Width（宽度）文本框：设置图片的宽。
- ↳ Height（高度）文本框：设置图片的高。
- ↳ X：Y Ratio1：1（比例）复选框：勾选该复选框则以 1：1 的比例显示图片。

练一练——文本的注释

绘制如图 11-50 所示的电路注释文字。

思路点拨：

源文件：yuanwenjian\ch11\Practice2\ NewLib.SchLib
使用文本框命令添加电路注释

```
Dip Switch Setting

A10 => Switch 1
A9 => Switch 2
A8 => Switch 3
A7 => Switch 4
A6 => Switch 5
A5 => Switch 6
--- => Switch 7
--- => Switch 8
```

扫一扫，看视频

图 11-50　电路注
释文字

11.3　操作实例——制作可变电阻元件

扫一扫，看视频

源文件：yuanwenjian\ch11\Operation\可变电阻.SchLib

在本例中，将用绘图工具创建一个新的可变电阻元件，如图 11-51 所示。通过本例，读者将了解在原理图元件编辑环境下新建原理图元件库，创建新的元件符号的方法，同时学习绘图工具栏中绘图工具按钮的使用方法。

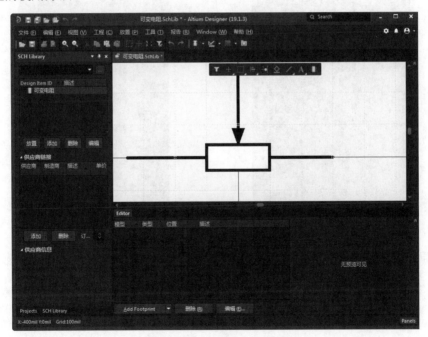

图 11-51　可变电阻绘制完成

【操作步骤】

1．创建工作环境

（1）选择菜单栏中的"文件"→"新的"→"库"→"原理图库"命令，启动原理图库文件编辑器，并创建一个新的原理图库文件。

（2）选择菜单栏中的"文件"→"另存为"命令，将库文件命名为"可变电阻.SchLib"。

2. 管理元件库

（1）在左侧面板中打开 SCH Library（原理图元件库）面板，如图 11-52 所示。在新建的原理图元件库中包含一个名为 Component_1 的元件。

（2）双击 SCH Library（原理图元件库）面板原理图符号名称栏中的库元件，打开 Properties（属性）面板，在该面板中将元件重命名为 RP，如图 11-53 所示。然后按 Enter 键，结束操作。

图 11-52　SCH Library 面板

图 11-53　Properties 面板

3. 绘制原理图符号

（1）选择菜单栏中的"放置"→"矩形"命令或者单击"应用工具"工具栏中的"实用工具"按钮下拉菜单中的（放置矩形）按钮□，这时光标变成十字形。在图纸上绘制一个矩形，如图 11-54 所示。

（2）双击所绘制的矩形打开 Properties（属性）面板，设置所画矩形的参数，包括板的宽度（Small）、填充色和板的颜色，如图 11-55 所示。矩形修改结果如图 11-56 所示。

（3）选择菜单栏中的"放置"→"线"命令，或者单击工具栏中的"实用工具"按钮下拉菜单中的（放置线）按钮，这时光标变成十字形。按 Tab 键，弹出 Properties（属性）面板，如图 11-57 所示。在图纸上绘制一个带箭头的竖直线，如图 11-58 所示。

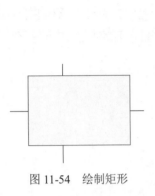

图 11-54 绘制矩形

图 11-55 Properties 面板

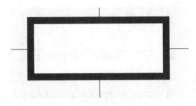

图 11-56 修改后的矩形

（4）选择菜单栏中的"放置"→"管脚"命令，或单击"应用工具"工具栏中的"实用工具"按钮 下拉菜单中的（放置管脚）按钮（绘制 2 个管脚），如图 11-59 所示。双击所放置的管脚，打开 Properties（属性）面板，如图 11-60 所示。在该面板中，单击 Designator（标识符）和 Name（名称）文本框后的按钮，取消"显示"，表示隐藏管脚编号。在 Pin Length（管脚长度）文本框中输入 150mil，修改管脚长度。用同样的方法，修改另一侧水平管脚长度为 150mil，竖直管脚长度为 100mil。

这样，可变电阻元件就创建完成了，如图 11-51 所示。

图 11-57 设置线属性

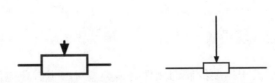

图 11-58 绘制带箭头的竖直线　图 11-59 绘制直线和管脚

图 11-60 设置管脚属性

第 12 章　封装库设计

内容简介

本章将详细介绍封装库的基础知识，讲解封装库文件编辑器的使用方法，并通过实例讲述创建集成库文件以及绘制库元器件的具体步骤。在此基础上，介绍了库元器件的管理以及库文件输出报表的方法。

内容要点

- ↘ PCB 库编辑器环境设置
- ↘ 创建规则的 PCB 元件封装
- ↘ 元件封装检查和元件封装库报表
- ↘ 制作 PGA44 封装

案例效果

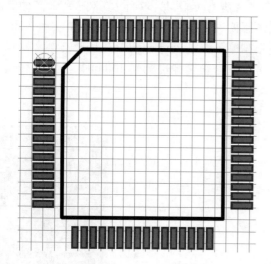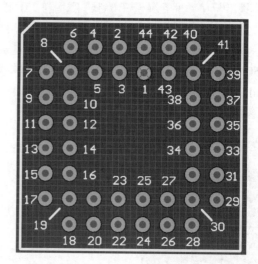

12.1　封装元件的绘制

通过本节的学习，读者可以对封装库文件编辑器的使用有一定的了解，能够完成项目库文件的绘制。

12.1.1　PCB 库编辑器环境设置

进入 PCB 库编辑器后，根据要绘制的元件封装类型对编辑器环境进行相应的设置。PCB 库编辑环境设置包括器件库选项、板层、颜色、层叠管理和优先选项等方面的设置。

1．器件库选项设置

【执行方式】
单击右下角的 Panels 按钮，在弹出的快捷菜单中选择 Properties 命令。

【操作步骤】
执行上述操作，系统将弹出 Properties 面板，如图 12-1 所示。

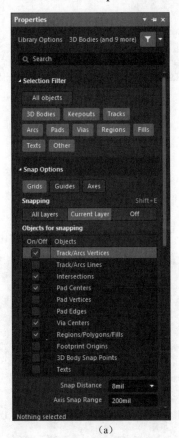

（a）　　　　　　　　　（b）

图 12-1　器件库选项设置位置

【选项说明】

▶ Selection Filter（选择过滤器）选项组：用于显示对象选择过滤器。单击 All objects，表示在原理图中选择对象时，选中所有类别的对象。既可单独选择其中的选项，也可全部选中。

▶ Snap Options（捕捉选项）选项组：用于捕捉设置。它包括 3 个选项：Grids（栅格）、Guides（向导）、Axes（坐标），激活捕捉功能可以精确定位对象的放置位置，精确地绘制图形。

▶ Grid Manager（栅格管理器）选项组：设置图纸中显示的栅格颜色与是否显示。单击 Properties 按钮，弹出 Cartesian Grid Editor（笛卡儿栅格编辑器）对话框，用于设置添加的栅格类型中栅格的线型，间隔等参数，如图 12-2 所示。

▶ Guide Manager（向导管理器）选项组：用于设置 PCB 图纸的 X、Y 坐标和长、宽。

▶ Units（度量单位）选项组：用于设置 PCB 板的单位。Route Tool Path（布线工具路径）选项中选择布线所在层，如图 12-3 所示。

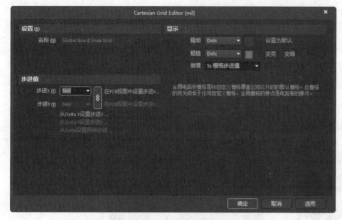

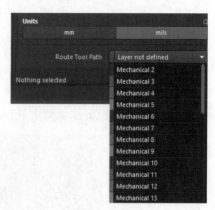

图 12-2　Cartesian Grid Editor 对话框　　　　　　图 12-3　选择布线层

2. 板层和颜色设置

【执行方式】

➥ 菜单栏：执行"Tools（工具）"→"Preferences（优先选项）"命令。

➥ 右键命令：右击，在弹出的快捷菜单中选择"Preferences（优先选项）"命令。

【操作步骤】

执行上述操作，系统将弹出"优选项"对话框，打开 Layer Colors 选项，如图 12-4 所示。

图 12-4　"优选项"对话框

3. 层叠管理设置

【执行方式】

菜单栏：执行"Tools（工具）"→"Layer Stack Manager（层叠管理器）"命令。

【操作步骤】

执行上述操作，系统将打开后缀名为".PcbLib"的文件，如图 12-5 所示。

图 12-5　后缀名为".PcbLib"的文件

4.　优先选项设置

【执行方式】

- ↘ 菜单栏：执行"Tools（工具）"→"Preferences（优先选项）"命令。
- ↘ 右键命令：右击，在弹出的快捷菜单中选择"选项"→"优先选项"命令。

【操作步骤】

执行上述操作，系统将弹出"优选项"对话框，如图 12-6 所示。设置完毕后单击"确定"按钮，关闭该对话框。至此，PCB 库编辑器环境设置完毕。

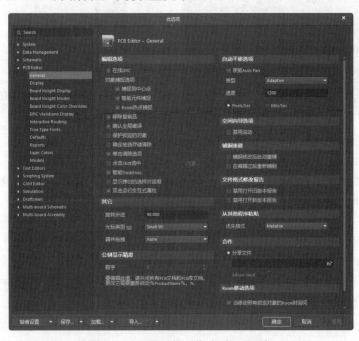

图 12-6　设置后的"优选项"对话框

12.1.2 用 PCB 元件向导创建规则的 PCB 元件封装

用 PCB 元件向导来创建规则的 PCB 元件封装。首先由读者在一系列对话框中输入参数，然后根据这些参数自动创建元件封装。

【执行方式】

菜单栏：执行"Tools（工具）"→"Footprint Wizard（封装向导）"命令。

【操作步骤】

执行此命令，系统将弹出如图 12-7 所示的 Footprint Wizard（封装向导）对话框。

依次单击 Next（下一步）按钮，完成参数设置。

动手学——绘制 TQFP64

扫一扫，看视频

源文件： yuanwenjian\ch12\Learning1\NEW.PcbLib

TQFP64 创建的封装尺寸信息：外形轮廓为矩形 10mm×10mm，管脚数为 16×4，管脚宽度为 0.22mm，管脚长度为 1mm，管脚间距为 0.5mm，管脚外围轮廓为 12mm×12mm，如图 12-8 所示。

图 12-7 Footprint Wizard 对话框

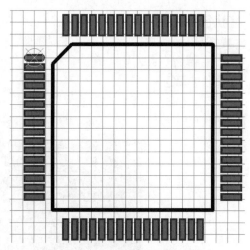

图 12-8 TQFP64 的封装图形

【操作步骤】

（1）选择菜单栏中的"Tools（工具）"→"Footprint Wizard（封装向导）"命令，系统将弹出如图 12-7 所示的 Footprint Wizard（封装向导）对话框。

（2）单击 Next（下一步）按钮，进入元件"器件图案"选择界面。在"从所列的器件图案中选择你想要创建的"列表中列出了各种封装模式，如图 12-9 所示，这里选择 Quad Packs（QUAD）封装模式。在"选择单位"下拉列表中选择 Metric（mm）。

（3）单击 Next（下一步）按钮，进入"电柜焊盘标注"界面，在这里设置焊盘的长为 1mm、宽为 0.22mm，如图 12-10 所示。

（4）单击 Next（下一步）按钮，进入"定义焊盘外形"界面，如图 12-11 所示。这里使用默认设置，第一焊盘为 Round（圆形），其余焊盘为 Rectangular（长方形），以便于区分。

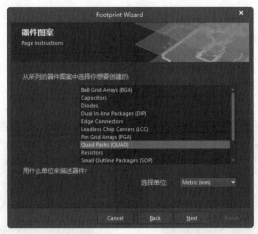

图 12-9　"器件图案"选择界面

图 12-10　"电柜焊盘标注"界面

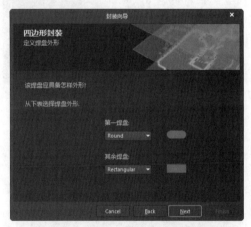

图 12-11　"定义焊盘外形"界面

（5）单击 Next（下一步）按钮，进入"定义外沿线宽"界面，如图 12-12 所示。这里使用默认设置 0.2mm。

（6）单击 Next（下一步）按钮，进入"定义焊盘布线"界面。在这里将焊盘间距设置为 0.5mm，根据计算，将行间距、列间距均设置为 1.75mm，如图 12-13 所示。

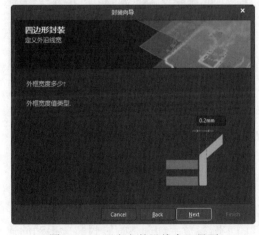

图 12-12　"定义外沿线宽"界面

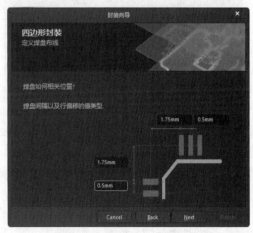

图 12-13　"定义焊盘布线"界面

（7）单击 Next（下一步）按钮，进入"设置焊盘命名方式"界面，如图 12-14 所示。点选相应的单选按钮可以确定焊盘的起始位置，单击箭头可以改变焊盘命名方向。采用默认设置，将第一个焊盘设置在封装左上角，命名方向为逆时针方向。

（8）单击 Next（下一步）按钮，进入"设置焊盘数"界面。将 X、Y 方向的焊盘数目均设置为 16，如图 12-15 所示。

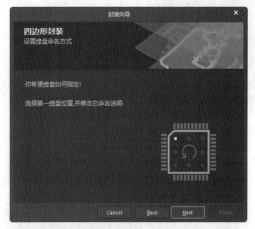

图 12-14　"设置焊盘命名方式"界面

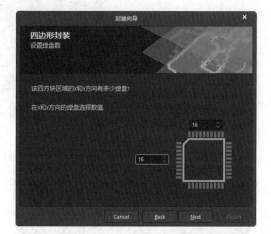

图 12-15　"设置焊盘数"界面

（9）单击 Next（下一步）按钮，进入"设置器件名称"界面。将封装命名为 TQFP64，如图 12-16 所示。

（10）单击 Next（下一步）按钮，进入封装制作完成界面，如图 12-17 所示。单击 Finish（完成）按钮，退出封装向导。

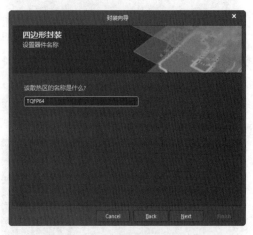

图 12-16　"设置器件名称"界面

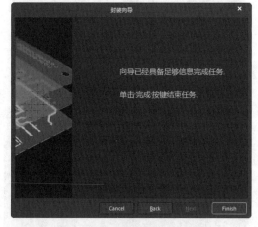

图 12-17　封装制作完成界面

至此，TQFP64 的封装就制作完成了，工作区内显示的封装图形如图 12-8 所示。

12.1.3　手动创建不规则的 PCB 元件封装

由于某些电子元件的管脚非常特殊或者设计人员使用了一个最新的电子元件，用 PCB 元件向导往往无法创建新的元件封装。这时，可以根据该元件的实际参数手动创建管脚封装。手动创建元件管脚封装，需要用直线或曲线来表示元件的外形轮廓，然后添加焊盘形成管脚连接。元件封装的参数可以放在 PCB 的任意工作层上，但元件的轮廓只能放置在顶层丝印层上，焊盘只能放在信号层上。当在 PCB 上放置元件时，元件管脚封装的各个部分将分别放置到预先定义的图层上。

1. 创建新元件

【执行方式】

菜单栏：执行"Tools（工具）"→"New Blank Footprint（新的空元件）"命令。

【操作步骤】

执行此命令，这时在 PCB Library 面板的元件封装列表中会出现一个新的 PCBCOMPONENT_1 空文件。双击该文件，在弹出的对话框中将元件名称改为 New-NPN，如图 12-18 所示。

2. 设置器件属性

【执行方式】

单击 Panels 按钮，在弹出的快捷菜单中选择 Properties 命令。

【操作步骤】

执行上述操作，系统将弹出 Properties 面板，在面板中可以根据需要设置相应的参数，如图 12-19 所示。

图 12-18　重新命名元件　　　　　　　　图 12-19　Properties 面板

【选项说明】

设置工作区颜色。颜色设置由读者自己把握，这里不再赘述。

3. 属性设置

【执行方式】

◥ 菜单栏：执行"Tools（工具）"→"Preferences（优先选项）"命令。

◥ 右键命令：右击，在弹出的快捷菜单中选择"Preferences（优先选项）"命令。

【操作步骤】

执行上述操作，系统将弹出如图 12-6 所示的"优选项"对话框，使用默认设置即可。单击"确定"按钮，关闭该对话框。

4. 切换至 Top-Layer（顶层）

【执行方式】

菜单栏：执行"Place（放置）"→"Pad（焊盘）"命令。

【操作步骤】

（1）执行此命令，光标上悬浮一个十字光标和一个焊盘，单击确定焊盘的位置。按照同样的方法放置另外两个焊盘。

（2）双击焊盘进入焊盘属性设置面板，如图 12-20 所示。设置 Designator 文本框中的管脚名称与位置 X 与 Y 文本框中的焊盘坐标，如图 12-21 所示。

（a）

（b）

图 12-20　设置焊盘属性

（3）焊盘放置完毕，需要绘制元件的轮廓线。所谓元件轮廓线，就是该元件封装在电路板上占用的空间尺寸。轮廓线的形状和大小取决于实际元件的形状和大小，通常需要测量实际元件。

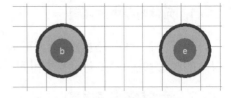

图 12-21　设置完毕的焊盘

5. 切换至 Top Overlay（顶层覆盖）层

将活动层设置为顶层丝印层。

【执行方式】

菜单栏：执行"放置"命令。

【操作步骤】

执行此命令，弹出如图 12-22 所示的"放置"菜单。在该菜单下使用圆弧与走线命令绘制各种封装元件的外形。

练一练——创建 SOP24 封装

分别利用封装向导和手工创建一个 SOP24 的元器件封装，如图 12-23 所示。

扫一扫，看视频

图 12-22　"放置"菜单

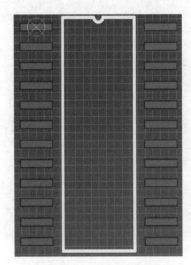

图 12-23　SOP24 封装

思路点拨：

源文件：yuanwenjian\ch12\Practice1\NEW.PcbLib
（1）利用向导创建封装中器件图案。
（2）利用矩形与焊盘命令绘制封装元件。

12.2　元件封装检查和元件封装库报表

"报告"菜单中提供了多种生成元件封装和元件库封装报表的功能。通过报表可以了解元件封装的信息，对元件封装进行自动检查，也可以了解整个元件库的信息。此外，为了检查绘制的封装，菜单中提供了测量功能。

1．元件封装中的测量

为了检查元件封装绘制是否正确，封装设计系统提供了和 PCB 设计中相同的测量功能。对元件封装的测量和在 PCB 上的测量相同，这里不再赘述。

2．元件封装信息报表

在 PCB Library 面板的元件封装列表中选择一个元件。

【执行方式】

菜单栏：执行"Reports（报告）"→"Component"命令。

【操作步骤】

执行此命令，系统将自动生成该元件符号的信息报表，工作窗口中将自动打开生成的报表，以便读者及时查看。如图 12-24 所示为查看元件封装信息时的界面。

图 12-24　查看元件封装信息时的界面

【选项说明】

在如图 12-25 所示的界面中给出了元件名称、所在的元件库、创建日期和时间以及元件封装中的各个组成部分的详细信息。

3．元件封装错误信息报表

Altium Designer 21 提供了元件封装错误的自动检测功能。

【执行方式】

菜单栏：执行"Reports（报告）"→"Component Rule Check（元件规则检测）"命令。

【操作步骤】

执行此命令，系统将弹出如图 12-25 所示的"元件规则检查"对话框，在该对话框中可以设置元件符号错误的检测规则。

图 12-25　"元件规则检查"对话框

【选项说明】

（1）"重复的"选项组。

➥ "焊盘"复选框：用于检查元件封装中是否有重名的焊盘。

➥ "基元"复选框：用于检查元件封装中是否有重名的边框。

➥ "封装"复选框：用于检查元件封装库中是否有重名的封装。

（2）"约束"选项组。

➥ "丢失焊盘名称"复选框：用于检查元件封装中是否缺少焊盘名称。

➥ "镜像的元件"复选框：用于检查元件封装库中是否有镜像的元件封装。

➥ "元件参考偏移"复选框：用于检查元件封装中元件参考点是否偏离元件实体。

➥ "短接铜皮"复选框：用于检查元件封装中是否存在导线短路。

➥ "未连接铜皮"复选框：用于检查元件封装中是否存在未连接铜箔。

➥ "检查所有元器件"复选框：用于确定是否检查元件封装库中的所有封装。

保持默认设置，单击"确定"按钮，系统自动生成元件符号错误信息报表。

4. 元件封装库信息报表

【执行方式】

菜单栏：执行"Reports（报告）"→"Library Report（库报告）"命令。

【操作步骤】

执行此命令，系统将生成元件封装库信息报表。这里对创建的元件封装库进行分析，如图 12-26 所示。在该报表中，列出了封装库所有的封装名称。

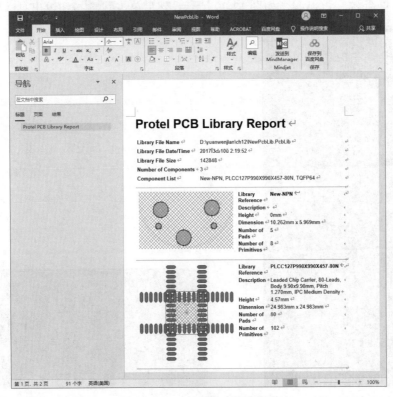

图 12-26　元件封装库信息报表

12.3　操作实例——制作 PGA44 封装

源文件：yuanwenjian\ch12\Operation\PGA44.PcbLib

本实例中要创建的元器件是一个如图 12-27 所示的封装模型，与原理图库文件在绘制过程中步骤大致相同，但具体操作时应注意区别。在本例中，主要学习用绘图工具栏中的按钮创建一个 PCB 库符号的方法。

【操作步骤】

（1）创建工作环境。

选择菜单栏中的"File（文件）"→"新的"→"库"→"PCB 元件库"命令，启动 PCB 库文件编辑器，创建一个新的 PCB 库文件，并将其保存为 PGA44.PcbLib。

（2）管理元件库。

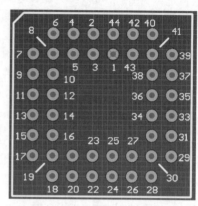

图 12-27　要创建的封装模型

① 在左侧打开 PCB Library（PCB 封装库）工作面板，在 Name（名称）栏中自动加载默认名称的元件 PCBCOMPONENT_1，在该工作面板中可以对 PCB 元件库中的元件进行管理，如图 12-28 所示。

② 选择菜单栏中的"Tools（工具）"→"Footprint Properties（元件属性）"命令，或在元件默认名称上单击，在快捷菜单中选择"元件属性"命令，弹出"PCB 库封装"对话框，在该对话框中将元件重命名为 PGA44，如图 12-29 所示。然后单击按钮退出对话框。

图 12-28　PCB Library 面板

图 12-29　重命名元件

（3）绘制芯片外形。

① 选择菜单栏中的"Place（放置）"→"Line（线条）"命令，或者单击工具栏的放置线条按钮 ，这时光标变成十字形。在图纸上绘制一个红色封闭图形，如图 12-30 所示。

② 双击放置的直线，打开 Properties（属性）面板，在 Layer（层）下拉列表中选择 TopOverlay（上层覆盖）选项，再在其中设置如图 12-30 所示的直线端点坐标，如图 12-31 所示。

（4）绘制小数点。

① 选择菜单栏中的"Place（放置）"→"Pad（焊盘）"命令，或者单击工具栏的放置焊盘按钮 ，这时光标变成十字形，并带有一个圆形焊盘图形。在图纸上绘制焊盘点，如图 12-32 所示。

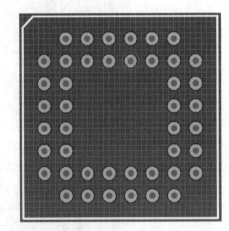

图 12-30　在图纸上绘制一个封闭图形　　图 12-31　设置直线属性　　图 12-32　在图纸上绘制焊盘

② 双击放置的焊盘点，打开 Properties（属性）面板，再在其中设置焊盘点位置，如图 12-33 所示。按 Enter 键，结束操作。

（5）绘制数码管的标注。

① 选择菜单栏中的"Place（放置）"→"Line（线条）"命令，或者单击工具栏的放置线条按钮 ，这时光标变成十字形。在图纸上绘制数码管的标注，如图 12-34 所示。

② 双击放置的走线，打开 Properties（属性）面板，再在其中设置直线坐标，如图 12-35 所示。按 Enter 键，结束操作。

③ 用同样的方法设置其余三条走线。

（6）放置标注。选择菜单栏中的"Place（放置）"→"String（字符串）"命令，或者单击工具栏的放置字符串按钮 ，光标显示带十字标记符号。按 Tab 键，弹出 Properties（属性）面板。在该面板中，设置管脚的编号，在文本框中输入 1，在 Layer 下拉列表中选择 Top Overlay（上层覆盖），宽度设置为 5 mil，高度为 30 mil，如图 12-36 所示。按 Enter 键，在编辑器窗口中绘制焊盘对应编号。

（7）单击"保存"按钮保存所做的设置。这样就完成了 PCB 库模型符号的绘制，如图 12-27 所示。

图 12-33　设置焊盘点位置

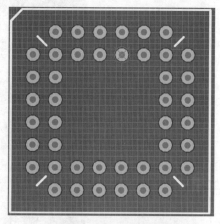

图 12-34　绘制数码管标注

图 12-35　设置直线坐标

图 12-36　设置标注属性

第 13 章　Altium Designer 集成库

内容简介

Altium Designer 虽然提供了丰富的元件库，但是在绘制原理图的时候还是会遇到一些在已有元件库找不到的元件。因此，Altium Designer 提供了相应的制作元件库的工具，可以创建库。本章将介绍如何制作元件、元件的封装及新建一个库。

内容要点

- ❧ 集成库的创建
- ❧ 集成库的编辑
- ❧ 智能创建原理图的符号库
- ❧ 将设计关联到 ERP 系统
- ❧ 创建项目元件库
- ❧ 创建 USB 采集系统集成库文件

案例效果

13.1　集成库概述

Altium Designer 采用了集成库的概念。集成库是把器件的各种符号模型文件集成在一起，是一个能在不同设计阶段代表不同模型的集合体。集成库中的元件不仅具有原理图中代表元件的符号，还集成了相应的功能模块，如 Foot Print 封装、电路仿真模块、信号完整性分析模块等，集成库中的各模块间关系如图 13-1 所示。集成库便于移植和共享，元件和模块之间的连接具有安全性。集成库在编译过程中会检测错误，如引脚封装对应等。

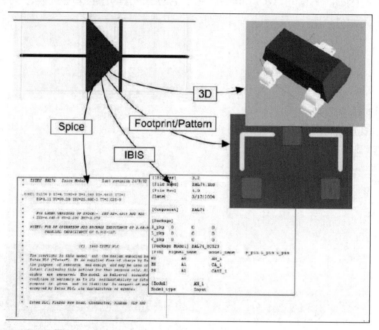

图 13-1　Altium Designer 集成库中的各模块间关系图

Altium Designer 支持用户对各种模型库的产生、添加、编辑进行管理。Altium 提供了超过 10 万种元件的模型，其中 16 000 种带有仿真模型。另外，Altium Designer 网站上还在不断推出新的元件库，提供各种主流厂商的元件模型库，并且这些模型库还在不断扩大之中。尤其是随着 FPGA 器件技术的发展，Altium Designer 还提供了不同 FPGA 厂商的各种元件的集成库，包括原理图符号，例如 Foot Print 封装和 3D 模型等。这些库资源不仅极大地提高了用户的设计速度，并且保证了数据的完整性和一致性。

Altium Designer 中的元件库可以由任意参考符号、模型链接及 ODBC 或 ADO 关系数据库中的参数信息构建而成。数据库中每条记录都可以表示一个元件、一条库存信息或模型链接。从数据库中调用元件，需要在 Libraries 面板中安装一个新的数据库文件。它还允许用户在设计中直接调用元件库信息，如元件原理图符号和元件 PCB 封装等。此外，它还支持远程数据挖掘功能。

Altium Designer 支持用户自建 3D 模型库，支持元件 3D 模型的导入/导出功能。3D 模型的导出功能可以使用户在第一时间内看到自己设计的电路板，并且能分析电路板整体布局是否合理，能将 3D 模型作为 IGES 或者 STEP AP203 格式结构设计的文件输出，这一点对于产品的可制造性及机电一体化设计都十分有用。

用户在使用 Altium Designer 提供的 16 000 种带有仿真模型的元件时，直接从库中调用即可，无须 Spice 文件的输入。Altium Designer 提供了一个入口，可以让用户修改 Spice 模型参数以及从外部导入 Spice 模型。用户可以方便地创建仿真模型的元件。Altium Designer 的集成库提供了大量的信号完整性模型，还提供了建立信号完整性模型的向导，帮助用户建立元件的信号完整性模型，并且提供导入器件的 IBIS 文件的接口。

13.2 集成库的创建

集成库的创建主要有以下几个步骤。
（1）创建集成库包。
（2）增加原理图符号元件。
（3）为元件符号建立模块连接。
（4）编译集成库。
创建集成库可以通过两种途径。第一种是在已经有原理图和模型文件的情况下创建。第二种是在没有原理图与模型文件情况下一步步地输入。

13.2.1 创建集成库文件

首先添加已有的原理图、PCB 库以及模型库到一个包装库。
【执行方式】
菜单栏：执行"文件"→"新的"→"库"→"集成库"命令。
【操作步骤】
执行此命令，创建一个元器件集成库。新创建的集成库默认名为 Integrated_Library1.LibPkg，如图 13-2 所示。

图 13-2 创建一个元器件集成库

13.2.2 添加和移除库文件

集成库创建完毕，接下来就要会使用集成库。下面介绍如何添加和移除库文件。添加所需要集成的分立元件库，包括：

- ⬡ Integrated Libraries（*.IntLib）
- ⬡ Schematic Libraries（*.SchLib; *.Lib）
- ⬡ Footprint Libraries（*.PcbLib; *.Lib）
- ⬡ Sim Model Files（*.Mdl）
- ⬡ Sim Subcircuit Files（*.Ckt）
- ⬡ PCB3D Model Libraries（*.PCB3DLib）

1. 添加库文件

【执行方式】
- ⬡ 菜单栏：执行"项目"→"添加已有文档到工程"命令。
- ⬡ 右键命令：右击创建的元器件集成库，在弹出的快捷菜单中选择"添加新的...到工程"命令。

【操作步骤】

执行此命令，打开 Choose Documents to Add to Project 对话框，如图 13-3 所示。选择需要加载的库文件并单击 打开(O) 按钮，即可将库文件添加到集成库文件下。

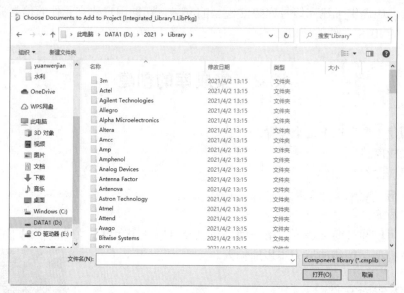

图 13-3　Choose Documents to Add to Project 对话框

2. 库文件管理

【执行方式】

快捷菜单：单击 Panels 按钮，在弹出的快捷菜单中选择 Components 命令。

【操作步骤】

执行此命令，打开 Components 面板，单击该面板右上角的 按钮，在弹出的快捷菜单中选择 File-based Libraries Preferences 命令，打开"可用的基于文件的库"对话框，如图 13-4 所示。单击 添加库(A)... 按钮，可以增加集成库，单击 删除(R) 按钮可以移走不需要的库。只有在库面板中添加了库，才可以使用库中元件。

扫一扫，看视频

动手学——创建 4 端口串行接口电路的集成库文件

源文件： yuanwenjian\ch13\Learning1\4 Port Serial Interface.LibPkg

本实例创建 4 Port Serial Interface 电路的集成库文件，如图 13-5 所示。

【操作步骤】

（1）选择菜单栏中的"文件"→"新的"→"库"→"集成库"命令，创建一个元件集成库。并将其保存为 4 Port Serial Interface.LibPkg，如图 13-6 所示。

（2）连接需要的模型到每一个原理图图标。包括 PCB 封装、仿真模型、信号完整性模型和 3D 模型。

（3）打开 Components（元件）面板，单击该面板右上角的 按钮，在弹出的快捷菜单中选择 File-based Libraries Preferences（库文件参数）命令，打开如图 13-7 所示的"可用的基于文件的库"对话框，单击 添加库(A)... 按钮，添加已有的 4 Port Serial Interface.SchLib、4 Port Serial Interface.PcbLib 等文件到项目中，结果如图 13-5 所示。

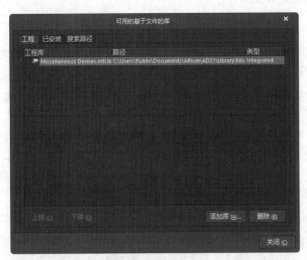

图 13-4　库配置面板

图 13-5　加载库文件

图 13-6　创建一个集成库项目并保存

图 13-7　"可用的基于文件的库"对话框

13.2.3　集成库文件的编译

Altium Designer 21 提供了集成库形式的库文件，将原理图库和与其对应的模型库文件如 PCB 元件封装库、SPICE 和信号完整性模型等集成到一起。通过集成库文件，极大地方便用户设计过程中的各种操作。

【执行方式】

➥ 菜单栏：执行"项目"→Compile Integrated Library XXX.LibPkg（重新编辑集成库）命令。

➥ 右键命令：右击，在弹出的快捷菜单中选择 Compile Integrated Library XXX.LibPkg 命令。

【操作步骤】

执行该命令后，编译该集成库文件，生成编译后的集成库文件 XXX.IntLib，并自动加载到当前库文件中，在元件库面板中可以看到。

扫一扫，看视频

动手学——编译 4 端口串行接口电路的集成库文件

源文件：yuanwenjian\ch13\Learning2\4 Port Serial Interface.LibPkg

本实例编译 4 端口串行接口电路的集成库文件，如图 13-8 所示。

【操作步骤】

（1）打开下载资源包中的 yuanwenjian\ch13\Learning2\example\4 Port Serial Interface.LibPkg。

（2）选择菜单栏中的"项目"→Compile Integrated Library 4 Port Serial Interface.LibPkg（编辑集成库 4 Port Serial Interface.LibPkg）命令，编译该集成库文件。编译后的集成库文件 4 Port Serial Interface.IntLib 将自动加载到当前库文件中，并且在元件库面板中可以看到，如图 13-8 所示。

📢 **提示：**

> 此时，打开 Messages 面板，会看见一些错误和警告的提示，如图 13-9 所示。这表明，还有部分原理图文件没有找到匹配的元件封装或信号完整性等模型文件。根据提示信息进行修改。

图 13-8　编译结果文件

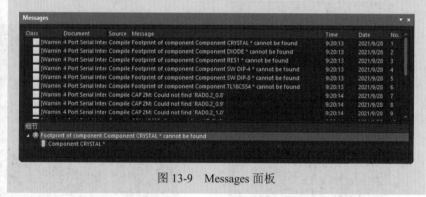

图 13-9　Messages 面板

（3）修改完毕，选择菜单栏中的"项目"→Compile Integrated Library 4 Port Serial Interface.LibPkg（编译集成库 4 Port Serial Interface.LibPkg）命令，对集成库文件继续进行编译，以检查是否还有错误信息。

（4）重复上述操作，直至无误，集成库文件就制作完成了。

13.3　集成库的编辑

对集成库的编辑，应该首先将集成库拆分成集成库包，然后才能编辑，不可以直接对集成库编辑。

【执行方式】

菜单栏：执行"文件"→"打开"命令。

【操作步骤】

执行此命令，在弹出的 Choose Document to Open 对话框中，选择一个集成库，在弹出的"解压源文件或安装"对话框中单击 解压源文件(E) 按钮，如图 13-10 所示。生成 Miscellaneous Device.libpkg 后，系统就会进入元件编辑界

图 13-10　把集成库拆成集成库包

面, 即可对元件以及元件的各种模块连接进行编辑。

查看 miscellaneous device.IntLib 所在的目录, 系统会生成一个以这个集成库文件名命名的文件夹, 所有的分立库文件就保存在其中了。

练一练——创建常用元件库集成库文件

创建一个集成库文件, 包含常用的 Miscellaneous Devices.IntLib 和 Miscellaneous Connectors.IntLib 元件库中所有元件。

✍ 思路点拨:

源文件: yuanwenjian\ch13\Practice1\Commonl use.LibPkg
(1) 创建集成库文件。
(2) 打开常用库文件。
(3) 添加库元件。

13.4 智能创建原理图的符号库

Altium Designer 以强大的设计输入功能为特点, 在 FPGA 和板级设计中, 同时支持原理图输入模式和 VHDL 硬件描述输入模式; 同时支持基于 VHDL 的设计仿真、混合信号电路仿真、布局前/后信号完整性分析。Altium Designer 的布局和布线采用完全规则驱动模式, 并且在 PCB 布线中采用了无网格的 SitusTM 拓扑逻辑自动布线功能; 同时, 将完整的 CAM 输出功能的编辑结合在一起。Altium Designer 极大地增强了对高密板设计的支持, 为高速数字信号设计提供大量新功能和改进, 改善了对复杂多层板卡的管理和导航, 可将器件放置在 PCB 板的正反两面, 处理高密度封装技术, 如高密度引脚数量的球形网格阵列 (BGAs)。

动手学——导入 Datasheet (数据) 文档

源文件: yuanwenjian\ch13\Learning3\Schlib1.SchLib

本例将设置如图 13-11 所示 DPy Amber_CC 的管脚名称, 除了依次输入和用快捷面板一次输入之外, 也可以把芯片的 Datasheet 文档或 Excel 文档中的管脚名称快捷录入。

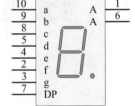

图 13-11 Dpy Amber-CC 的封装图形

【操作步骤】

(1) 打开 yuanwenjian\ch13\Learning3\Schlib1.SchLib 文件, 进入原理图符号库的界面, 单击 Panels 按钮, 在弹出的快捷菜单中选择 SCH Library (原理图元件库) 命令, 打开 SCH Library (原理图元件库) 面板, 双击元件, 进入如图 13-12 所示的界面, 同样方法再次打开如图 13-13 所示的 SCHLIB List (原理图库目录) 面板, 在面板上右击, 在弹出的快捷菜单中选择 "选中列 (H)" 命令, 可以进行相应的栏目显示设置。

(2) 弹出 "列设置" 对话框, 设定要显示的栏目。选择 Pin Designator 和 Parameters 右边的下拉菜单, 选中 "展示" 选项, 如图 13-14 所示, 单击 确定 按钮, 完成设置。

(3) 返回 SCHLIB List (原理图库目录) 面板, 显示 Pin Designator (管脚指示器) 和 Parameters (参数) 选项, 右击, 弹出如图 13-15 所示的快捷菜单, 先从 datasheet 或其他资料中复制相应的信息栏, 选择 "粘贴" 命令, 进行元件库的快速创建。

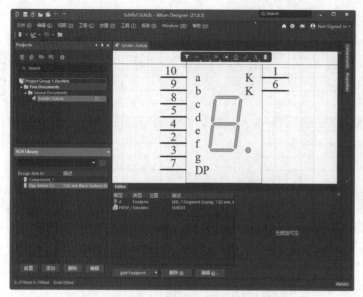

图 13-12　SCH Library 面板

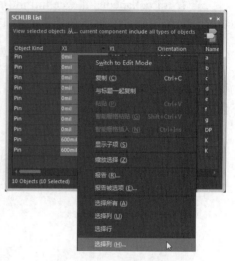

图 13-13　SCHLIB List 面板

图 13-14　"列设置"对话框

图 13-15　快捷菜单

13.5　将设计关联到 ERP 系统

企业资源计划系统 ERP（Enterprise Resource Planning），是指建立在信息技术基础上，对企业的所有资源（物流、资金流、信息流和人力资源）进行整合集成管理，采用信息化手段实现企业供销链管理，从而对供应链上的每一环节实现科学管理。ERP 系统集信息技术与先进的管理思想于一体，成为现代企业的运行模式，反映时代对企业合理调配资源，最大化地创造社会财富的要求，成为企业在信息时代生存、发展的基石。在企业中，一般的管理主要包括三方面的内容：生产控制（计划、制造）、物流管理（分销、采购、库存管理）和财务管理（会计核算、财务核算）。三大系统集成一体，加之现代社会对人力资源的重视，就构成了 ERP 系统的基本模块。ERP 系统将各个模块细化、拆分，形成相对独立又可无缝衔接的软件系统，使得不同规模的企业可根据需要自由组合，让企业的资源得到最优化配置。

Altium Designer 提供了两种将用户的设计关联到所使用器件公司的 ERP 系统的方法。第一种方法是使用数据库连接文件（*.DBLink），另外一种方法是使用数据库格式的库文件（*.DBLib）。

13.5.1　使用数据库连接文件关联到 ERP 系统

采用这种连接模式，元器件的模型和参数信息必须预先设置为 Altium Designer 器件库中元器件的一部分。同时库中元器件的定义中也必须包含必要的关键域信息。在库封装或者 PCB 项目中增加一个数据库连接文件，可以保持器件信息（参数）与数据库中相应域的内容同步。

1. 建立数据库链接格式的库文件

【执行方式】
菜单栏：执行"文件"→"新的"→"库"→"数据库链接文件"命令。
【操作步骤】
执行此命令，建立并管理一个数据库链接格式的库文件，如图 13-16 所示。

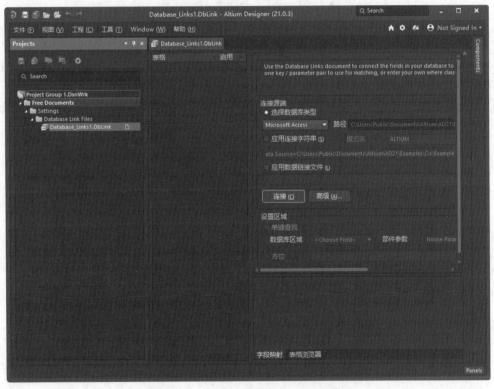

图 13-16　建立数据库链接格式的库文件

2. 建立数据库格式的库文件

【执行方式】
菜单栏：执行"文件"→"新的"→"库"→"数据库"命令。
【操作步骤】
执行此命令，建立并管理一个数据库格式的库文件，如图 13-17 所示。

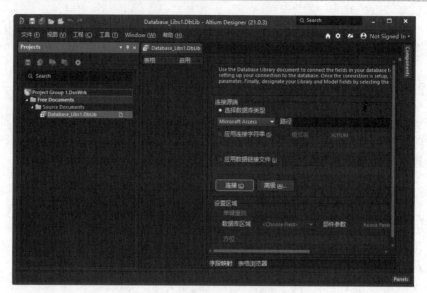

图 13-17　建立数据库格式的库文件

3. 连接到外部数据库

Altium Designer 可以连接任何提供 OLE DB 支持的数据库。一些数据库可能不提供 OLE DB 支持，但是目前使用的所有数据库管理系统都可以通过开放式数据连接接口（ODBC）访问。

建立与外部数据库的连接，可以使用"区域视图"窗口中"连接源端"中提供的 3 种方式，如图 13-18 所示。

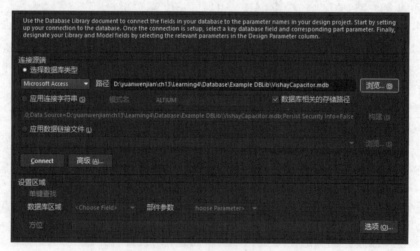

图 13-18　建立与外部数据库的连接

（1）快速连接到 Access 或 Excel 形式的数据库。

选择"选择数据库类型"选项，在下拉列表下选择数据库类型，包括 Microsoft Access、Microsoft Access 2007、Microsoft Excel 和 Microsoft Excel 2007，单击 浏览...(B) 按钮，选择目标数据库文件。

（2）建立一个连接线程。

选择"应用连接字符串"选项，建立连接线程，单击 构建(B) 按钮，弹出"数据链接属性"对话框，如图 13-19 所示。

- "提供程序"选项卡：显示 Altium Designerl 默认的数据，OLE DB Provider 是 Microsoft Jet 4.0，可以通过单击 Provider 菜单选择需要的 OLE DB Provider 或者 ODBC，如图 13-19（a）所示。
- "连接"选项卡：选择或者输入外部数据库的文件名（包含路径），如果外部数据库需要登录访问，可以在这里输入登录信息，如图 13-19（b）所示。
- "高级"选项卡：显示其他高级的设置，如图 13-19（c）所示。
- "所有"选项卡：是所有连接选项定义的汇总，在这里更改设置，如图 13-19（d）所示。

所有设置完成后，可以单击"连接"选项卡下的 测试连接(T) 按钮。如果设置正确，则有连接成功的对话框弹出。

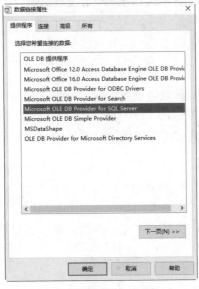

（a）"提供程序"选项卡

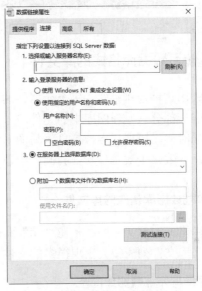

（b）"连接"选项卡

（c）"高级"选项卡

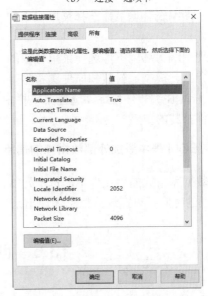

（d）"所有"选项卡

图 13-19 "数据链接属性"对话框

（3）指定一个数据连接文件。

选择"应用数据链接文件"选项，指定数据连接关系，连接的数据源是由 Microsoft 公司的数据连接文件（*.udl）来描述的，单击 浏览...（B） 按钮，指定所需要的数据连接文件。

（4）建立连接。

如果正确地定义了外部数据库的连接关系，则 Connect 按钮上的字会变成黑体。单击 Connect 按钮，如果正确连接则按钮上的字会变成灰色的 Connected，同时外部数据库的表格和关联信息会出现在这个 DBLib 文件中。如果连接有问题，则会有提示跳出，如图 13-20 所示。此时需要检查数据库设置后，再重新连接。

图 13-20　连接有问题

13.5.2　使用数据库格式的库文件

如果采用这种连接模式，每个元器件的符号、模型和参数信息被存储为外部数据库中元器件的记录描述的一部分。原理图库中的元件符号中并没有连接到元器件的模型和参数信息。只有当元器件被放置的时候，模型和参数信息才与图形符号建立起连接。为了保持放置后的元器件信息与数据库内的信息一致，少数器件参数会回传给数据库。

1. 加载数据库格式的库文件

数据库格式的库文件同样是在"库"面板上加载的。和其他库文件不同的是，加载数据库格式的库文件在库文件列表中会出现很多的文件列表。

2. 保持与外部数据库同步

在原理图编辑环境下，选择菜单栏中的"工具"→"从数据库更新参数"命令，完成所有器件参数的更新。

在原理图编辑环境下，选择菜单栏中的"工具"→"从库更新"命令，完成所有器件的完全更新，包括参数、模型、封装和原理图符号等。

如果在 PCB 编辑环境下，选择菜单栏中的"Tools（工具）"→"从 PCB 库更新"命令，则可以实现器件封装的更新。

3. 在 BOM 表中添加外部数据库的信息

由于数据库格式的库文件中，每个元器件都可以关联很多与器件信息不相关的信息，所以在生成 BOM 表的时候可以把这些信息体现出来。

13.6　创建项目元件库

在大多数情况下，同一个项目的电路原理图中所用到的元件由于性能、类型等诸多不同，可能来自不同的库文件。在这些库文件中，有系统提供的若干个集成库文件，也有用户建立的原理图元件库文件。这样不仅不便于管理，更不便于用户之间进行交流。

13.6.1 创建原理图项目元件库

创建一个独立的原理图元件库，可以使用原理图元件库文件编辑器，把项目电路原理图中所用到的元件原理图符号都汇总到该元件库中，脱离其他的库文件而独立存在，为本项目的统一管理提供方便。

【执行方式】

菜单栏：执行"设计"→"生成原理图库"命令。

【操作步骤】

执行此命令，系统自动在本项目中生成相应的原理图元件库文件。

动手学——生成集成频率合成器电路项目元件库

源文件：yuanwenjian\ch13\Learning5\集成频率合成器电路.PrjPcb
本实例讲解集成频率合成器电路项目元件库的生成，如图 13-21 所示。

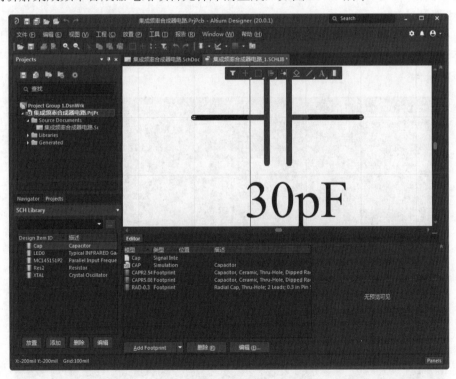

图 13-21　生成项目元件库

【操作步骤】

（1）打开下载资源包中的 yuanwenjian\ch13\Learning5\example\集成频率合成器电路.PrjPcb 文件。

（2）选择菜单栏中的"设计"→"生成原理图库"命令，弹出如图 13-22 所示的 Information（信息）对话框。在该对话框中，提示用户当前项目的原理图项目元件库"集成频率合成器电

图 13-22　Information 对话框

路.SCHLIB"已经创建完成，共添加了 5 个库元件。

（3）单击 OK 按钮，关闭该对话框，系统将自动切换到原理图元件库文件编辑环境。

（4）打开 SCH Library（原理图元件库）面板，在原理图符号名称栏中列出了所创建的原理图项目文件库中的全部库元件，而且其中涵盖了项目电路原理图中所有用到的元件。如果选择了其中一个，则在原理图符号的管脚栏中会相应显示出该库元件的全部管脚信息，而在模型栏中会显示出该库元件的其他模型。

13.6.2 使用项目元件库更新原理图

建立了原理图项目元件库后，可以根据需要对项目电路原理图中所用到的元件进行整体编辑、修改，包括元件属性、管脚信息及原理图符号形式等。更重要的是，如果用户在绘制多张不同的原理图时多次用到同一个元件，而该元件又需要重新修改或编辑时，用户可以不必在原理图中逐一修改，只需要在原理图项目元件库中修改相应的元件，然后更新原理图即可。

【执行方式】

菜单栏：执行"工具"→"从库更新"命令。

【操作步骤】

（1）执行此命令，系统将弹出"从库中更新"对话框，如图 13-23 所示。在"原理图图纸"选项组中选择要更新的原理图，在"设置"选项组中对更新参数进行设置，在"元件类型"选项组中选择要更新的元件。

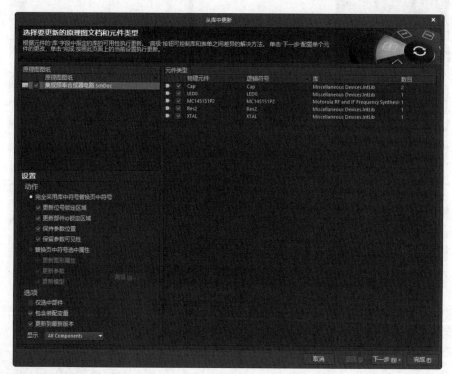

图 13-23 "从库中更新"对话框

（2）设置完毕，单击"下一步"按钮，系统将弹出元件选择界面，如图 13-24 所示。在其中进行元件选择。

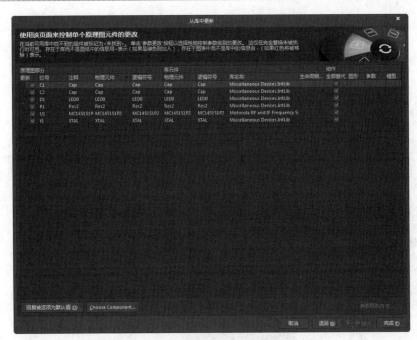

图 13-24　元件选择

（3）设置完毕，单击"完成"按钮，系统将弹出"工程变更指令"对话框，如图 13-25 所示。

图 13-25　"工程变更指令"对话框

【选项说明】

↘ "验证变更"按钮：单击该按钮，执行更改前验证 ECO（Engineering Change Order）。

↘ "执行变更"按钮：单击该按钮，应用 ECO 与设计文档同步。

↘ "报告变更"按钮：单击该按钮，生成关于设计文档更新内容的报表。

13.7　操作实例——创建 USB 采集系统集成库文件

扫一扫，看视频

源文件：yuanwenjian\ch13\Operation\USB 采集系统\USB 采集系统.PrjPcb

在本实例创建 USB 采集系统集成库文件，如图 13-26 所示。

【操作步骤】

（1）打开下载资源包中的 yuanwenjian\ch13\Operation\example\USB 采集系统.PrjPcb 文件，如图 13-27 所示。

图 13-26　USB 采集系统集成库文件

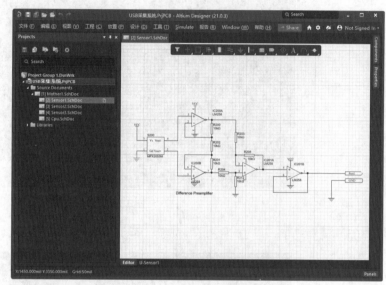

图 13-27　更新前的原理图

（2）选择菜单栏中的"设计"→"生成原理图库"命令，弹出 Information（信息）对话框，如图 13-28 所示。在该对话框中，提示用户当前项目的原理图项目元件库"USB 采集系统.SCHLIB"已经创建完成，共添加了 13 个库元件。

（3）单击 OK 按钮，关闭该对话框，系统自动切换到原理图元件库文件编辑环境，如图 13-29 所示。

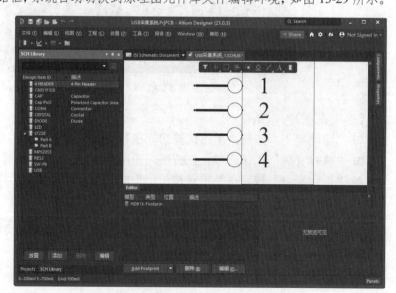

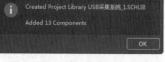

图 13-28　Information 对话框

图 13-29　原理图元件库文件

（4）选择菜单栏中的"文件"→"新的"→"库"→"集成库"命令，则创建一个元件集成库，右击创建的元件集成库，在弹出的快捷菜单中选择"保存"命令，如图 13-30 所示。将新创建的集成库命名为"USB 采集系统.LibPkg"。

（5）单击"保存"按钮，在 Projects 面板显示创建的集成库文件，如图 13-31 所示。

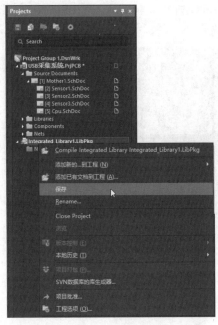

图 13-30　创建一个包装库项目并保存

图 13-31　Projects 面板

（6）选择菜单栏中的"工程"→"添加已有文档到工程"命令，打开 Choose Documents to Add to Project 对话框，如图 13-32 所示。选择需要加载的库文件，单击 打开(O) 按钮，即可将库文件添加到集成库文件下，如图 13-33 所示。

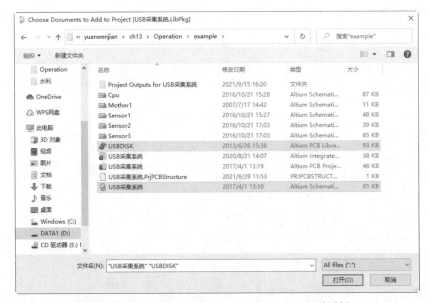

图 13-32　Choose Documents to Add to Project 对话框

图 13-33　Projects 面板

（7）选择菜单栏中的"工程"→Compile Integrated Library USB 采集系统.LibPkg（编辑集成库 USB 采集系统.LibPkg）命令，编译该集成库文件。编译后的集成库文件"USB 采集系统.IntLib"将 自动加载到当前库文件中，在元件库面板中可以看到，如图 13-26 所示。

📢 提示：

此时，打开 Messages 面板，会看见一些错误和警告的提示，如图 13-34 所示。这表明还有部分原理图文件没有 找到匹配的元件封装或信号完整性等模型文件。根据错误提示信息，还需要进行修改，直至没有错误提示。

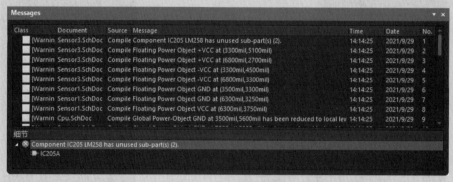

图 13-34　Messages 面板

第 14 章　PCB 设计

内容简介

印制电路板的设计是电路设计工作中最关键的阶段，只有完成了 PCB 的设计才能进行实际电路的设计。因此，印制电路板的设计是每一个电路设计者必须掌握的技能。

本章主要介绍印制电路板设计的一些基本概念及绘制方法。通过本章的学习，用户能够对电路板设计有基本的理解。

内容要点

❧ 创建 PCB 文件
❧ 在 PCB 编辑器中导入网络报表

案例效果

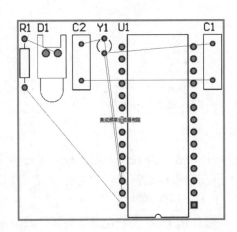
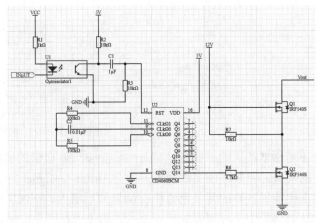

14.1　创建 PCB 文件

与原理图设计的界面一样，创建 PCB 命令也可采用不同的方式。

14.1.1　使用菜单命令创建 PCB 文件

除了通过 PCB 向导创建 PCB 文件以外，用户还可以使用菜单命令创建 PCB 文件。
首先创建一个空白的 PCB 文件，然后设置 PCB 的各项参数。

【执行方式】

菜单栏：执行"文件"→"新的"→"PCB"命令或者执行"工程"→"添加新的到工程"→PCB（PCB 文件）命令。

【操作步骤】

执行上述操作，即可进入 PCB 编辑环境中。

14.1.2 利用模板创建 PCB 文件

Altium Designer 21 还提供了通过 PCB 模板创建 PCB 文件的方式。

【执行方式】

菜单栏：执行"文件"→"打开"命令。

【操作步骤】

执行此命令后，弹出如图 14-1 所示的 Choose Document to Open 对话框。

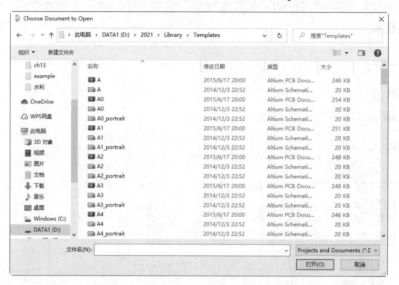

图 14-1　Choose Document to Open 对话框

该对话框默认的路径是 Altium Designer 21 自带的模板路径，在该路径下为用户提供了很多个可用的模板。和原理图文件面板一样，Altium Designer 21 中没有为模板设置专门的文件形式，在该对话框中能够打开的都是包含模板信息的后缀为 .PrjPcb 和 .PcbDoc 的文件。

从对话框中选择所需的模板文件，单击"打开"按钮，即可生成 PCB 文件，生成的文件将显示在工作窗口中。

14.1.3 利用右键快捷命令创建 PCB 文件

【执行方式】

右键命令：在 Projects（工程）面板中的工程文件上右击，在弹出的快捷菜单中选择"添加新的…到工程"→PCB 命令，如图 14-2 所示。

【操作步骤】

执行此命令后，在该工程文件中新建一个印制电路板文件。

【选项说明】

由于通过模板生成 PCB 文件的方式操作起来非常简单，因此，建议用户在从事电路图设计时将自己常用的 PCB 保存为模板文件，以方便以后的工作。

图 14-2 快捷命令

扫一扫，看视频

练一练——创建电话机自动录音电路 PCB 文件

创建电话机自动录音电路 PCB 文件，如图 14-3 所示。

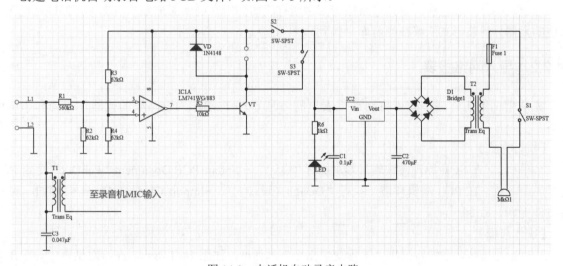

图 14-3 电话机自动录音电路

📋 **思路点拨：**

源文件：yuanwenjian\ch14\Practice1\电话机自动录音电路.PcbDoc
使用菜单、面板、模板命令三种方法创建 PCB 文件。

14.2 在 PCB 编辑器中导入网络报表

在 14.1 中学习了 PCB 设计过程中用到的一些基础知识。本节主要介绍如何完整地绘制 PCB。

14.2.1　准备工作

1．准备电路原理图和网络报表

网络报表是电路原理图的精髓，是原理图和 PCB 连接的桥梁。没有网络报表，就没有电路板的自动布线。已经在第 9 章中详细介绍过生成网络报表的方法。

2．新建一个 PCB 文件

在电路原理图所在的项目中，新建一个 PCB 文件。进入 PCB 文件编辑环境后，设置 PCB 文件设计环境，包括设置网格大小和类型、光标类型、板层参数和布线参数等。大多数参数可以采用系统默认值，而且这些参数经过设置之后，可以符合用户的习惯，且以后无须再次修改。

3．规划电路板

规划电路板主要是确定电路板的边界，包括电路板的物理边界和电气边界。在需要放置固定孔的地方放置适当大小的焊盘。

4．装载元器件库

在导入网络报表之前，要把电路原理图中所有元器件所在的库添加到当前库中，保证原理图中指定的元器件封装形式能够在当前库中找到。

14.2.2　导入网络报表

完成前面的工作后，即可将网络报表里的信息导入 PCB，为电路板的元器件布局和布线做准备。

【执行方式】

菜单栏：（在 SCH 原理图编辑环境）执行"设计"→Update PCB Document *.PcbDoc（更新 PCB 文件）命令或（在 PCB 编辑环境）执行"Design（设计）"→Import Changes From *.PrjPcb（从项目文件更新）命令。

【操作步骤】

执行上述操作，系统将弹出"工程变更指令"对话框，如图 14-4 所示。在该对话框中显示出当前对电路进行的修改内容，左边为"更改"列表，右边对应修改的"状态"。主要的修改有 Add Components、Add Pins To Nets、Add Component Class Members 和 Add Rooms 几类。

（1）　验证变更 按钮：系统将检查所有的更改是否有效。如果有效，则勾选右边的"检测"栏对应位置；若有错误，则"检测"栏中将显示红色错误标识。

一般的错误是因为元器件封装定义不正确，系统找不到给定的封装，或者在设计 PCB 时没有添加对应的集成库。此时需要返回到电路原理图编辑环境中，对有错误的元器件进行修改，直到修改完所有的错误，即"检查"栏中全为正确内容为止。

（2）　报告变更 (R)... 按钮：报告输出变化，系统弹出"报告预览"对话框，如图 14-5 所示，在其中可以打印输出该报告。

图 14-4　"工程变更指令"对话框

图 14-5　"报告预览"对话框

对话框中按钮的含义与原理图报表中相同，这里不再赘述。

（3）　执行变更　按钮：系统执行所有的更改操作，如果执行成功，"状态"下的"完成"列表栏将被勾选；系统将元器件封装等装载到 PCB 文件中。

动手学——集成频率合成器印制板电路导入网络板表

扫一扫，看视频

源文件： yuanwenjian\ch14\Learning3\集成频率合成器电路.PcbDoc

导入网络板表，系统将元件封装等装载到 PCB 文件中，如图 14-6 所示。

【操作步骤】

（1）打开下载资源包中的 yuanwenjian\ch14\Learning3\example\集成频率合成器电路.PcbDoc
文件。

（2）在 PCB 编辑环境下，选择菜单栏中的"Design（设计）"→Import Changes From 集成频率合成器电路.PrjPcb（从导入更改集成频率合成器电路）命令，系统弹出"工程变更指令"对话框，如图 14-7 所示。

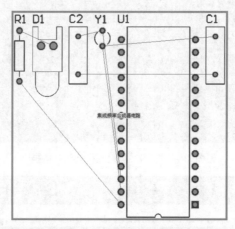

图 14-6 加载网络报表和元器件封装的 PCB 图

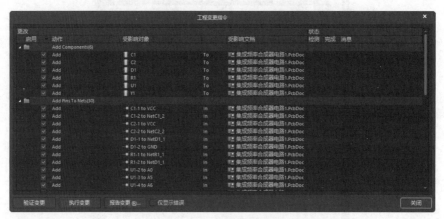

图 14-7 "工程变更指令"对话框

（3）单击"工程变更指令"对话框中的"验证变更"按钮，勾选右边"检测"栏对应的位置，如图 14-8 所示。

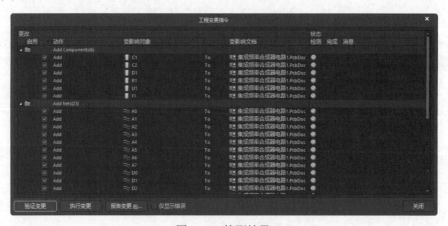

图 14-8 检测结果

（4）单击"工程变更指令"对话框中的"执行变更"按钮，系统执行所有的更改操作，"状态"下的"完成"列表栏将被勾选，如图 14-9 所示。

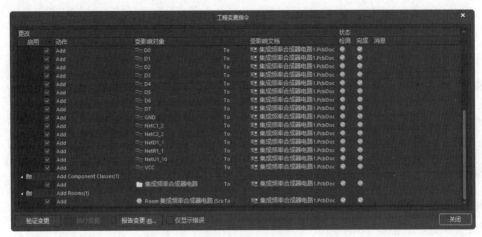

图 14-9 执行变更

练一练——导入看门狗电路 PCB 封装

导入看门狗电路 PCB 元件的封装，如图 14-10 所示。

扫一扫，看视频

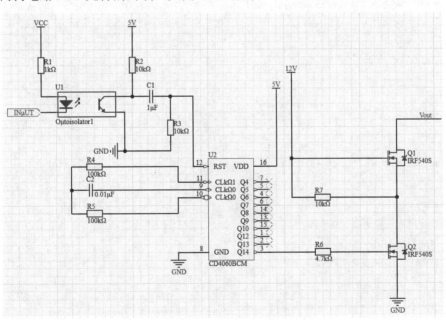

图 14-10 看门狗电路原理图

📋 **思路点拨：**

源文件：yuanwenjian\ch14\Practice2\看门狗电路.PcbDoc

（1）打开工程原理图文件。

（2）新建 PCB 文件并规划电路板。

（3）导入元件。

第 15 章　PCB 参数设置

内容简介

如果电路板设计得不合理，则性能会大打折扣，严重时将无法正常工作。考虑到实际中的散热和干扰等问题，电路板设计往往有很多规则和要求。本章开始讲解电路板图纸的基本设置。

内容要点

- ↳ PCB 的设计流程
- ↳ 电路板物理结构及编辑环境参数设置
- ↳ 实用看门狗电路设计

案例效果

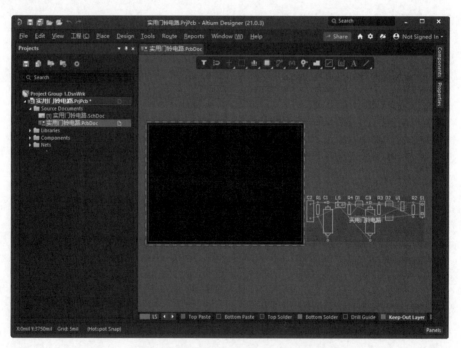

15.1　PCB 的设计流程

在进行印制电路板的设计时，首先要确定设计方案，并进行局部电路的仿真或实验，完善电路性能。之后根据确定的方案绘制电路原理图，并进行 ERC 检查。最后完成 PCB 的设计，输出设计文件，送交加工制作。在这个过程中设计者尽量按照设计流程进行设计，这样可以避免一些重复的操作，同时也可以防止一些不必要的错误出现。

PCB 设计的操作步骤如下：

（1）绘制电路原理图。确定选用的元件及其封装形式，完善电路。

（2）规划电路板。全面考虑电路板的功能、部件、元件封装形式、连接器及安装方式等。

（3）设置各项环境参数。

（4）载入网络表和元件封装。搜集所有的元件封装，确保选用的每个元件封装都能在 PCB 库文件中找到，将封装和网络表载入 PCB 文件中。

（5）元件自动布局。设定自动布局规则，使用自动布局功能，将元件进行初步布置。

（6）手工调整布局。手工调整元件布局使其符合 PCB 的功能需要和元器件电气要求，还要考虑到安装方式，放置安装孔等。

（7）电路板自动布线。合理设定布线规则，使用自动布线功能为 PCB 自动布线。

（8）手工调整布线。自动布线结果往往不能满足设计要求，还需要做大量的手工调整。

（9）DRC 校验。PCB 布线完毕，需要经过 DRC 校验无误，否则根据错误提示进行修改。

（10）文件保存，输出打印。保存、打印各种报表文件及 PCB 制作文件。

（11）加工制作。将 PCB 制作文件送交加工单位。

15.2　电路板物理结构及编辑环境参数设置

对于手动生成的 PCB，在进行设计前，必须对电路板的各种属性进行详细的设置，主要包括板形的设置、PCB 图纸的设置、电路板层的设置、层的显示设置、颜色的设置、布线框的设置、PCB 系统参数的设置及 PCB 设计工具栏的设置等。

15.2.1　电路板物理边框的设置

1. 边框线的设置

物理边框即为 PCB 的实际大小和形状，板形的设置是在"Mechanical 1（机械层）"上进行的。根据所设计的产品中的安装位置、所占空间的大小、形状及与其他部件的配合来确定 PCB 的外形与尺寸。

默认的 PCB 图为带有栅格的黑色区域，包括 13 个工作层，具体内容如下。

- 两个信号层：Top Layer（顶层）和 Bottom Layer（底层），用于建立电气连接的铜箔层。
- Mechanical 1（机械层）：用于设置 PCB 与机械加工相关的参数以及 PCB 3D 模型的放置与显示。
- Top Overlay（顶层丝印层）和 Bottom Overlay（底层丝印层）：用于添加电路板的说明文字。
- Top Paste（顶层锡膏防护层）、Bottom Paste（底层锡膏防护层）、Top Solder（顶层阻焊层）和 Bottom Solder（底层阻焊层）：用于保护铜线，也可以防止焊接错误。系统允许 PCB 设计包含以下阻焊层。
- Keep-Out Layer（禁止布线层）：用于设立布线范围，支持系统的自动布局和自动布线功能。
- Drill Guide（钻孔层）和 Drill Drawing（钻孔图层）：用于描述钻孔图和钻孔位置。
- Multi-Layer（多层同时显示）：可实现多层叠加显示，用于显示与多个电路板层相关的 PCB 细节。

单击工作窗口下方 Mechanical 1（机械层）标签，使该层处于当前工作窗口中。

【执行方式】

➥ 菜单栏：执行"Place（放置）"→"Line（线条）"命令。

➥ 快捷键：P 键 + L 键。

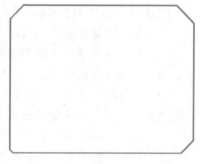

图 15-1　绘制好的 PCB 边框

动手学——绘制物理边界

源文件：yuanwenjian\ch15\Learning1\PCB1.PcbDoc

本实例绘制图 15-1 所示的物理边界。

【操作步骤】

（1）选择菜单栏中的"Place（放置）"→"Line（线条）"命令，光标变成十字形，然后将光标移到工作窗口的合适位置，单击即可进行线的放置操作，每单击一次就确定一个固定点。

（2）当放置的线组成了一个封闭的边框时，就可以结束边框的绘制。右击或者按 Esc 键退出该操作，绘制好的 PCB 边框如图 15-1 所示。

技巧与提示——边框绘制

通常将板的形状定义为矩形，但在特殊情况下，为了满足电路的某种特殊要求，也可以将板形定义为圆形、椭圆形或者不规则的多边形。

动手学——设置物理边界线宽

源文件：yuanwenjian\ch15\Learning2\PCB1.PcbDoc

本实例设置如图 15-1 所示的物理边界线宽。

【操作步骤】

（1）双击任一边框线即可弹出 Properties（属性）面板，如图 15-2 所示，可在此面板中设置边框线。

为了确保 PCB 图中边框线为封闭状态，可以在该对话框中对线的起始点和结束点进行设置，使用前一段边框线的终点作为下一段边框线的起点。

其主要选项的含义如下。

➥ Layer（层）下拉列表：用于设置该线所在的电路板层。用户在开始画线时可以不选择 Mechanical 1（机械层），在此处进行工作层的修改也可以实现上述操作所达到的效果，只是这样需要对所有边框线进行设置，操作起来比较麻烦。

➥ Net（网络）下拉列表：用于设置边框线所在的网络。通常边框线不属于任何网络，即不存在任何电气特性。

➥ "锁定"按钮 🔒：单击该按钮，边框线将被锁定，无法对该线进行移动等操作。

（2）按 Enter 键，完成边框线的属性设置。

图 15-2　Properties 面板

2. 板形的修改

对边框线进行设置的主要目的是给制板商提供加工电路板形状的依据。用户也可以在设计时直接修改板形,即在工作窗口中可直接看到自己设计的电路板的外观形状,然后对板形进行修改。

(1) 自定义板子形状。

【执行方式】

菜单栏:执行"Design(设计)"→"Board Shape(板子形状)"→"Define from selected objects(按照选择对象定义)"命令,如图 15-3 所示。

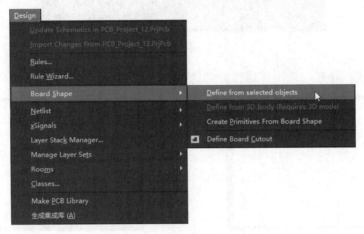

图 15-3　"板子形状"子菜单

【操作步骤】

① 执行此命令,光标变成十字形,工作窗口显示出绿色的电路板。

② 选中已绘制的对象,如图 15-4(a)所示,执行此命令,电路板将变成所选对象的图形,如图 15-4(b)所示。即对象为圆形,板子变为圆形;对象为方形,板子变为方形。

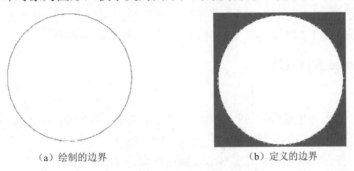

(a) 绘制的边界　　　　　　　　(b) 定义的边界

图 15-4　重新定义电路板的尺寸

③ 右击或者按 Esc 键退出该操作。重新定义以后,电路板的可视栅格会自动调整以满足显示电路板尺寸确定的区域。

(2) 根据板子定义。

【执行方式】

菜单栏:执行"Design(设计)"→"Board Shape(板子形状)"→"Create Primitives From Board Shape(根据板子外形生成线条)"命令。

【操作步骤】

(1) 执行此命令,弹出图 15-5 所示的"从板外形而来的线/弧原始数据"对话框,可以设置生成的线条所在层与宽度等属性。

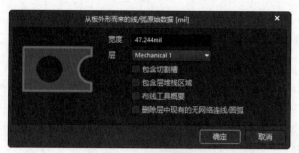

图 15-5　生成的线条属性设置

（2）单击"确定"按钮，退出该操作，完成电路板边界设置，如图 15-6 所示。

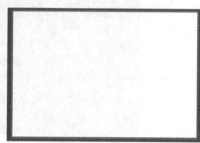

（a）板子边界　　　　　　　　　　　　　　　　　　（b）生成线条

图 15-6　定义板子形状的边界

15.2.2　电路板图纸的设置

与原理图一样，用户也可以对电路板图纸进行设置，默认状态下的图纸是不可见的。大多数 Altium Designer 21 附带的例子是将电路板显示在一个白色的图纸上，与原理图图纸完全相同。图纸大多被绘制在 Mechanical 1（机械层）上，其设置方法主要有以下两种。

1. 通过 Properties 进行设置

【执行方式】

快捷命令：单击右下角的 Panels 按钮，在弹出的快捷菜单中选择 Properties 命令。

【操作步骤】

执行上述操作，打开 Properties 面板 Board 属性编辑，如图 15-7 所示。

【选项说明】

（1）search（搜索）功能：允许在面板中搜索所需的条目。

（2）Selection Filter（选择过滤器）选项组：设置过滤对象。

也可单击 中的下拉按钮，弹出如图 15-8 所示的对象选择过滤器。

（3）Snap Options（捕捉选项）选项组：设置图纸是否启用捕获功能。

⮫ Snapping（捕捉对象热点）选项：捕捉的对象热点所在层包括 All Layer（所有层）、Current Layer（当前层）和 Off（关闭）。

⮫ Objects for snapping（要捕捉的对象）选项：勾选对象前的复选框，捕捉对应的选项。

⮫ Snap Distance（栅格范围）文本框：设置值为半径。

⮫ Axis Snap Range（坐标轴捕捉范围）文本框：设置输入捕捉的范围值。

(a)　　　　　　　　　　　　(b)

图 15-7　Board 属性编辑

（4）Board Information（板信息）选项组：显示 PCB 文件中元件和网络的完整细节信息。

➥ 汇总了 PCB 上的各类图元，如导线、过孔、焊盘等的数量，报告了电路板的尺寸信息和 DRC 违例数量。

➥ 报告了 PCB 上元件的统计信息，包括元件总数、各层放置数目和元件标号列表。

➥ 列出了电路板的网络统计，包括导入网络总数和网络名称列表。

➥ 单击 Reports 按钮，系统将弹出如图 15-9 所示的“板级报告”对话框，通过该对话框可以生成 PCB 信息的报表文件，在该对话框的列表框中选择要包含在报表文件中的内容。勾选“仅选择对象”复选框时，单击“全部开启”按钮，选择所有板信息。

报表列表选项设置完毕，在 Board Report（电路板报表）对话框中单击 Reports 按钮，系统将生成 Board Information Report 的报表文件，自动在工作区内打开，PCB 信息报表如图 15-10 所示。

（5）Grid Manager（栅格管理器）选项组：定义捕捉栅格。

➥ 单击 Add 按钮，在弹出的下拉菜单中选择命令，如图 15-11 所示。添加笛卡儿坐标下与极坐标下的栅格，在未选定对象时进行定义。

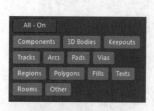

图 15-8　对象选择过滤器

图 15-9　"板级报告"对话框

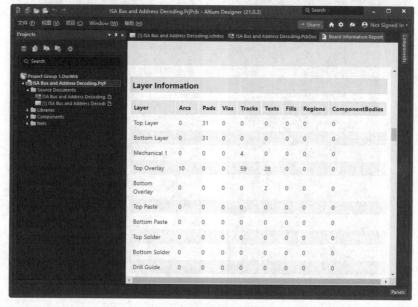

图 15-10　PCB 信息报表

选择添加的栅格参数，单击 Properties 按钮，弹出如图 15-12 所示的 Cartesian Grid Editor（笛卡儿栅格编辑器）对话框，设置栅格间距。

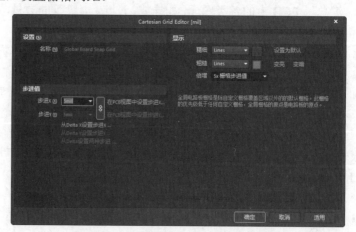

图 15-11　下拉菜单　　　　图 15-12　Cartesian Grid Editor（笛卡儿栅格编辑器）对话框

↳ 单击"删除"按钮██，删除选中的参数。

（6）Guide Manager（向导管理器）选项组：定义电路板的向导线，添加或放置横向、竖向、+45°、−45° 和捕捉栅格的向导线，在未选定对象时进行定义。

↳ 单击 Add 按钮，在弹出的下拉菜单中选择命令，如图 15-13 所示。添加对应的向导线。

↳ 单击 Place 按钮，在弹出的下拉菜单中选择命令，如图 15-14 所示，放置对应的向导线。

↳ 单击"删除"按钮██，删除选中的参数。

（7）Other（其余的）选项组：设置其余选项。

↳ Units（单位）选项：设置为公制（mm），也可以设置为英制（mils）。一般在绘制和显示时设为 mil。

↳ Polygon Naming Scheme（多边形命名格式）选项：选择多边形命名格式，包括如图 15-15 所示的 4 种。

图 15-13　Add 下拉菜单　　　　图 15-14　Place 下拉菜单　　　图 15-15　多边形命令格式下拉列表

↳ Designator Display（标识符显示）选项：标识符显示方式，包括 Physical（物理的）和 Logical（逻辑的）2 种。

↳ Get Size From Sheet Layer（从工作表中获取尺寸）选项：勾选此选项，可以从工作表中获取对应的尺寸。

（8）选择菜单栏中的"View（视图）"→"Fit Document（适合文件）"命令，此时图纸被重新定义了尺寸，与导入的 PCB 图纸边界范围正好相匹配。如果使用 V 键 + S 键或 Z 键 + S 键重新观察图纸，就可以看见新的页面格式已经启用了。

2. 从一个 PCB 模板中添加一个新的图纸

Altium Designer 21 拥有一系列预定义的 PCB 模板，单击需要进行图纸操作的 PCB 文件，使之处于当前工作窗口中。

【执行方式】

菜单栏：执行"File（文件）"→"打开"命令。

【操作步骤】

（1）执行此命令，弹出如图 15-16 所示的 Choose Document to Open（选择打开文件）对话框，选中打开路径下的一个模板文件。

（2）单击"打开"按钮，即可将模板文件导入工作窗口中，如图 15-17 所示。

（3）在工作窗口中绘制一个矩形框，选中该模板文件，选择菜单栏中的"Edit（编辑）"→"Copy（复制）"命令，进行复制操作。然后切换到要添加图纸的 PCB 文件，选择菜单栏中的"Edit（编辑）"→"Paste（粘贴）"命令，进行粘贴操作，此时光标变成十字形，同时图纸边框悬浮在光标上。

（4）选择合适的位置后单击，即可放置该模板文件。新页面的内容将被放置到 Mechanical 16（机械层），但此时并不可见。

（5）执行菜单栏中的"View（视图）"→"Fit Board（适合板子）"命令，此时图纸被重新定义了尺寸，与导入的电路板边框边界范围正好相匹配。如果使用 V 键 + S 键或 Z 键 + S 键重新观察图纸，就可以看见新的页面格式已经启用了。

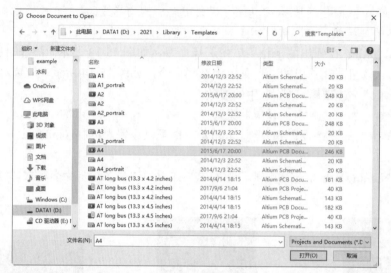

图 15-16　Choose Document to Open 对话框

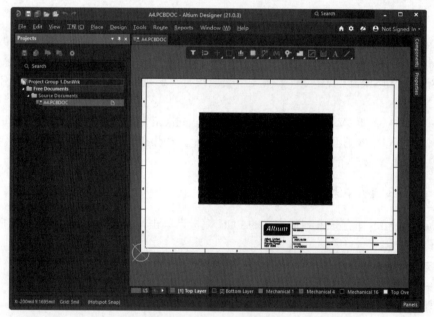

图 15-17　导入 PCB 模板文件

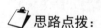

扫一扫，看视频

练一练——设置电话机自动录音电路 PCB 文件图纸参数

创建电话机自动录音电路 PCB 文件，如图 15-18 所示。

📑 **思路点拨：**

源文件：yuanwenjian\ch15\Practice1\电话机自动录音电路.PrjPcb
（1）创建电路板物理边界。
（2）设置图纸单位。
（3）设置图纸颜色。

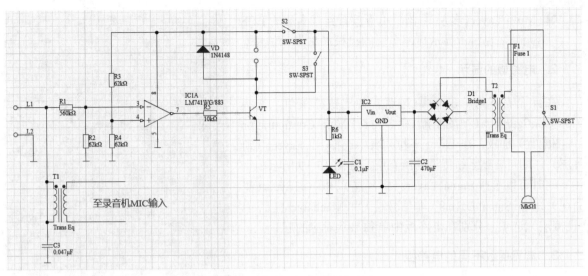

图 15-18　电话机自动录音电路

15.2.3　PCB 层的设置

1. PCB 的分层

PCB 一般包括很多层，不同的层包含不同的设计信息。制板商通常会将各层分开制作，然后经过压制和处理，生成各种功能的电路板。

Altium Designer 21 提供了 6 种类型的工作层。

（1）Signal Layers（信号层）：即铜箔层，用于完成电气连接。Altium Designer 21 允许电路板设计 32 个信号层，分别为 Top Layer、Mid Layer 1～Mid Layer 30 和 Bottom Layer，各层以不同的颜色显示。

（2）Internal Planes（中间层）：也称内部电源与地线层，属于铜箔层，用于建立电源和地线网络。系统允许电路板设计 16 个中间层，分别为 Internal Layer 1～Internal Layer 16，各层以不同的颜色显示。

（3）Mechanical Layers（机械层）：用于描述电路板机械结构、标注及加工等生产和组装信息所使用的层面，虽然不能完成电气连接特性，但其名称可由用户自定义。系统允许 PCB 设计包含 16 个机械层，分别为 Mechanical Layer 1～Mechanical Layer 16，各层以不同的颜色显示。

（4）Mask Layers（阻焊层）：用于保护铜线，也可以防止焊接错误。系统允许 PCB 设计包含 4 个阻焊层，即 Top Paste（顶层锡膏防护层）、Bottom Paste（底层锡膏防护层）、Top Solder（顶层阻焊层）和 Bottom Solder（底层阻焊层），分别以不同的颜色显示。

（5）Silkscreen Layers（丝印层）：也称图例（legend），通常该层用于放置元件标号、文字与符号，以标示出各零件在电路板上的位置。系统提供两层丝印层，即 Top Overlay（顶层丝印层）和 Bottom Overlay（底层丝印层）。

（6）Other Layers（其他层）：各层的具体功能如下。

> - Drill Guides（钻孔）和 Drill Drawing（钻孔图）：用于描述钻孔图和钻孔位置。
> - Keep-Out Layer（禁止布线层）：用于定义布线区域，基本规则是元件不能放置于该层上或进行布线。只有在这里设置了闭合的布线范围，才能启动元件自动布局和自动布线功能。

- Multi-Layer（多层）：该层用于放置穿越多层的 PCB 元件，也用于显示穿越多层的机械加工指示信息。

2. 电路板的显示

在界面右下角单击 Panels 按钮，弹出快捷菜单，选择 View Configuration（视图配置）命令，打开 View Configuration（视图配置）面板，在 Layer 下拉列表中选择 All Layers（所有层），即可看到系统提供的所有层，如图 15-19 所示。

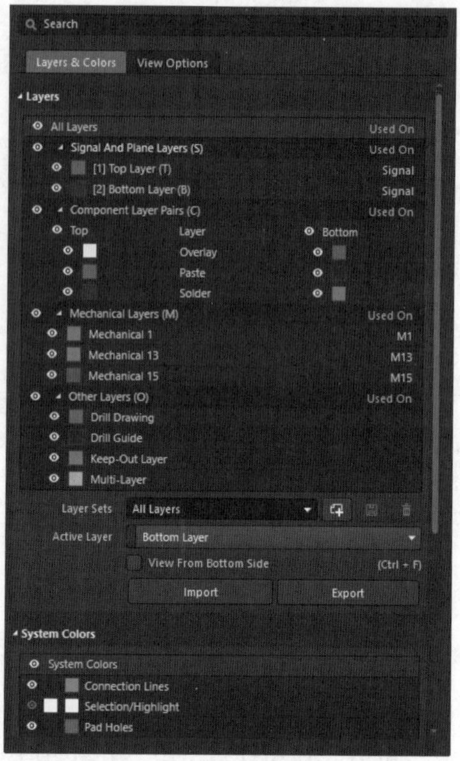

图 15-19　系统所有层的显示

同时可以选择 Signal Layers（信号层）、Plane Layers（平面层）、NonSignal Layers（非信号层）和 Mechanical Layers（机械层）选项，分别在电路板中单独显示对应的层。

3. 常见层数不同的电路板

（1）Single-Sided Boards（单面板）。

PCB 上元件集中在其中的一面，导线集中在另一面。因为导线只出现在其中的一面，所以称这种 PCB 为单面板。在单面板上，通常只有底面也就是 Bottom Layer（底层）覆盖铜箔，元件的引脚焊在这一面上，通过铜箔导线完成电气特性的连接。Top Layer（顶层）是空的，安装元件的一面称为“元件面”。因为单面板在设计线路上有许多严格的限制（因为只有一面可以布线，所以布线间不能交叉，必须以各自的路径绕行），所以布通率往往很低，因此只有早期的电路及一些比较简单的电路才使用这类电路板。

（2）Double-Sided Boards（双面板）。

这种电路板的两面都可以布线，不过要同时使用两面的布线就必须在两面之间有适当的电路连接，这种电路间的“桥梁”称为过孔（via）。过孔是在 PCB 上充满或涂上金属的小洞，它可以与两面的导线相连接。在双层板中通常不区分元件面和焊接面，因为两个面都可以焊接或安装元件，但习惯上称 Bottom Layer 为焊接面，Top Layer 为元件面。因为双面板的面积比单面板大一倍，而且布线可以互相交错（即可以绕到另一面），因此它适用于比单面板复杂的电路上。相对于多层板而言，双面板的制作成本不高，在给定一定面积的时候通常能 100%布通，因此印制板一般采用双面板。

（3）Multi-Layer Boards（多层板）。

常用的多层板有 4 层板、6 层板、8 层板和 10 层板等。简单的 4 层板是在 Top Layer 和 Bottom Layer 的基础上增加了电源层和地线层，这样一方面极大程度地解决了电磁干扰问题，提高了系统的可靠性，另一方面可以提高导线的布通率，缩小了 PCB 的面积。6 层板通常是在 4 层板的基础上增加了 Mid-Layer 1 和 Mid-Layer 2 两个信号层。8 层板通常包括 1 个电源层、2 个地线层和 5 个信号层（Top Layer、Bottom Layer、Mid-Layer 1、Mid-Layer 2 和 Mid- Layer 3）。

多层板层数的设置是很灵活的，设计者可以根据实际情况进行合理的设置。各种层的设置应尽量满足以下要求：

- 元件层的下面为地线层，它提供器件屏蔽层及为顶层布线提供参考层。
- 所有信号层应尽可能与地线层相邻。

↘ 尽量避免两信号层直接相邻。

↘ 主电源应尽可能与其对应地相邻。

↘ 兼顾层结构对称。

4. 电路板层数设置

在对电路板进行设计前，可以对电路板的层数及属性进行详细设置。这里所说的层主要是指 Signal Layers（信号层）、Internal Plane Layers（电源层和地线层）和 Insulation （Substrate） Layers（绝缘层）。

【执行方式】

菜单栏：执行"Design（设计）"→"Layer Stack Manager（层叠管理器）"命令。

【操作步骤】

（1）执行此命令，系统将打开以后缀名为".PcbDoc"的文件，如图 15-20 所示。在该文件中可以增加层、删除层、移动层所处的位置及对各层的属性进行设置。

（2）该文件的中心显示了当前 PCB 图的层结构。默认设置为双层板，即只包括 Top Layer 和 Bottom Layer 两层。右击其中一个层，弹出快捷菜单，如图 15-21 所示。用户可以在快捷菜单中插入、删除或移动新的层。

（3）双击其中一层的名称可以直接修改该层的属性，对该层的名称及厚度进行设置。

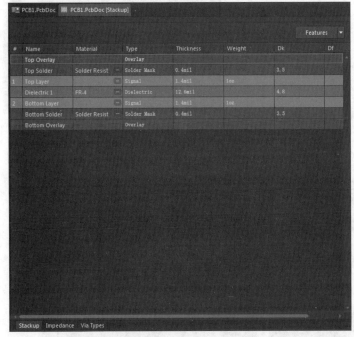

图 15-20　后缀名为".PcbDoc"的文件

图 15-21　快捷菜单

（4）在 PCB 设计中最多可添加 32 个信号层、16 个电源层和地线层。各层的显示与否可在"视图配置"对话框中进行设置，勾选各层中的"显示"复选框即可。

（5）设置层的堆叠类型。电路板的层叠结构中不仅包括拥有电气特性的信号层，还包括无电气特性的绝缘层。典型的绝缘层主要是指 Core 层（填充层）和 Prepreg 层（塑料层）。

层的堆叠类型主要是指绝缘层在电路板中的排列顺序，默认的堆叠类型包括 Layer Pairs（Core

层和 Prepreg 层自上而下间隔排列）、Internal Layer Pairs（Prepreg 层和 Core 层自上而下间隔排列）和 Build-up（顶层和底层为 Core 层，中间全部为 Prepreg 层）3 种。改变层的堆叠类型会改变 Core 层和 Prepreg 层在层栈中的分布，只有在信号完整性分析需要用到盲孔或深埋过孔时才需要进行层的堆叠类型的设置。

15.2.4　工作层面与颜色设置

PCB 编辑器采用不同的颜色显示各个电路板层，以便于区分。用户可以根据个人习惯进行设置，并且可以决定是否在编辑器内显示该层。下面通过实际操作介绍 PCB 层颜色的设置方法。

【执行方式】

快捷菜单：单击界面右下角 Panels 按钮，弹出快捷菜单，选择 View Configuration（视图配置）命令。

【操作步骤】

执行上述操作，打开 View Configuration（视图配置）面板，如图 15-22 所示。该面板包括 Layer（电路板层）颜色设置和 System Colors（系统默认设置颜色）的显示两部分。

【选项说明】

（1）设置对应层面的显示与颜色。在 Layers（层）选项组下用于设置对应层面和系统的显示颜色。

①　"显示"按钮 用于决定此层是否在 PCB 编辑器内显示。不同位置的"显示"按钮 启用/禁用层不同。

图 15-22　View Configuration（视图配置）面板

❧ 每个层组中启用或禁用一个层、多个层或所有层，如图 15-23 所示。启用/禁用了全部的 Component Layers（组件层）。

（a）　　　　　　　　　　　　（b）

图 15-23　启用/禁用了全部的组件层

❧ 启用/禁用整个层组，如图 15-24 所示。所有的 Top 层启用/禁用。

（a）　　　　　　　　　　　　（b）

图 15-24　启用/禁用 Top 层

❧ 启用/禁用每个组中的单个条目，如图 15-25 所示。突出显示的个别条目已禁用。

②　如果修改某层的颜色或系统的颜色，则单击其对应的"颜色"栏内的色条，即可在弹出的选

择颜色列表中进行修改，如图 15-26 所示。

图 15-25　启用/禁用单个条目

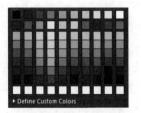

图 15-26　选择颜色列表

③ 在 Layer Sets（层设置）设置栏中，有 All Layers（所有层）、Signal Layers（信号层）、Plane Layers（平面层）、NonSignal Layers（非信号层）和 Mechanical Layers（机械层）选项，它们分别对应其上方的信号层、电源层和地层、机械层。All Layers（所有层）决定了在板层和颜色面板中显示全部的层面，还是只显示图层堆栈中设置的有效层面。一般地，为使面板简洁明了，会默认选择 All Layers（所有层），只显示有效层面，对未用层面可以忽略其颜色设置。

单击 Used On（使用的层打开）按钮，即可选中该层的"显示"按钮 ⬤ ，清除其余所有层的选中状态。

（2）显示系统的颜色。在 System Color（系统颜色）栏中可以对系统的两种类型可视格点的显示或隐藏进行设置，还可以对不同的系统对象进行设置。

15.3　参　数　设　置

本节将介绍布线区的设置及常规参数的设置。

15.3.1　PCB 布线区的设置

对布线区进行设置是为自动布局和自动布线做准备。通过执行菜单栏中的"File（文件）" →"新的"→PCB（印制电路板文件）命令或使用模板创建的 PCB 文件只有一个默认的板形，并无布线区，因此用户如果使用 Altium Designer 21 系统提供的自动布局和自动布线功能，就需要创建一个布线区。一般将工作窗口下方的 Keep-Out Layer（禁止布线层）处于当前工作窗口中。

【执行方式】

菜单栏：执行"Place（放置）"→"Keepout（禁止布线）"→"Track（线径）"命令。

【操作步骤】

执行此命令，光标变成十字形。移动光标到工作窗口，在禁止布线层上创建一个封闭的多边形。

这里使用的"禁止布线"命令与对象属性设置对话框中"使在外"复选框的作用是相同的，都表示不属于板内的对象。

完成布线区的设置后，右击或者按 Esc 键即可退出该操作。

布线区设置完毕，在进行自动布局操作时可将元件自动导入该布线区中。

动手学——集成频率合成器印制电路板规划

源文件： yuanwenjian\ch15\Learning3\集成频率合成器电路.PrjPcb

设置如图 15-27 所示集成频率合成器电路参数。

扫一扫，看视频

【操作步骤】

（1）选择菜单栏中的"File（文件）"→"新的"→"PCB（印制电路板文件）"命令，新建空白的 PCB 文件，同时进入 PCB 编辑环境中。

（2）选择菜单栏中的"File（文件）"→"另存为"命令，将新建的 PCB 文件保存为"集成频率合成器电路.PcbDoc"。

图 15-27　定义 PCB 边界

（3）单击编辑区下方 Mechanical 1（机械层）标签，选择菜单栏中的"Place（放置）"→"Line（线条）"命令，绘制一个封闭的矩形框，完成物理边界绘制。

（4）单击编辑区下方的 Keep-Out Layer（禁止布线层）标签，选择菜单栏中的"Place（放置）"→"Keepout（禁止布线）"→"Track（线径）"命令，在物理边界内部绘制适当大小矩形，作为电气边界，结果如图 15-27 所示。

15.3.2　参数设置

在"参数选择"对话框中可以对一些与 PCB 编辑窗口相关的系统参数进行设置。设置后的系统参数将用于当前工程的设计环境，并且不会随 PCB 文件的改变而改变。

【执行方式】

菜单栏：执行"Tools（工具）"→"Preferences（优先选项）"命令。

【操作步骤】

执行此命令，系统将弹出"优选项"对话框，如图 15-28 所示。

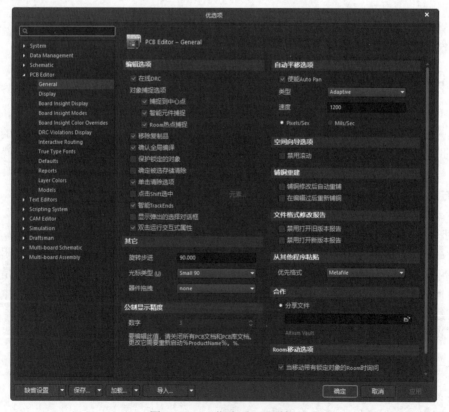

图 15-28　"优选项"对话框

【选项说明】

该对话框中需要设置的有 General（常规）、Display（显示）、Layer Colors（板层颜色）和 Defaults（默认）4 个选项。

练一练——创建 IC 卡读卡器电路 PCB 文件

导入如图 15-29 所示的 IC 卡读卡器电路 PCB 元件的封装。

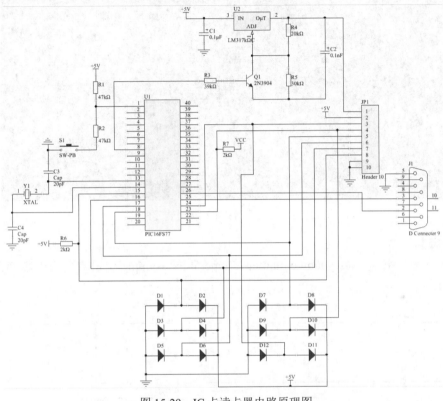

图 15-29　IC 卡读卡器电路原理图

思路点拨：

源文件：yuanwenjian\ch15\Practice2\IC 卡读卡器电路.PrjPcb

（1）打开工程与原理图文件。

（2）新建 PCB 文件并规划电路板。

（3）导入元件。

（4）设置 PCB 文件单位及图纸参数。

（5）根据导入的元件，调整线框大小。

15.4　操作实例——实用看门狗电路设计

源文件：yuanwenjian\ch15\Operation\实用看门狗电路\实用看门狗电路.PrjPcb

本实例主要练习实用看门狗电路的电路板外形尺寸规划以及实现如图 15-30 所示的封装元件的导入。

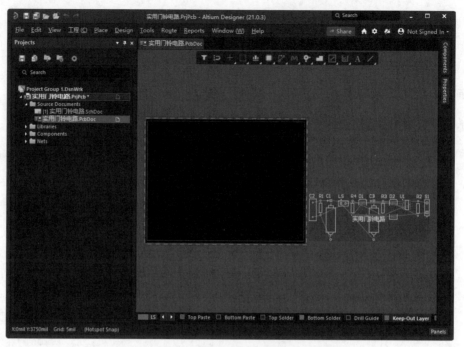

图 15-30　实用看门狗电路板封装元件导入

【操作步骤】

（1）打开下载资源包中的 yuanwenjian\ch15\Operation\example\实用看门狗电路.PrjPcb 文件，如图 15-31 所示。

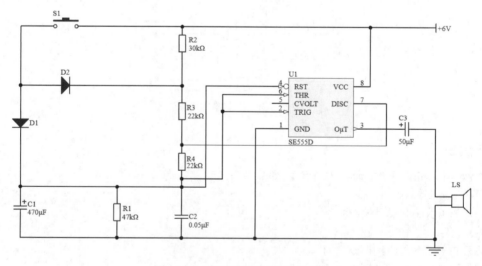

图 15-31　实用看门狗电路原理图

（2）选择菜单栏中的"文件"→"新的"→PCB 命令，新建一个 PCB 文件。选择"File（文件）"→"另存为"菜单命令，将新建的 PCB 文件保存为"实用看门狗电路.PcbDoc"。

（3）选择菜单栏中的"Design（设计）"→"Layer Stack Manager（层叠管理器）"命令，打开后缀名为".PcbDoc"的文件。在该文件中右击某一个层，弹出快捷菜单，选择 Insert layer above→Plane 命令，添加一个 Internal Plane 1（内部电源接地）层，将该工作层的名称设置为 Power，其他的可以保持默认设置。用同样的方法添加 Internal Plane 2 层，将该层名称改为 GND，如图 15-32 所示。

（4）单击编辑区下方 Mechanical 1（机械层）标签，选择菜单栏中的"Place（放置）"→"Line（线条）"菜单命令，当绘制的线组成了一个封闭的边框时，即可结束边框的绘制。右击或者按 Esc 键即可退出该操作，完成物理边界绘制。

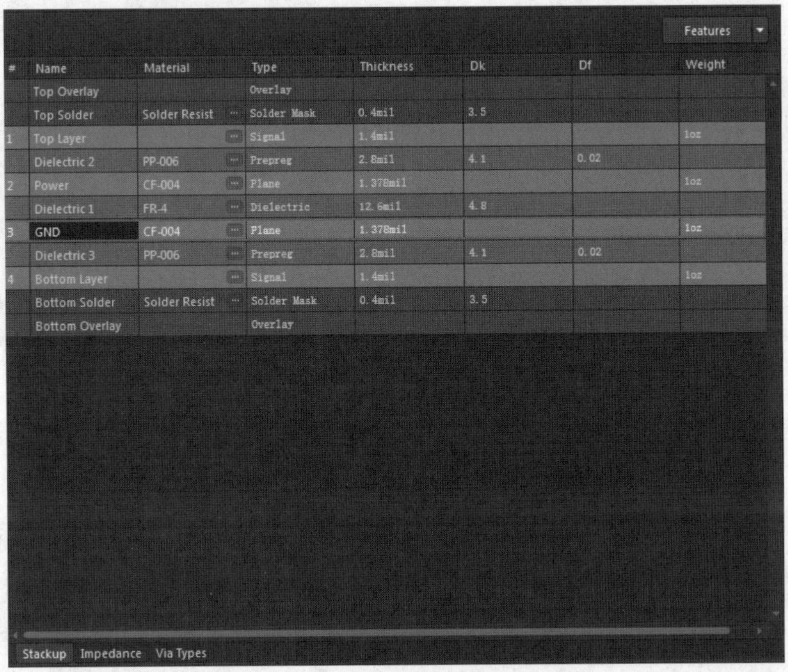

#	Name	Material	Type	Thickness	Dk	Df	Weight
	Top Overlay		Overlay				
	Top Solder	Solder Resist	Solder Mask	0.4mil	3.5		
1	Top Layer		Signal	1.4mil			1oz
	Dielectric 2	PP-006	Prepreg	2.8mil	4.1	0.02	
2	Power	CF-004	Plane	1.378mil			1oz
	Dielectric 1	FR-4	Dielectric	12.6mil	4.8		
3	GND	CF-004	Plane	1.378mil			1oz
	Dielectric 3	PP-006	Prepreg	2.8mil	4.1	0.02	
4	Bottom Layer		Signal	1.4mil			1oz
	Bottom Solder	Solder Resist	Solder Mask	0.4mil	3.5		
	Bottom Overlay		Overlay				

Stackup　Impedance　Via Types

图 15-32　后缀名为".PcbDoc"的文件

（5）单击编辑区下方 Keep-Out Layer（禁止布线层）标签，选择菜单栏中的"放置"→Keepout（禁止布线）→"Track（线径）"命令，在物理边界内部绘制适当大小矩形，作为电气边界，如图 15-33 所示。

图 15-33　绘制电气边框、定义电路板形状

（6）选择菜单栏中的"Design（设计）"→"Board Shape（板子形状）"→"Define from selected objects（按照选择对象定义）"命令，沿最外侧物理边界定义封闭矩形，作为边界外侧电路板，显示 PCB 边界重定义，如图 15-33 所示。

（7）元件布局。

① 在 PCB 编辑环境中，选择菜单栏中的"设计"→"Import Changes From 实用看门狗电

路.PrjPcb（从实用看门狗电路.PrjPcb 输入改变）"命令，系统将弹出"工程变更指令"对话框，如图 15-34 所示。

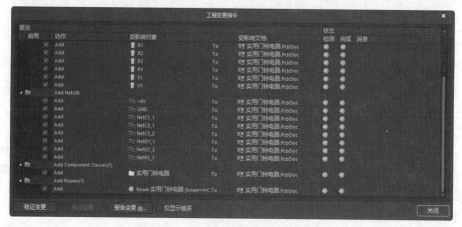

图 15-34 "工程变更指令"对话框 1

② 单击 验证变更 按钮，封装模型通过检测无误后（如图 15-35 所示），单击 执行变更 按钮，完成封装添加，如图 15-36 所示。将元件的封装载入 PCB 文件中，元件布局即可完成。

图 15-35 "工程变更指令"对话框 2

图 15-36 "工程变更指令"对话框 3

第 16 章　PCB 图的绘制

内容简介

本章我们将介绍一些在 PCB 图编辑中常用到的操作，包括在 PCB 图中放置各种元素，如走线、焊盘、过孔、文字标注等。

内容要点

❯ 电路板基本绘图
❯ 电路板标注
❯ 电路板的高级绘图

案例效果

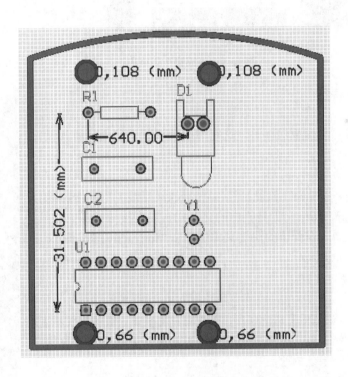

16.1　电路板基本绘图

在 Altium Designer 21 的 PCB 编辑器菜单命令的"放置"菜单中，系统提供了各种元素的绘制和放置命令，这些命令也可以在工具栏中找到，如图 16-1 所示。

本节将介绍基本导线的绘制、封装与焊盘的放置。

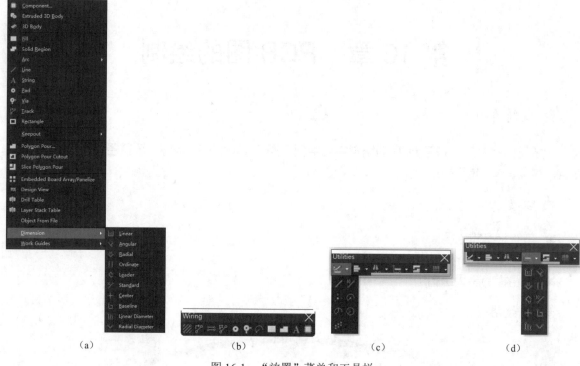

图 16-1 "放置"菜单和工具栏

16.1.1 绘制铜膜导线

在绘制导线之前，单击板层标签，选定导线要放置的层面，将其设置为当前层。

【执行方式】

图 16-2 Properties 面板

- ⬇ 菜单栏：执行"Place（放置）"→"Track（走线）"命令。
- ⬇ 工具栏：单击"布线"工具栏中的交互式布线连接按钮 ⬛。
- ⬇ 右键命令：右击，在弹出的快捷菜单中选择"Interactive Routing（交互式布线）"命令。
- ⬇ 快捷键：P 键 + T 键。

【操作步骤】

（1）执行上述操作，光标变成十字形，在指定位置单击，确定导线起点。

（2）移动光标绘制导线，在导线拐弯处单击继续绘制导线，在导线终点处再次单击，结束该导线的绘制。

（3）此时，光标仍处于十字形状态，可以继续绘制导线。绘制完成后，右击或按 Esc 键退出绘制状态。

【选项说明】

在绘制导线过程中，按 Tab 键，弹出 Properties 面板，如图 16-2 所示。在该面板中，可以设置导线宽度、所在层面、过孔直径以及过孔孔径，同时可以重新设置布线宽度规则和过孔布线规则等，将其作为绘制下一段导线的默认值。

16.1.2　绘制直线

绘制直线是指与电气属性无关的线，它的绘制方法与属性设置与前面讲的对导线的操作基本相同，只是启动绘制命令的方法不同。

【执行方式】

- 菜单栏：执行“Place（放置）”→“Line（线条）”命令。
- 工具栏：单击“应用工具”工具栏中的按钮→放置线条。
- 快捷键：P 键 + L 键。

16.1.3　放置元器件封装

在 PCB 设计过程中，有时候会因为在电路原理图中遗漏了部分元器件，而使设计达不到预期的目的。若重新设计将耗费大量的时间，在这种情况下，可以直接在 PCB 中添加遗漏的元器件封装。

【执行方式】

- 菜单栏：执行“Place（放置）”→“Component（器件）”命令。
- 工具栏：单击“布线”工具栏中的放置器件按钮。
- 快捷键：P 键 + C 键。

【操作步骤】

执行上述操作后，系统弹出 Components 面板，如图 16-3 所示。

在该面板中可以选择要放置的元器件封装，方法如下。

（1）在 Components 面板右上角单击按钮，在弹出的快捷菜单中选择 File-based Libraries Preferences 命令，则打开“可用的基于文件的库”对话框，如图 16-4 所示。

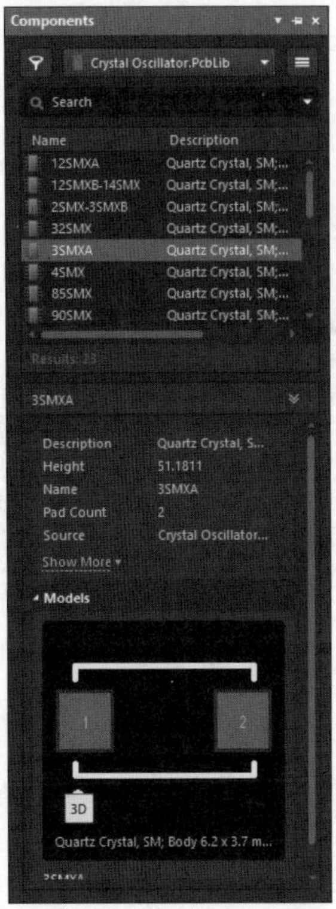

图 16-3　Components 面板

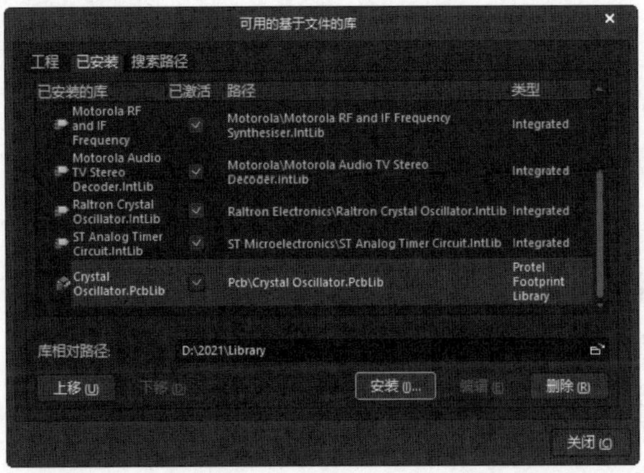

图 16-4　Available File-based Libraries 对话框

（2）单击“安装”按钮，弹出“打开”对话框，如图 16-5 所示，从中选择需要的封装库。

（3）若已知要放置的元器件封装名称，则将封装名称输入搜索栏中进行搜索即可，如果搜索不到，则在 Components 面板右上角单击按钮，在弹出的快捷菜单中选择 File-based Libraries Search（库文件搜索）命令，则打开“基于文件的库搜索”对话框，如图 16-6 所示。

图 16-5 "打开"对话框

图 16-6 "基于文件的库搜索"对话框

（4）在"搜索范围"右侧的下拉列表中选择 Footprints，然后输入要搜索的元器件封装名称进行搜索。

（5）选定后，在 Components 面板中将显示元器件封装符号和元件模型的预览，双击元器件封装符号，则元器件的封装外形将随光标移动，在图纸的合适位置，单击放置该封装。

【选项说明】

双击放置完成的元器件封装，或者在放置状态下，按 Tab 键，系统弹出 Properties 面板，在该面板中可设置元器件的属性，如图 16-7 所示。

该面板中部分参数的意义如下。

➜ （X/Y）（位置）：用于设置元器件的位置坐标。

➜ Rotation（旋转）：用于设置元器件放置时旋转的角度。

➜ Layer（层）：用于设置元器件放置的层面。

➜ Type（类型）：用于设置元器件的类型。

➜ Height（高度）：用于设置元器件的高度，作为 PCB 3D 仿真的参考。

动手学——集成频率合成器电路放置器件

扫一扫，看视频

源文件：yuanwenjian\ch16\Learning1\集成频率合成器电路.PrjPcb
本实例在集成频率合成器的电路放置器件，如图 16-8 所示。

【操作步骤】

（1）打开下载资源包中的 yuanwenjian\ch16\Learning1\example\集成频率合成器电路.PrjPcb 文件。

（2）选择菜单栏中的"Place（放置）"→"Component（器件）"命令，弹出 Components（元件）面板。在"库"列表栏中选择 Miscellaneous Devices .PcbLib（通用元件库），在元件详细列表中选择 AXIAL-0.4（电阻封装符号），如图 16-9 所示。

（3）双击 AXIAL-0.4，在图纸中显示带十字光标浮动的电阻封装符号，在图纸内部空白处单击，放置封装，则光标上继续显示浮动的元件符号，右击结束元件放置。

图 16-7 Properties 面板

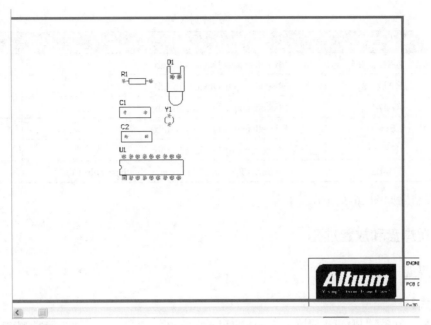

图 16-8　放置器件

（4）双击电阻封装符号，打开 Properties（属性）面板，在 Designator（标识符）文本框中输入 R1，如图 16-10 所示。使用同样的方法继续选择其余封装类型，完成元件放置，元件封装列表如表 16-1。

图 16-9　Components 面板

图 16-10　Properties 面板

表 16-1　元件封装列表

位　号	封　装	封　装　库	元 件 名 称
R1	AXIAL-0.4	Miscellaneous Devices.IntLib	电阻
C1	RAD-0.3	Miscellaneous Devices.IntLib	电容
C2	RAD-0.3	Miscellaneous Devices.IntLib	电容
D1	LED-0	Miscellaneous Devices.IntLib	二极管
Y1	R38	Miscellaneous Devices.IntLib	晶振体
U1	710-02	Motorola RF and IF Frequency Synthesiser.IntLib	集成芯片

元件放置结果如图 16-8 所示。

16.1.4　放置焊盘和放置过孔

1．放置焊盘

【执行方式】

➥ 菜单栏：执行"Place（放置）"→"Pad（焊盘）"命令。

➥ 工具栏：单击"布线"工具栏中的放置焊盘按钮◉。

➥ 快捷键：P 键 + P 键。

【操作步骤】

执行上述操作后，光标将变成十字形并带有一个焊盘图形。移动光标到合适位置，单击即可在图纸上放置焊盘。此时系统仍处于放置焊盘状态，可以继续放置。放置完成后，单击即可退出。

【选项说明】

在焊盘放置状态下按 Tab 键，或者双击放置好的焊盘，打开 Properties 面板，如图 16-11 所示。

在该面板中，关于焊盘的主要属性设置如下。

（1）Properties（属性）选项组：设置焊盘属性。

➥ Designator（标识）：设置焊盘标号。

➥ Layer（层）：设置焊盘所在层面。对于插式焊盘，应选择 Multi-Layer；对于表面贴片式焊盘，应根据焊盘所在层面选择 Top-Layer 或 Bottom-Layer。

➥ Electrical Type（电气类型）：设置电气类型，有 3 个选项可选：Load（负载点）、Terminator（终止点）和 Source（源点）。

➥ Pin Package Length（管脚包长度）：设置管脚长度。

➥ Jumper（跳线）：设置跳线尺寸。

➥ (X/Y)（位置）：设置焊盘中心点的 X/Y 坐标。

➥ Rotation（旋转）：设置焊盘旋转角度。

（2）Pad Stack（垫栈）选项组：设置焊盘的形状和孔。

图 16-11　Properties 面板

➥ Simple（简单的）选项卡：若选中该选项卡，则 PCB 图中所有层面的焊盘都采用同样的形状。焊盘有 4 种形状供选择：Rounded Rectangle（圆角矩形）、Round（圆形）、Rectangular（矩形）和 Octagonal（八角形），如图 16-12 所示。

（a）圆角矩形　　　　　（b）圆形　　　　　（c）矩形　　　　　（d）八角形

图 16-12　焊盘形状

> Top-Middle-Bottom（顶层—中间层—底层）选项卡：如果选中该选项卡，则顶层、中间层和底层使用不同形状的焊盘。

> Full Stack（完成堆栈）选项卡：此选项卡与 Top-Middle-Bottom（顶层—中间层—底层）选项卡设置类似，这里不再赘述。

> Round（圆形）：通孔形状设置为圆形，如图 16-13 所示。

> Rect（正方形）：通孔形状为正方形，如图 16-14 所示，同时添加参数设置"旋转"，设置正方形放置角度，默认为 0°。

> Slot（槽）：通孔形状为槽形，如图 16-15 所示，同时添加参数设置"长度""旋转"，设置槽大小，"长度"为 10，"旋转"角度为 0°。

图 16-13　圆形通孔 　　　图 16-14　正方形通孔 　　　图 16-15　槽形通孔

> Tolerance：设置尺寸公差。

2. 放置过孔

过孔主要用来连接不同板层之间的布线。一般情况下，在布线过程中，换层时系统会自动放置过孔，用户也可以自己放置。

【执行方式】

> 菜单栏：执行"Place（放置）"→"Via（过孔）"命令。

> 工具栏：单击"布线"工具栏中的放置过孔按钮 。

> 快捷键：P 键+V 键。

【操作步骤】

执行上述操作后，光标将变成十字形并带有一个过孔图形。移动光标到合适位置，单击即可在图纸上放置过孔。此时系统仍处于放置过孔状态，可以继续放置。放置完成后，右击退出。

【选项说明】

在过孔放置状态下按 Tab 键，或者双击放置好的过孔，打开 Properties 面板，在该面板中可设置过孔的属性，如图 16-16 所示。

过孔部分选项功能如下：

> Diameter（过孔外径）选项：这里的过孔外径设置为 50mil。

> （X/Y）选项：这里的过孔作为安装孔使用，过孔的位置将根据需要确定。通常安装孔放置在电路板的 4 个角上。

图 16-16　Properties 面板

动手学——集成频率合成器印制板电路放置焊盘

源文件：yuanwenjian\ch16\Learning2\集成频率合成器电路.PrjPcb

本实例在如图 16-17 所示的集成频率合成器印制板电路放置焊盘。

【操作步骤】

（1）打开下载资源包中的 yuanwenjian\ch16\Learning2\example\集成频率合成器电路.PrjPcb 文件。

（2）选择菜单栏中的"Place（放置）"→"Pad（焊盘）"命令，在器件四周空白处单击，放置 4 个焊盘点，结果如图 16-18 所示。

（3）双击焊盘弹出 Properties（属性）面板，"通孔尺寸"设置为 3mm，如图 16-19 所示，按 Enter 键完成一个焊盘的设置。用同样的方法设置其余焊盘通孔尺寸均为 3mm，最终结果如图 16-19 所示。

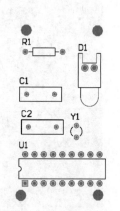

图 16-17　焊盘放置结果

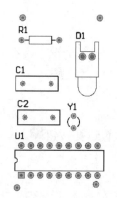

图 16-18　放置 4 个焊盘点

图 16-19　Properties 面板

16.2　电路板标注

电路板在绘制完成后，为方便读者理解会添加注释性语言。另外，通过尺寸标注还可以对电路板绘制结果进行检测。

16.2.1　放置文字

文字标注主要是用来解释说明 PCB 图中的一些元素。

【执行方式】

- 菜单栏：执行"Place（放置）"→"String（字符串）"命令。
- 工具栏：单击"布线"工具栏中的放置字符串按钮 🅰。
- 快捷键：P 键 + S 键。

【操作步骤】

执行上述操作后，光标将变成十字形并带有一个字符串虚影，移动光标到图纸中需要文字标注的位置，单击放置字符串。此时系统仍处于放置字符串状态，可以继续放置字符串。放置完成后，右击即可退出。

【选项说明】

在放置状态下按 Tab 键，或者双击放置完成的字符串，系统弹出字符串属性设置面板可以设置字符串的属性，如图 16-20 所示。

- Text Height（文本高度）：用于设置字符串高度。
- Rotation（旋转）：用于设置字符串的旋转角度。
- （X/Y）（位置）：用于设置字符串的位置坐标。
- Text（文本）输入框：用于设置文字标注的内容，可以自定义输入。
- Layer（层）：用于设置文字标注所在的层面。
- Font（字体）：用于设置字体。在下拉列表中选择需要的字体。

动手学——集成频率合成器印制板电路标注

源文件：yuanwenjian\ch16\Learning3\集成频率合成器电路.PrjPcb
本实例在集成频率合成器印制板电路中标注，如图 16-21 所示。

【操作步骤】

（1）打开下载资源包中的 yuanwenjian\ch16\Learning3\example\集成频率合成器电路.PrjPcb 文件。

（2）选择菜单栏中的"Place（放置）"→"String（字符串）"命令，在图中显示浮动的字符串，如图 16-22 所示。

图 16-20　设置字符串属性

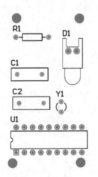

PCB boundary coincides with centre-line of tracks and arc

图 16-21　放置字符

图 16-22　显示浮动的字符串

（3）按 Tab 键，弹出 Properties（属性）面板，如图 16-23 所示。在 Text（文本）文本框中输入 PCB boundary coincides with centre-line of tracks and arc，其余参数选择默认。

（4）在器件下方空白处单击，放置字符串，右击即可结束操作，如图 16-21 所示。

16.2.2 放置坐标原点

在 PCB 编辑环境中，系统提供了坐标系，它是以图纸的左下角为坐标原点的，用户可以根据需要建立相应的坐标系。

【执行方式】

➥ 菜单栏：执行 "Edit（编辑）" → "Origin（原点）" → "Set（设置）" 命令。

➥ 工具栏：单击 "应用工具" 工具栏按钮，选择设置原点按钮。

➥ 快捷键：E 键 +O 键 +S 键。

【操作步骤】

执行上述操作后，光标将变成十字形。将光标移到要设置成原点的点处，单击即可。若要恢复到原来的坐标系，选择菜单栏中的 "Edit（编辑）" → "Origin（原点）" → "Reset（复位）" 命令。

图 16-23　Properties 面板

16.2.3 放置尺寸标注

在 PCB 设计过程中，系统提供了多种尺寸标注命令，用户可以使用这些命令，在电路板上进行一些尺寸标注。

【执行方式】

➥ 菜单栏：执行 "Place（放置）" → "Dimension（尺寸）" 命令。

➥ 工具栏：单击 "应用工具" 工具栏中的放置尺寸按钮。

【操作步骤】

执行上述操作，系统将弹出尺寸标注菜单，如图 16-24 所示。选择执行菜单中的一个命令。

图 16-24　尺寸标注
命令菜单

1. 线性尺寸：放置直线尺寸标注

（1）启动该命令后，移动光标到指定位置，单击即可确定标注的起始点。
（2）移动光标到另一个位置，再次单击即可确定标注的终止点。
（3）继续移动光标，可以调整标注的放置位置，在合适的位置单击完成一次标注。
（4）此时仍可继续放置尺寸标注，也可右击退出放置状态。

2. 角度：放置角度尺寸标注

（1）启动该命令后，移动光标到要标注角的顶点或一条边上，单击即可确定标注第一个点。
（2）移动光标，在同一条边上距第一点稍远处，单击即可确定标注的第二点。
（3）移动光标到另一条边上，单击即可确定第三点。
（4）移动光标，在第二条边上距第三点稍远处单击，此时标注的角度确定，移动光标可以调整放置位置，在合适的位置单击完成一次标注。

（5）可以继续放置尺寸标注，也可右击退出放置状态。

3. 径向：放置径向尺寸标注

（1）启动该命令后，移动光标到圆或圆弧的圆周上单击，则半径尺寸被确定。

（2）移动光标，调整放置位置，在合适的位置单击完成一次标注。

（3）可以继续放置尺寸标注，也可右击退出放置状态。

4. 引线：放置引线标注

前导标注主要用来提供对某些对象的提示信息。

（1）启动该命令后，移动光标至需要标注的对象附近，单击确定前导标注箭头的位置。

（2）移动光标调整标注线的长度，单击确定标注线的转折点，继续移动光标并单击，完成放置。

（3）右击退出放置状态。

5. 数据：放置基准标注

数据标注用来标注多个对象间的线性距离，用户使用该命令可以实现对两个或两个以上的对象的距离标注。

（1）启动该命令后，移动光标到需要标注的第一个对象上，单击确定基准点位置，此位置的标注值为 0。

（2）移动光标到第二个对象上，单击确定第二个参考点。

（3）继续移动光标到下一个对象，单击确定对象的参考点，以此类推。

（4）选择完所有对象后右击，停止选择对象。移动光标调整标注放置的位置，在合适位置右击，完成放置。

6. 基线：放置基线尺寸标注

（1）启动该命令后，移动光标到基线位置。单击确定标注基准点。

（2）移动光标到下一个位置，单击确定第二个参考点，该点的标注被确定，移动光标可以调整标注位置，在合适位置单击确定标注位置。

（3）移动光标到下一个位置，按照上面的方法继续标注。标注完所有的参考点后右击退出。

7. 中心：放置中心尺寸标注

中心尺寸标注用来标注圆或圆弧的中心位置，标注后，在中心位置上会出现一个十字标记。

（1）启动该命令后，移动光标到需要标注的圆或圆弧的圆周上单击，光标将自动跳到圆或圆弧的圆心位置，并出现一个十字标记。

（2）移动光标调整十字标记的大小，在合适大小时，单击确定。

（3）可以继续选择标注其他圆或圆弧，也可以右击退出。

8. **直径：放置直线式直径尺寸标注**

（1）启动该命令后，移动光标到圆的圆周上单击确定直径标注的尺寸。

（2）移动光标调整标注放置位置，在合适的位置再次单击，完成标注。

（3）此时，系统仍处于标注状态，可以继续标注，也可以右击退出。

9. **半径：放置射线式直径尺寸标注**

标注方法与前面所讲的放置直线式直径尺寸标注方法基本相同。

10. **尺寸：放置尺寸标注**

（1）启动该命令后，移动光标到指定位置，单击确定标注的起始点。

（2）移动光标可到另一个位置，再次单击确定标注的终止点。

（3）继续移动光标，可以调整标注的放置位置，可 360° 旋转，在合适位置单击完成一次标注。

（4）此时仍可继续放置尺寸标注，也可右击退出放置状态。

【选项说明】

各种尺寸标注的属性设置大体相同，这里只介绍其中的一种。双击放置的线性尺寸标注，系统弹出 Properties 面板，可设置尺寸标注，如图 16-25 所示。

扫一扫，看视频

动手学——集成频率合成器印制板电路标注尺寸

源文件：yuanwenjian\ch16\Learning5\集成频率合成器电路.PrjPcb
本实例在如图 16-26 所示的集成频率合成器印制板电路中添加标注尺寸。

图 16-25　Properties 面板

【操作步骤】

（1）打开下载资源包中的 yuanwenjian\ch16\Learning5\example\集成频率合成器电路.PrjPcb 文件。

（2）选择菜单栏中的"Place（放置）"→"Dimension（尺寸）"→"Linear（线性尺寸）"命令，在图纸中选择封装模型焊点，标注水平尺寸，结果如图 16-27 所示。

（3）选择菜单栏中的"Place（放置）"→"Dimension（尺寸）"→"Standard（尺寸）"命令，在图纸中选择电阻与集成芯片封装模型焊点，标注竖直尺寸，结果如图 16-28 所示。

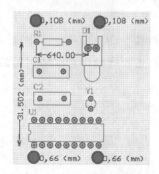

图 16-26　绘制完导线的原理图

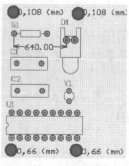

图 16-27　标注水平尺寸

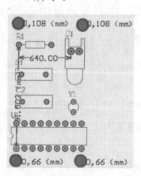

图 16-28　导线连接元件

电路指南——调整尺寸

选中竖直尺寸，向左拖动，避免压线，如图 16-26 所示。

16.3　电路板的高级绘图

电路板的高级绘图包括圆弧、圆的绘制，用于绘制特殊形状的电路板边界；另外还介绍了填充区域与 3D 体的放置。

16.3.1　绘制圆弧

1. 中心法绘制圆弧

【执行方式】

➘ 菜单栏：执行"Place（放置）"→"Arc（圆弧）"→"Arc（Center）圆弧（中心）"命令。

➘ 工具栏：单击"应用工具"工具栏中的"应用工具"按钮，下拉菜单中的 (从中心放置圆弧) 按钮。

➘ 快捷键：P 键 + A 键。

【操作步骤】

（1）执行上述操作后，光标变成十字形。移动光标，在合适位置单击，确定圆弧中心。

（2）移动光标，调整圆弧的半径大小，在合适大小时，单击确定。

（3）继续移动光标，在合适位置单击确定圆弧起点位置。

（4）此时，光标自动跳到圆弧的另一端点处，移动光标，调整端点位置，单击确定。

（5）可以继续绘制下一个圆弧，也可右击退出。

【选项说明】

（1）在绘制圆弧状态下按 Tab 键，或者单击绘制完成的圆弧，打开 Properties 面板，如图 16-29 所示。

（2）在该面板中，可以设置圆弧的 X/Y（中心位置坐标）、Start Angle（起始角度）、End Angle（终止角度）、Width（宽度）、Radius（半径），以及圆弧所在的层面、所属的网络等参数。

2. 边沿法绘制圆弧

【执行方式】

➘ 菜单栏：执行"Place（放置）"→"Arc（圆弧）"→"Arc （Edge）圆弧（边沿）"命令。

➘ 快捷键：P 键 + E 键。

【操作步骤】

（1）执行上述操作后，光标变成十字形。移动光标到合适位置单击，确定圆弧的起点。

（2）移动光标，再次单击确定圆弧的终点，一段圆弧绘制完成。

图 16-29　Properties 面板

（3）可以继续绘制圆弧，也可以右击退出。

【选项说明】

设置方法同中心法绘制圆弧。采用此方法绘制出的圆弧都是 90°圆弧，用户可以通过设置属性改变其弧度值。

3. 绘制任何角度的圆弧

【执行方式】

➡ 菜单栏：执行"Place（放置）"→"Arc（圆弧）"→"Arc（Any Angle）圆弧（任意角度）"命令。

➡ 工具栏：单击"应用工具"工具栏中 ▦ 按钮选择通过边沿放置圆弧（任意角度）按钮 ⦿。

➡ 快捷键：P 键 ＋ N 键。

【操作步骤】

（1）执行上述操作后，光标变成十字形。移动光标到合适位置单击，确定圆弧起点。

（2）拖动光标，调整圆弧半径大小，在合适大小时，再次单击确定。

（3）此时，光标会自动跳到圆弧的另一端点处，移动光标，在合适位置单击，确定圆弧的终止点。

（4）可以继续绘制下一个圆弧，也可右击退出。

【选项说明】

设置方法同中心法绘制圆弧，可以通过设置属性改变其弧度值。

动手学——集成频率合成器印制板电路绘制边界

源文件：yuanwenjian\ch16\Learning6\集成频率合成器电路.PrjPcb
本实例在集成频率合成器印制板电路绘制边界，如图 16-30 所示。

【操作步骤】

（1）打开下载资源包中的 yuanwenjian\ch16\Learning6\example\集成频率合成器电路.PrjPcb 文件。由于设定的电路模板边界过大，与器件不匹配，因此根据图纸中器件布局位置，绘制适当大小的边界。

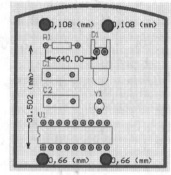

图 16-30　设置完成的边界

（2）选择菜单栏中的"Place（放置）"→"Line（线条）"命令，在焊盘外侧左、右、下侧绘制三条相连的直线，如图 16-31 所示。

（3）选择菜单栏中的"Place（放置）"→"Arc（圆弧）"→"Arc （Edge）圆弧（边沿）"命令，首先单击捕捉右侧直线顶点，再单击捕捉左侧直线顶点，绘制圆弧，结果如图 16-32 所示。

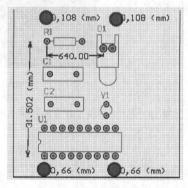

图 16-31　绘制直线边界

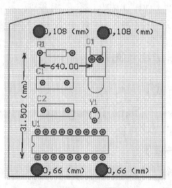

图 16-32　绘制圆弧

（4）单击选中圆弧，向内侧拉伸，调整圆弧大小，如图 16-33 所示。

（5）双击绘制的边界线，弹出 Properties（属性）面板，设置线宽为 1mm，如图 16-34 所示。按 Enter 键，完成设置。继续双击设置其余线宽，结果如图 16-30 所示。

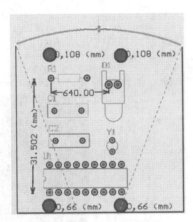

图 16-33 调整圆弧大小

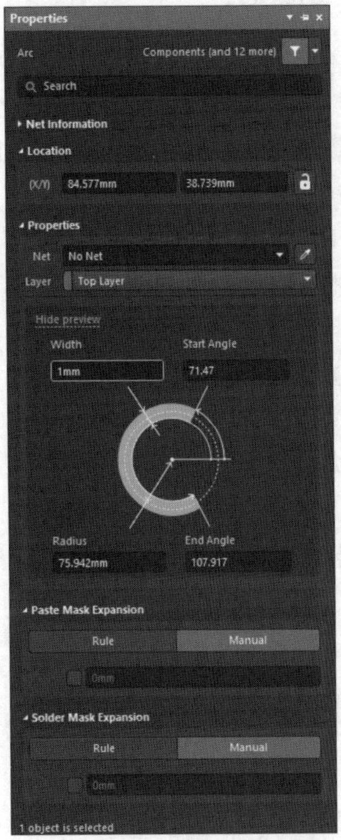

图 16-34 Properties 面板

知识链接——放置元件命令

圆弧线宽设置采用同样的方法，双击弹出 Properties 面板，输入线宽值为 1mm，如图 16-35 所示。

16.3.2 绘制圆

【执行方式】

 菜单栏：执行"放置"→"圆弧"→"圆"命令。

 工具栏：单击"应用工具"工具栏中 按钮选择（放置圆）
按钮。

 快捷键：P 键 + U 键。

【操作步骤】

执行上述操作后，光标变成十字形。移动光标到合适位置单击，确定圆的圆心位置。此时光标自动跳到圆周上，移动光标可以改变半径大小，再次单击确定半径大小，一个圆绘制完成。可以继续绘制，也可右击退出。

图 16-35 Properties 面板

16.3.3 放置填充区域

1. 放置矩形填充

【执行方式】

➤ 菜单栏：执行"Place（放置）"→"Fill（填充）"命令。

➤ 工具栏：单击"布线"工具栏中的放置填充■按钮。

➤ 快捷键：P 键 + F 键。

【操作步骤】

执行上述操作后，光标将变成十字形。移动光标到合适位置单击，确定矩形填充的一角。移动光标，调整矩形的大小，在合适大小时，再次单击确定矩形填充的对角，一个矩形填充完成。可以继续放置，也可以右击退出。

【选项说明】

在放置状态下按 Tab 键，或者单击放置完成的矩形填充，打开 Properties 面板，如图 16-35 所示。

在该面板中，可以设置矩形填充的坐标、旋转角度、填充所在的层面以及所属网络等参数。

2. 放置多边形填充

【执行方式】

➤ 菜单栏：执行"Place（放置）"→"Solid Region（实心区域）"命令。

➤ 快捷键：P 键 + R 键。

【操作步骤】

（1）执行上述操作后，光标变成十字形。移动光标到合适位置，单击确定多边形的第一条边上的起点。

（2）移动光标，单击确定多边形第一条边的终点，同时也作为第二条边的起点。

（3）依次下去，直到最后一条边，单击退出该多边形的放置。

（4）可以继续绘制其他多边形填充，也可以右击退出。

【选项说明】

在放置状态下按 Tab 键，或者单击放置完成的多边形填充，打开 Properties 面板可设置多边形填充属性，如图 16-36 所示。

在该面板中，可以设置多边形填充所在的层面和所属网络等参数。

图 16-36　Properties 面板

16.3.4 放置 3D 体

【执行方式】

菜单栏：执行"Place（放置）"→"Extruded 3D Body（3D 元件体）"命令。

【操作步骤】

执行此命令后，弹出如图 16-37 所示的 Properties 面板，加载绘制完成的 3D 模型，光标变为十字形，同时附着模型符号，在编辑区单击放置模型，如图 16-38 所示。

图 16-37   Properties 面板

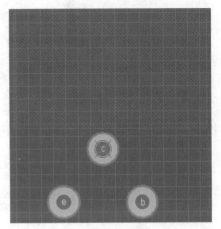

图 16-38   放置 3D 体

【选项说明】

在 3D Model Type（3D 模型类型）选项组下选择 Generic（通用）选项卡，在 Source 选项组下选择 Embed Model（嵌入的）选项卡，单击选择 Choose... 按钮，弹出 Choose Model（选择模型）对话框，选择 1-3D.step 文件，单击打开 打开(0) 按钮，完成该模型的加载，如图 16-39 所示。

图 16-39   Choose Model 对话框

📋 **知识拓展：**

在键盘中输入 3，切换到三维界面，按住 Shift 键 + 鼠标右键，可旋转视图中的对象，将模型旋转到适当位置，如图 16-40 所示。

图 16-40　显示 3D 体三维模型

练一练——看门狗电路封装放置

在电路板中放置看门狗电路封装元件，如图 16-41 所示。

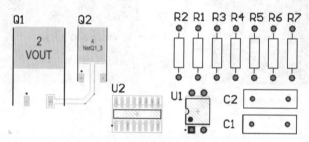

图 16-41　看门狗电路封装元件

 思路点拨：

源文件：yuanwenjian\ch16\Practice1\看门狗电路.PrjPcb
利用"放置器件"命令，对照原理图放置看门狗电路封装元件。

第 17 章 布局操作

内容简介

本章主要介绍 PCB 的布局操作，它是整个电路设计中的重要部分。合理的布局对布线有很大的帮助，使其在符合设置规则的基础上更加美观，只有如此才能完成基本的 PCB 设计。同时希望读者能多加练习，熟练掌握 PCB 的布局操作。

内容要点

- ↘ 元器件的自动布局
- ↘ 手工布局
- ↘ 3D 效果图
- ↘ 网络密度分析
- ↘ 电动车报警电路布局设计

案例效果

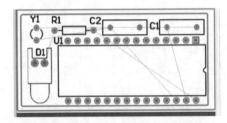

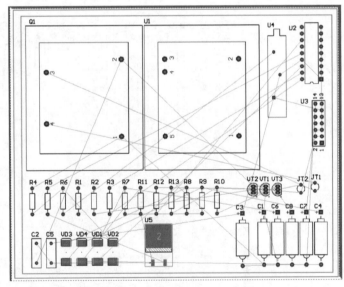

17.1　元器件的自动布局

网络报表导入后，所有元器件的封装已经加载到 PCB 上，此时，需要对这些封装进行布局。合理的布局是 PCB 布线的关键。若单面板元器件布局不合理，将无法完成布线操作；若双面板元器件布局不合理，布线时会放置很多过孔，使电路板导线变得非常复杂。

Altium Designer 21 提供了两种元器件布局的方法：一种是自动布局；另一种是手工布局。这两种方法各有优劣，读者应根据不同的电路设计需要选择合适的布局方法。

17.1.1 排列 Room 内的元件

在 PCB 中，导入原理图封装信息，每一个原理图对应一个同名的自定义创建的 Room 区域，将该原理图中的封装元件放置在该区域中。

在对封装元件进行布局过程中，可自定义所有的 Room 属性进行布局，也可按照每一个 Room 区域字形进行布局。

将电路板外的 Room 区域内的封装拖动到电路板内，如发现不合适，需要进行调整，操作步骤如下。

【执行方式】

菜单栏：执行"Tools（工具）"→"Component Placement（器件摆放）"→"Arrange Within Room（按照 Room 排列）"命令。

【操作步骤】

执行此命令，系统自动将选中元件在该 Room 中排列。

动手学——总线与地址译码印制板电路布局

源文件：yuanwenjian\ch17\Learning1\ISA Bus and Address Decoding.PrjPcb
本实例布置如图 17-1 所示的总线与地址译码印制板电路。

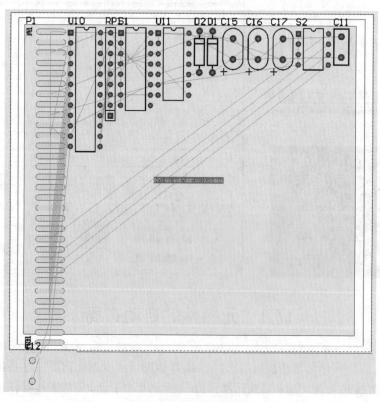

图 17-1 元件排列结果

【操作步骤】

（1）打开下载资源包中的 yuanwenjian\ch17\Learning1\example\ISA Bus and Address Decoding. PrjPcb 文件。

（2）选中电路中的 Room 区域，向外拖动光标，如图 17-2 所示，调整 Room 区域大小，匹配电路板边界，结果如图 17-3 所示。

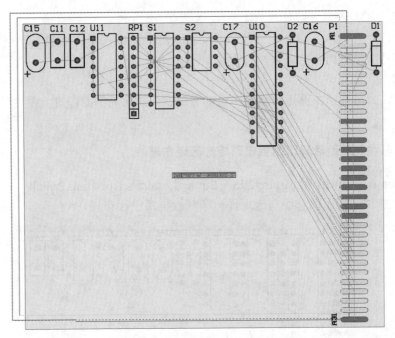

图 17-2　调整前的 Room 区域

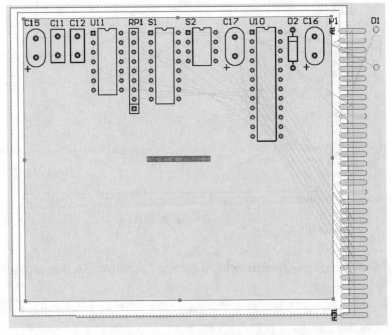

图 17-3　调整后的 Room 区域

（3）选择菜单栏中的"Tools（工具）"→"Component Placement（器件摆放）"→"Arrange Within Room（按照 Room 排列）"命令，在工作区选中调整好大小的 Room 区域，系统自动将选中元件在该 Room 中排列，如图 17-1 所示。

17.1.2 元件在矩形区域内的自动布局

【执行方式】

菜单栏：执行"Tools（工具）"→"Component Placement（器件摆放）"→"Arrange Within Rectangle（在矩形区域排列）"命令。

【操作步骤】

执行此命令，即可开始在选择的矩形中自动布局。自动布局需要经过大量的计算，因此需要耗费一定的时间。

扫一扫，看视频

动手学——总线与地址译码印制板电路矩形区域布局

源文件： yuanwenjian\ch17\Learning2\ISA Bus and Address Decoding.PrjPcb

本实例对如图 17-4 所示的总线与地址译码印制板电路进行布局。

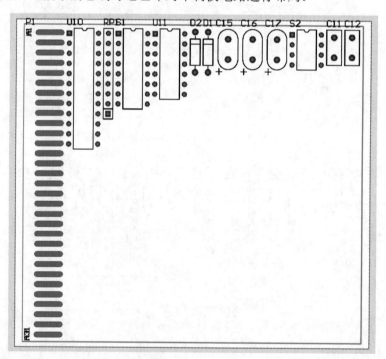

图 17-4　放置元件的位置

【操作步骤】

（1）打开下载资源包中的 yuanwenjian\ch17\Learning2\example\ISA Bus and Address Decoding.PrjPcb 文件。

（2）选中要布局的元件，选择菜单栏中的"Tools（工具）"→"Component Placement（器件摆放）"→"Arrange Within Rectangle（在矩形区域排列）"命令，光标变为十字形，在编辑区绘制矩形区域，如图 17-5 所示，即可开始在选择的矩形中自动布局。

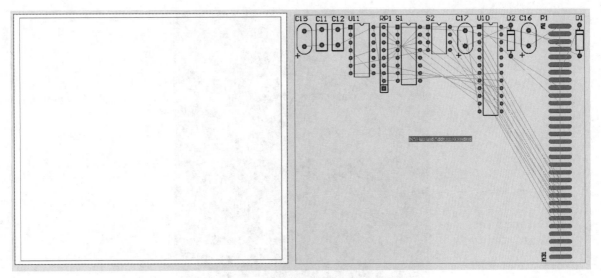

图 17-5　自动布局前的 PCB 图

　　元件在自动布局后不再按照种类排列在一起。各种元件将按照自动布局的类型选择，初步分成若干组分布在 PCB 中，同一组的元件之间用导线建立连接将更加容易。

　　但是，自动布局结果并不是完美的，还存在很多不合理的地方，因此需要对自动布局进行调整。

17.1.3　排列板子外的元件

　　在大规模的电路设计中，自动布局涉及大量计算，执行起来要花费很长的时间。用户可以进行分组布局，为防止元件过多影响排列，可将局部元件排列到板子外，先排列板子内的元件，最后排列板子外的元件。

　　只有选中需要排列到外部的元件才可以执行布局操作。

　　【执行方式】

　　菜单栏：执行"Tools（工具）"→"Component Placement（器件摆放）"→"Arrange Outside Board（排列板子外的器件）"命令。

　　【操作步骤】

　　执行此命令，系统会自动将选中的元件放置到板子边框外侧。

　　动手学——总线与地址译码印制板电路板外布局

　　源文件：yuanwenjian\ch17\Learning3\ISA Bus and Address Decoding.PrjPcb

　　本实例对总线与地址译码电路封装进行板外布局，如图 17-6 所示。

　　【操作步骤】

　　（1）打开下载资源包中的 yuanwenjian\ch17\Learning3\example\ISA Bus and Address Decoding. PrjPcb 文件。

　　（2）选择菜单栏中的"Tools（工具）"→"Component Placement（器件摆放）"→"Arrange Outside Board（排列板子外的器件）"命令，系统会自动将选中的元件放置到板子边框外侧，如图 17-6 所示。

扫一扫，看视频

图 17-6　排列元件

扫一扫，看视频

练一练——IC 卡读卡器电路 PCB 布局

对如图 17-7 所示的 IC 卡读卡器电路 PCB 元件的封装进行布局。

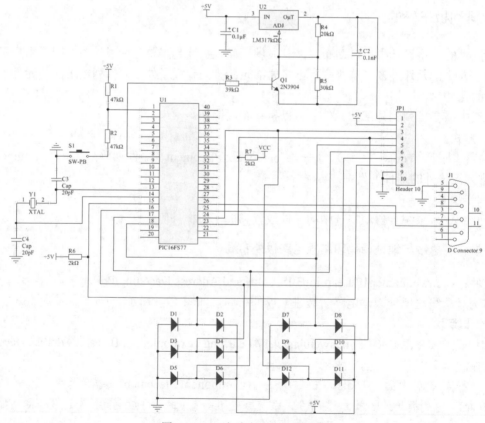

图 17-7　IC 卡读卡器电路原理图

思路点拨：

17.2 手工布局

在系统自动布局后，还需要手工对元器件布局进行调整。

1. 调整元器件位置

手工调整元器件的布局时，需要移动元器件，其方法在 PCB 编辑器的编辑功能中讲过。

2. 排列相同元器件

在 PCB 上，经常把相同的元器件排列放置在一起，如电阻、电容等。如果 PCB 上这类元器件较多，依次单独调整很麻烦，我们可以采用各种技巧。

（1）查找相似元器件。

【执行方式】

菜单栏：执行"Edit（编辑）"→"Find Similar Objects（查找相似对象）"命令。

【操作步骤】

执行此命令，光标变成十字形，在 PCB 图纸上单击鼠标左键选取一个对象，系统弹出"查找相似对象"对话框，如图 17-8 所示。在该对话框中的 Footprint（封装）栏中选择 Same（相似）项，单击 应用(A) 按钮，再单击 确定 按钮，此时，PCB 图中所有电容都处于被选取状态。

（2）自动排布。

【执行方式】

菜单栏：执行"Tools（工具）"→"Component Placement（器件摆放）"→"Arrange Outside Board（排列板子外的器件）"命令。

【操作步骤】

执行此命令，所有电容自动排列到 PCB 外。

（3）矩形排布。

【执行方式】

菜单栏：执行"Tools（工具）"→"Component Placement（器件摆放）"→"Arrange Within Rectangle（在矩形区域排列）"命令。

【操作步骤】

执行此命令，光标变成十字形，在 PCB 外单击，绘制出一个矩形，此时所有的电容都自动排列

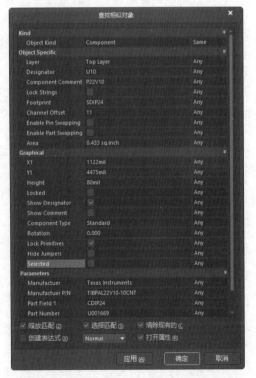

图 17-8 "查找相似对象"对话框

到该矩形区域内。

（4）取消屏蔽。

【执行方式】

工具栏：单击"PCB 标准"工具栏中的清除当前过滤器按钮 ▼。

【操作步骤】

执行此命令，取消电容的屏蔽选择状态，对其他元器件进行操作，将 PCB 外面的元器件移到 PCB 内。

扫一扫，看视频

动手学——集成频率合成器印制板电路手工布局

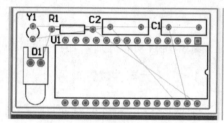

图 17-9　定义电路板形状

源文件：yuanwenjian\ch17\Learning4\集成频率合成器印制板电路.PrjPcb

本实例对如图 17-9 所示的集成频率合成器印制板电路进行手工布局。

【操作步骤】

（1）打开下载资源包中的 yuanwenjian\ch17\Learning4\example\集成频率合成器电路.PrjPcb 文件。

（2）选中带有电路名称的网络，按 Delete 键，删除电路网络，即可对网络中的封装模型进行手工布局，如图 17-10 所示。

（3）选中 U1，光标变为十字形，按 Space 键，90° 翻转元件，在右下角单击，放置元件，如图 17-11 所示。

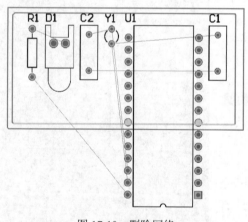

图 17-10　删除网络

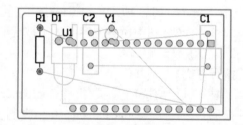

图 17-11　放置 U1

（4）用同样的方法，旋转放置 C1、C2 和 R1，结果如图 17-12 所示。

（5）单击选中文字 C1，将其移动到元件左侧，放置压线。

（6）用同样的方法，单击选中交叠的元件及文字，将其放置到空白处，结果如图 17-13 所示。

（7）按住 Shift 键，选中元件 C1、C2，选择"排列工具"按钮 ▦ 下拉菜单中的"以底对齐器件"选项 ▥，对齐两器件，结果如图 17-14 所示。

（8）选择菜单栏中的"Design（设计）"→"Board Shape（板子形状）"→"Define from selected objects（按照选择对象定义）"命令，沿最外侧物理边界定义边界外侧电路板，显示电路板边界重定义，结果如图 17-9 所示。

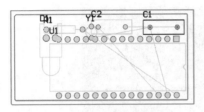

图 17-12　旋转其余元件

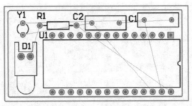

图 17-13　调整元件及文字

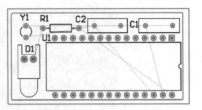

图 17-14　对齐器件

17.3　3D 效果图

手工布局完成以后，用户可以查看 3D 效果图，以检查布局是否合理。

1. 三维显示

【执行方式】

菜单栏：执行"View（视图）"→"3D layout Mode（切换到 3 维模式）"命令。

【操作步骤】

执行此命令，系统显示该 PCB 的 3D 效果图，按住 Shift 键显示旋转图标，在方向箭头上按住鼠标右键，即可旋转电路板，如图 17-15 所示。

【选项说明】

在 PCB 编辑器内，单击右下角的 Panels 按钮，在弹出的快捷菜单中选择 PCB，打开 PCB 面板，如图 17-16 所示。

图 17-15　3D 效果图

图 17-16　PCB 面板

（1）浏览区域。

在 PCB 面板中显示类型为 3D Models，该区域列出了单前 PCB 文件内的所有三维模型。选择其中一个元件以后，则此网络呈高亮状态，如图 17-17 所示。

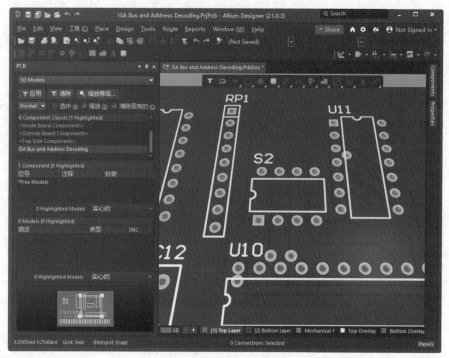

图 17-17　高亮显示元件

对于高亮网络有 Normal（正常）、Mask（遮挡）和 Dim（变暗）3 种显示方式，用户可通过面板中的下拉列表进行选择。

  ❧ Normal（正常）：直接高亮显示用户选择的网络或元件，其他网络及元件的显示方式不变。

  ❧ Mask（遮挡）：高亮显示用户选择的网络或元件，其他元件和网络以遮挡方式显示（灰色），这种显示方式更为直观。

  ❧ Dim（变暗）：高亮显示用户选择的网络或元件，其他元件或网络按色阶变暗显示。

  ❧ 对于显示控制，有 3 个控制选项，即选中、缩放和清除现有的。

  ❧ 选中：勾选该复选框，在高亮显示的同时选中用户选定的网络或元件。

  ❧ 缩放：勾选该复选框，系统会自动将网络或元件所在区域完整地显示在用户可视区域内。如果被选网络或元件在图中所占区域较小，则会放大显示。

  ❧ 清除现有的：勾选该复选框，系统会自动清除选定的网络或元件。

（2）显示区域。

该区域用于控制 3D 效果图中的模型材质的显示方式，如图 17-18 所示。

（3）预览框区域。

将光标移到该区域以后，按住鼠标左键不放，拖动光标，3D 图将跟着移动，展示不同位置上的效果。

图 17-18　模型材质

2. View Configuration（视图设置）面板

【执行方式】

在 PCB 编辑器内，单击右下角的 Panels 按钮，在弹出的快捷菜单中选择 View Configuration 命令。

【操作步骤】

执行此命令，打开"View Configuration（视图设置）"面板。

【选项说明】

在 View Configuration（视图设置）面板 View Options（视图选项）选项卡中，显示三维面板的基本设置。不同情况下面板显示略有不同，三维模式下的面板参数设置，如图 17-19 所示。具体参数说明如下。

（1）General Settings（通用设置）选项组：显示配置和 3D 主体。

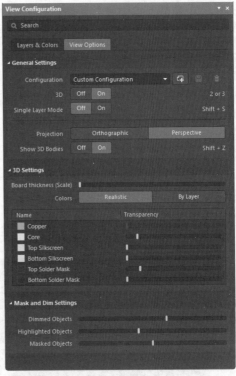

图 17-19　View Options 选项卡

- ➥ Configuration（设置）下拉列表选择三维视图设置模式，包括 11 种，默认选择 Custom Configuration（通用设置）模式如图 17-20 所示。
- ➥ 3D：控制电路板三维模式打开关，作用同菜单命令 "View（视图）" → "3D layout Mode（切换到 3 维模式）"。
- ➥ Signal Layer Mode（信号层模式）：控制三维模型中信号层的显示模式，打开与关闭单层模式，如图 17-21 所示。
- ➥ Projection（投影）：投影显示模式，包括 Orthographic（正射投影）和 Perspective（透视投影）。
- ➥ Show 3D Bodies（显示三维模型）：控制是否显示元件的三维模型。

图 17-20　三维视图模式

（a）打开单层模式

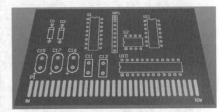

（b）关闭单层模式

图 17-21　三维视图模式

（2）3D Settings（三维设置）选项组：对三维模式的设置。

- ➥ Board thickness（Scale）（板厚度（比例））：通过拖动滑动块，设置电路板的厚度，按比例显示。
- ➥ Color（颜色）：设置电路板颜色模式，包括 Realistic（逼真）和 By Layer（随层）。
- ➥ By Layer（随层）：在列表中设置不同层对应的透明度，通过拖动 Transparency（透明度）栏下的滑动块来设置。

（3）Mask and Dim Settings（屏蔽和调光设置）选项组。用来控制对象屏蔽、调光和高亮设置。

- ➥ Dimmed Objects（屏蔽对象）：设置对象屏蔽程度。
- ➥ Highlighted Objects（高亮对象）：设置对象高亮程度。
- ➥ Masked Objects（调光对象）：设置对象调光程度。

（4）Additional Options（附加选项）选项组：附加参数的选项设置。

- ➥ 在 Configuration（设置）下拉列表选择 Altium Standard 2D 或执行菜单命令 "视图" → "切

换到 2 维模式"，切换到 2D 模式，电路板的面板设置如图 17-22 所示。

➡ 添加 Additional Options（附加选项）选项组，在该区域包括 11 种控件，允许配置各种显示设置。

（5）Object Visibility（对象可视化）选项组：2D 模式下添加 Object Visibility（对象可视化）选项组，在该区域设置电路板中不同对象的透明度和是否添加草图。

3. 三维动画制作

【执行方式】

在 PCB 编辑器内，单击右下角的 Panels 按钮，在弹出的快捷菜单中选择 PCB 3D Movie Editor（电路板三维动画编辑器）命令。

【操作步骤】

执行此命令，打开 PCB 3D Movie Editor（电路板三维动画编辑器）面板，如图 17-23 所示。

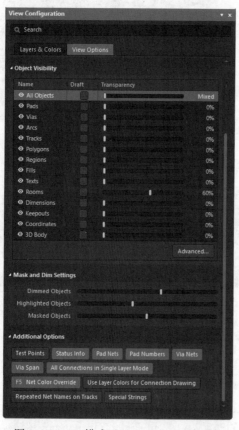

图 17-22　2D 模式下 View Options 选项卡

图 17-23　PCB 3D Movie Editor 面板

【选项说明】

（1）Movie Title（动画标题）区域。在 3D Movie（三维动画）按钮下选择 New（新建）或单击 New（新建）按钮，在该区域创建 PCB 文件的三维模型动画，默认动画名称为 PCB 3D Video。

（2）PCB 3D Video（动画）区域。在该区域创建动画关键帧。在 Key Frame（关键帧）按钮下选择 New（新建）→Add（添加）或单击 New（新建）→Add（添加）按钮，创建第一个关键帧，电路板如图 17-24 所示。

（3）单击 New（新建）→Add（添加）按钮，继续添加关键帧，设置将时间为 3 秒，按住鼠标中键拖动，在视图中将视图缩放，如图 17-25 所示。

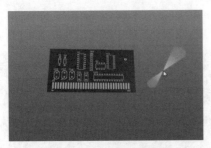

图 17-24　电路板默认位置

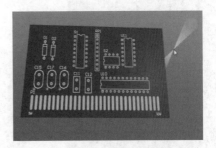

图 17-25　缩放后的视图

（4）单击 New（新建）→Add（添加）按钮，继续添加关键帧，设置将时间为 3 秒，按住 Shift 键与鼠标右键，在视图中将视图旋转，如图 17-26 所示。

（5）单击工具栏上的▷按钮，动画设置如图 17-27 所示。

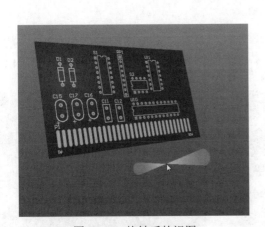

图 17-26　旋转后的视图

图 17-27　动画设置面板

4. 三维动画输出

【执行方式】

菜单栏：执行"File（文件）"→"新的"→"Output Job 文件"命令。

【操作步骤】

执行此命令，在 Projects 面板中 Settings（设置）选项栏下显示输出文件，系统提供的默认名为 Job1.OutJob，如图 17-28 所示。右侧工作区打开编辑区，如图 17-29 所示。

图 17-28　新建输出文件

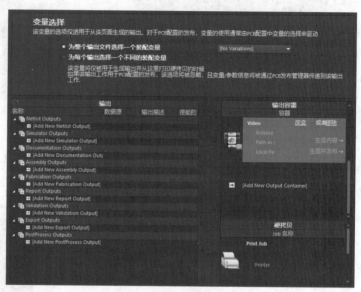

图 17-29　输出文件编辑区

【选项说明】

（1）"变量选择"选择组：设置输出文件中变量的保存模式。

（2）"输出"选项组：显示不同的输出文件类型。

① 在需要添加的文件类型 Documentation Outputs（文档输出）下方 Add New Documentation（添加新文档输出）单击，弹出快捷菜单，如图 17-30 所示。选择 PCB 3D Video 命令，选择默认的 PCB 文件作为输出文件依据或者重新选择文件。加载的输出文件如图 17-31 所示。

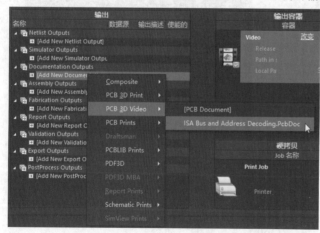

图 17-30　快捷菜单

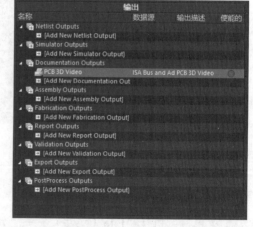

图 17-31　加载动画文件

② 在加载的输出文件上右击，弹出如图 17-32 所示的快捷菜单，选择"配置"命令，弹出如图 17-33 所示的"PCB 3D 视频"对话框，单击 OK 按钮，关闭对话框，默认输出视频配置。

图 17-32　快捷菜单

图 17-33　"PCB 3D 视频"对话框

④ 单击添加的文件右侧的单选按钮，建立加载的文件与输出文件容器的联系，如图 17-34 所示。

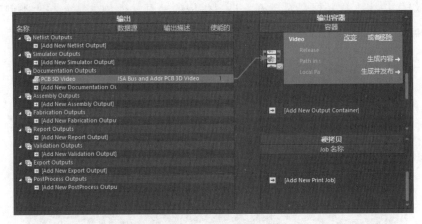

图 17-34　连接加载的文件

（3）"输出容器"选项组：设置加载的输出文件保存路径。

① 在 Add New Output Containers（添加新输出）选项下单击，弹出如图 17-35 所示的快捷菜单，选择添加的文件类型。

图 17-35　添加输出文件

② 在 Video 选项组中单击"改变"命令，弹出如图 17-36 所示的 Video settings（视频设置）对话框，显示预览生成的位置。

图 17-36　Video settings 对话框

单击"高级"按钮，打开展开对话框，设置生成的动画文件的参数。在"类型"选项中选择 Video（FFmpeg），在"格式"选项中选择"FLV（Flash Video）（*.flv）"，大小设置为 704×576，如图 17-37 所示。

图 17-37　"高级"设置

③ 在 Release Managed（发布管理）选项组先设置发布的视频生成位置，如图 17-38 所示。

↘ 选择"发布管理"单选按钮，则将发布的视频保存在系统默认路径。

↘ 选择"手动管理"单选按钮，则手动选择视频保存位置。

↘ 勾选"使用相对路径"复选框，则默认将发布的视频与 PCB 文件保存在相同的路径。

④ 单击"生成内容"按钮，在文件设置的路径下生成视频，利用播放器打开的视频，如图 17-39 所示。

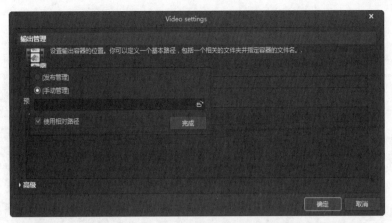

图 17-38　设置发布的视频生成位置

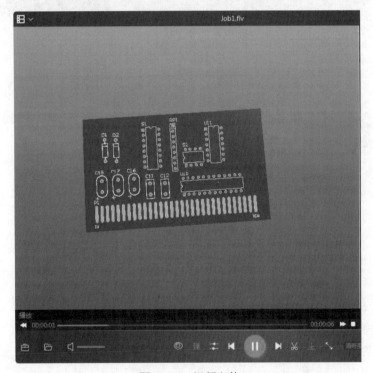

图 17-39　视频文件

5. 三维 PDF 输出

【执行方式】

菜单栏：执行 "File（文件）" → "Export（导出）" → PDF 3D 命令。

【操作步骤】

执行此命令，弹出图 17-40 所示的 Export File（输出文件）对话框，输出电路板的三维模型 PDF 文件。

单击 "保存" 按钮，弹出 Export 3D 对话框。还可以在该对话框中选择 PDF 文件中显示的视图，进行页面设置，设置输出文件中的对象，如图 17-41 所示。单击 Export 按钮，输出 PDF 文件，如图 17-42 所示。

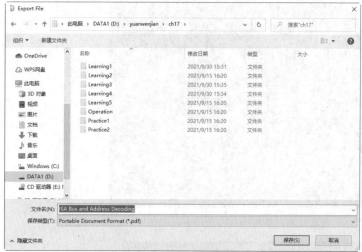

图 17-40　Export File 对话框

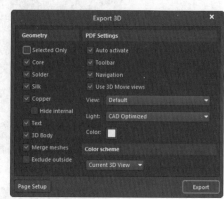

图 17-41　Export 3D 对话框

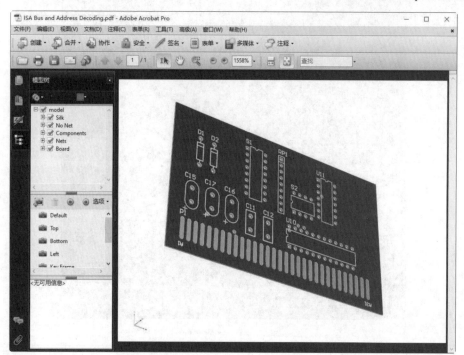

图 17-42　PDF 文件

在输出文件中还可以输出其余类型的文件，这里不再赘述，读者自行练习。

动手学——集成频率合成器印制板电路模型

源文件： yuanwenjian\ch17\Learning5\集成频率合成器印制板电路.PrjPcb

本实例创建如图 17-43 所示的集成频率合成器印制板电路模型。

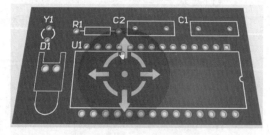

图 17-43　3D 模型显示

【操作步骤】

（1）打开下载资源包中的 yuanwenjian\ch17\Learning5\example\集成频率合成器电路.PrjPcb 文件。

（2）在 PCB 编辑器内，选择菜单栏中的"View（视图）"→ "3D layout Mode（切换到 3 维模式）"命令，系统生成该 PCB 的 3D 效果图，按住 Shift 键显示旋转图标，在方向箭头上按住鼠标右键，旋转电路板，如图 17-43 所示。

扫一扫，看视频

练一练——看门狗电路 PCB 布局

对如图 17-44 所示的看门狗电路 PCB 元件的封装进行布局。

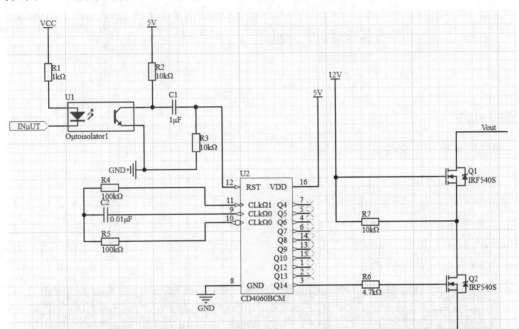

图 17-44 看门狗电路原理图

📋 **思路点拨：**

源文件：yuanwenjian\ch17\Practice2\看门狗电路.PrjPcb

（1）对封装进行自动布局。

（2）手工调整布局结果。

（3）生成 3D 效果图。

17.4 操作实例——电动车报警电路布局设计

扫一扫，看视频

源文件：yuanwenjian\ch17\Operation\电动车报警电路布局设计\电动车报警电路.PrjPcb

在完成电动车报警电路的原理图设计基础上，对电路板进行设计规划，完成元件的布局和布线。本实例学习电路板边界的设定以及高速 PCB 布线的一些基本规则，结果如图 17-45 所示。

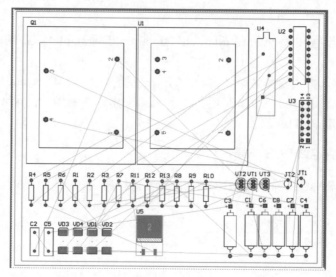

图 17-45　元件布局结果

【操作步骤】

1. 创建印制电路板文件

（1）启动 Altium Designer 21，选择菜单栏中的"文件"→"打开"命令，弹出文件打开对话框，打开源文件中的"电动车报警电路.PrjPcb"文件。

（2）选择菜单栏中的"文件"→"新的"→"PCB"命令，新建一个 PCB 文件。

（3）选择菜单栏中的"File（文件）"→"另存为"命令，将新建的 PCB 文件保存为"电动车报警电路.PcbDoc"，如图 17-46 所示。

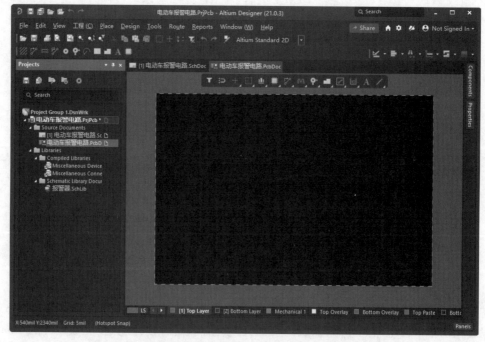

图 17-46　新建 PCB 文件保存为"电动车报警电路.PcbDoc"

2. 设置电路板工作环境

在 PCB 编辑环境的下方，选择 Mechanical 1（机械层）。

3. 绘制物理边框

单击编辑区下方 Mechanical 1 标签，选择菜单栏中的"Place（放置）"→"Line（线条）"命令，当绘制的线组成一个封闭的边框时，即可结束边框的绘制。右击或者按 Esc 键即可退出该操作，完成物理边界绘制。

4. 绘制电气边框

单击编辑区下方 Keep-Out Layer（禁止布线层）标签，选择菜单栏中的"Place（放置）"→"Keepout（禁止布线）"→"Track（线径）"命令，在物理边界内部绘制适当大小矩形，作为电气边界（绘制方法同物理边界）。

5. 定义电路板形状

选择菜单栏中的"Design（设计）"→"Board Shape（板子形状）"→"Define from selected objects（按照选择对象定义）"命令，沿最外侧物理边界修剪边界外侧电路板，显示电路板边界重定义，如图 17-47 所示。

图 17-47 定义电路板形状

6. 元件布局

（1）在 PCB 编辑环境中，选择菜单栏中的"Design（设计）"→"Import Changes From 电动车报警电路.PrjPcb（从电动车报警电路.PrjPcb 输入改变）"命令，弹出"工程变更指令"对话框，如图 17-48 所示。

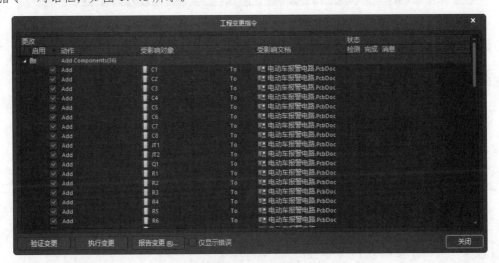

图 17-48 显示更改

（2）单击"验证变更"按钮，封装模型通过检测无误后，生效的更改如图 17-49 所示。
（3）单击"执行变更"按钮，完成封装添加，如图 17-50 所示。

中文版*Altium Designer 21 电路设计与仿真从入门到精通（实战案例版）*

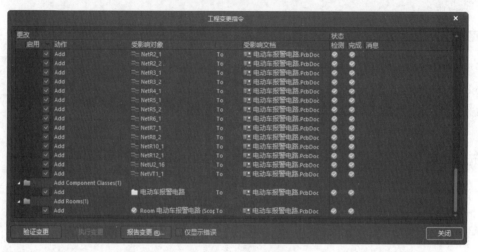

图 17-49　生效的更改

图 17-50　执行更改

（4）单击"关闭"按钮，现在板边界处将元件的封装载入 PCB 文件中，如图 17-51 所示。

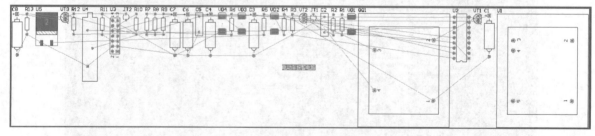

图 17-51　导入封装模型

（5）由于封装元件过多，与板边界不相符，根据元件重新定义板形状、物理边界及电气边界，过程不再赘述，修改结果如图 17-52 所示。

（6）选中要布局的元件，选择菜单栏中的"Tools（工具）"→"Component Placement（器件摆放）"→"Arrange Within Rectangle（在矩形区域排列）"命令，以编辑区物理边界为边界绘制矩形区域，即可在选择的物理边界中自动布局，结果如图 17-53 所示。

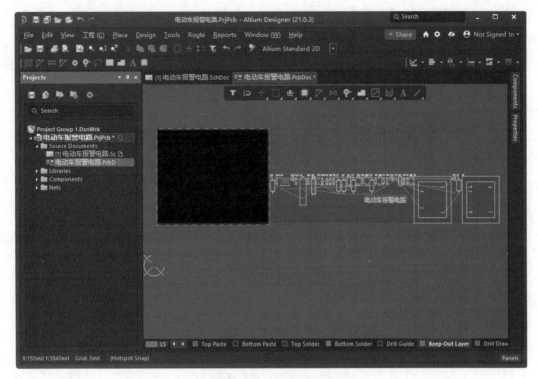

图 17-52　重新定义边界

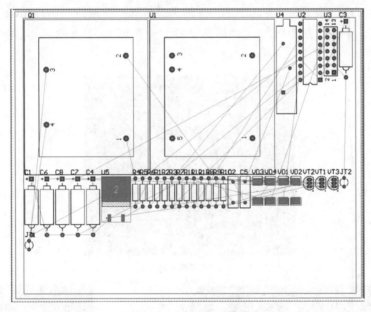

图 17-53　自动布局结果

（7）利用"应用工具"工具栏中的"排列工具"对元件进行手动布局，结果如图 17-47 所示。

7. 3D 效果图

（1）执行"View（视图）"→"3D layout Mode（切换到 3 维模式）"命令，系统生成该 PCB 的 3D 效果图，如图 17-54 所示。

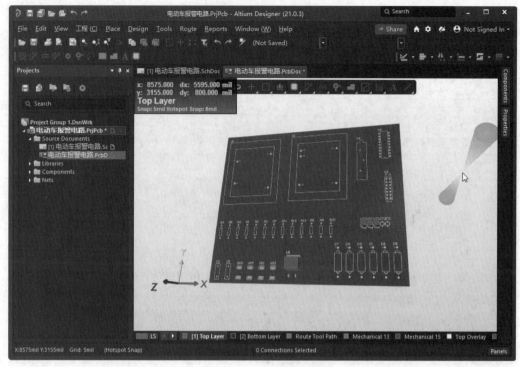

图 17-54　3D 模型显示

（2）打开 PCB 3D Movie Editor（电路板三维动画编辑器）面板，在 3D Movie（三维动画）按钮下选择 New（新建）命令，创建 PCB 文件的三维模型动画 PCB 3D Video，创建关键帧，电路板如图 17-55 所示。

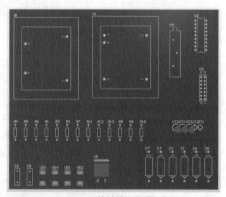

（a）关键帧 1 位置

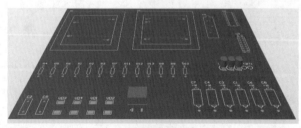

（b）关键帧 2 位置

（c）关键帧 3 位置

图 17-55　电路板位置

（3）动画设置面板如图 17-56 所示，单击工具栏上的 ▷ 键，演示动画。

选择菜单栏中的"File（文件）"→"Export（导出）"→PDF 3D 命令，弹出如图 17-57 所示的 Export File（输出文件）对话框，输出电路板的三维模型 PDF 文件，单击"保存"按钮，弹出 Export 3D 对话框。

图 17-56　动画设置面板

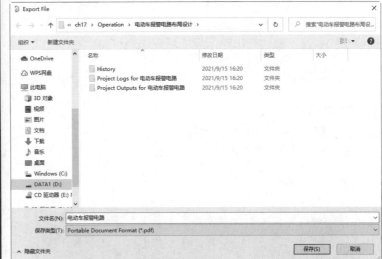

图 17-57　Export File 对话框

在该对话框中还可以选择 PDF 文件中显示的视图，进行页面设置，设置输出文件中的对象如图 17-58 所示，单击 Export 按钮，输出 PDF 文件，如图 17-59 所示。

图 17-58　Export 3D 对话框

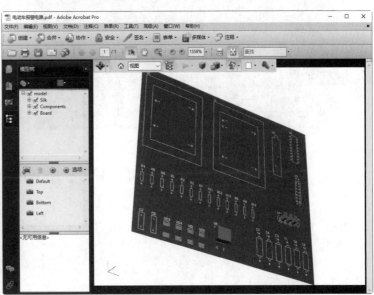

图 17-59　输出 PDF 文件

第18章　布线操作

内容简介

在完成电路板的布局工作以后，就可以开始布线操作了。在 PCB 的设计中，布线是完成产品设计的重要步骤，其要求最高、技术最细、工作量最大。在 PCB 上布线的首要任务就是在 PCB 上布通所有的导线，建立起电路所需的所有电气连接。

内容要点

❯ PCB 的布线
❯ 建立敷铜、补泪滴以及包地
❯ 电动车报警电路布线设计

案例效果

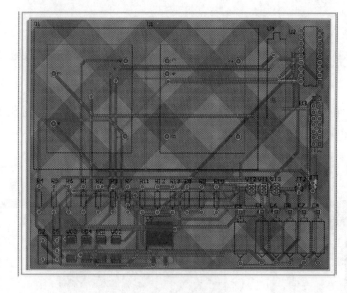
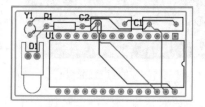
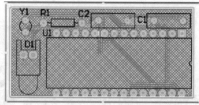

18.1　PCB 的布线

在对 PCB 进行布局以后，就可以进行 PCB 布线了。PCB 布线可以采取两种方式：自动布线和手工布线。

18.1.1　自动布线

Altium Designer 21 提供了强大的自动布线功能，它适合于元器件数目较多的情况。

在自动布线之前,用户首先要设置布线规则,使系统按照规则自动布线。对于布线规则的设置,在前面已经详细讲解过,在此不再赘述。

1. 自动布线策略设置

在利用系统提供的自动布线操作之前,先要对自动布线策略进行设置。

【执行方式】

菜单栏:执行"Route(布线)"→"Auto Route(自动布线)"→"Setup(设置)"命令。

【操作步骤】

执行此命令,系统弹出如图 18-1 所示的"Situs 布线策略"对话框。

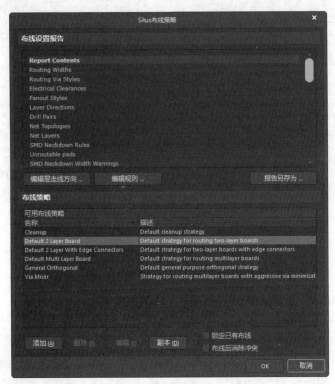

图 18-1　"Situs 布线策略"对话框

【选项说明】

(1)"布线设置报告"选项组。对布线规则设置进行汇总报告,并进行规则编辑。该选项组列出了详细的布线规则,并以超链接的方式,将列表连接到相应的规则设置栏,可以进行修改。

➥ 单击 编辑层走线方向… 按钮,可以设置各个信号层的走线方向。

➥ 单击 编辑规则… 按钮,可以重新设置布线规则。

➥ 单击 报告另存为… 按钮,可以将规则报告导出保存。

(2)"布线策略"选项组。在该选项组中,系统提供了 6 种默认的布线策略:Cleanup(优化布线策略)、Default 2 Layer Board(双面板默认布线策略)、Default 2 Layer With Edge Connectors(带边界连接器的双面板默认布线策略)、Default Multi Layer Board(多层板默认布线策略)、General Orthogonal(普通直角布线策略)以及 Via Miser(过孔最少化布线策略)。单击 添加 (A) 按钮,可以添加新的布线策略。一般情况下均采用系统默认值。

2. 自动布线

【执行方式】

菜单栏：执行"Route（布线）"→"Auto Route（自动布线）"→"All（全部）"命令。

【操作步骤】

执行此命令，系统弹出"Situs 布线策略"对话框。

在"布线策略"区域，选择 Default 2 Layer Board，然后单击 Route All 按钮，系统开始自动布线。在自动布线过程中，会出现 Messages（信息）面板，显示当前布线信息，如图 18-2 所示。

Class	Document	Source	Message	Time	Date	No.
Routing	无线电监控器电	Situs	Creating topology map	11:32:09	2021/10/8	2
Situs Eve	无线电监控器电	Situs	Starting Fan out to Plane	11:32:09	2021/10/8	3
Situs Eve	无线电监控器电	Situs	Completed Fan out to Plane in 0 Seconds	11:32:09	2021/10/8	4
Situs Eve	无线电监控器电	Situs	Starting Memory	11:32:09	2021/10/8	5
Situs Eve	无线电监控器电	Situs	Completed Memory in 0 Seconds	11:32:09	2021/10/8	6
Situs Eve	无线电监控器电	Situs	Starting Layer Patterns	11:32:09	2021/10/8	7
Routing	无线电监控器电	Situs	Calculating Board Density	11:32:09	2021/10/8	8
Situs Eve	无线电监控器电	Situs	Completed Layer Patterns in 0 Seconds	11:32:09	2021/10/8	9
Situs Eve	无线电监控器电	Situs	Starting Main	11:32:09	2021/10/8	10
Routing	无线电监控器电	Situs	Calculating Board Density	11:32:09	2021/10/8	11
Situs Eve	无线电监控器电	Situs	Completed Main in 0 Seconds	11:32:10	2021/10/8	12
Situs Eve	无线电监控器电	Situs	Starting Completion	11:32:10	2021/10/8	13
Situs Eve	无线电监控器电	Situs	Completed Completion in 0 Seconds	11:32:10	2021/10/8	14

图 18-2　自动布线信息

3. "自动布线"菜单

【执行方式】

菜单栏：执行"Route（布线）"→"Auto Route（自动布线）"命令。

【操作步骤】

执行此命令，系统弹出"自动布线"菜单，如图 18-3 所示。

【选项说明】

- All（全部）：用于对 PCB 所有的网络进行自动布线。
- Net（网络）：用于对指定的网络进行自动布线。执行该命令后，光标变成十字形，可以选中需要布线的网络，再次单击，系统会进行自动布线。
- Net Class（网络类）：用于为指定的网络类进行自动布线。
- Connection（连接）：用于对指定的焊盘进行自动布线。执行该命令后，光标变成十字形，单击，系统即进行自动布线。
- Area（区域）：用于对指定的区域自动布线。执行该命令后，光标变成十字形，拖动光标选择一个需要布线的焊盘的矩形区域。

图 18-3　"自动布线"菜单

- Room：用于在指定的 Room 空间内进行自动布线。
- Component（元件）：用于对指定的元器件进行自动布线。执行该命令后，光标变成十字形，移动光标选择需要布线的元器件，单击，系统会对该元器件进行自动布线。

↳ Component Class（器件类）：用于为指定的元器件类进行自动布线。

↳ Connections On Selected Components（选中对象的连接）：用于为选取元器件的所有连线进行自动布线。执行该命令前，先选择要布线的元器件。

↳ Connections Between Selected Components（选择对象之间的连接）：用于为选取的多个元器件之间进行自动布线。

↳ Setup（设置）：用于打开自动布线设置对话框。

↳ Stop（停止）：用于终止自动布线。

↳ Reset（复位）：用于对布过线的 PCB 重新布线。

↳ Pause（暂停）：用于中断正在进行的布线操作。

知识链接——自动布线命令

除此之外，用户还可以根据前面介绍的命令，对电路板进行局部自动布线操作。

动手学——集成频率合成器印制板电路布线

源文件：yuanwenjian\ch18\Learning1\集成频率合成器电路.PrjPcb

本实例对如图 18-4 所示的集成频率合成器印制板电路布线。

图 18-4 自动布线结果

【操作步骤】

（1）打开下载资源包中的 yuanwenjian\ch18\ Learning1\example\集成频率合成器电路.PrjPcb 文件。

（2）选择菜单栏中的"Route（布线）"→"Auto Route（自动布线）"→"All（全部）"命令，系统弹出"Situs 布线策略"对话框，默认选择 Default 2 Layer Board（双面板默认布线策略），单击 `Route All` 按钮，弹出 Messages 面板，显示当前布线进度与信息，如图 18-5 所示。

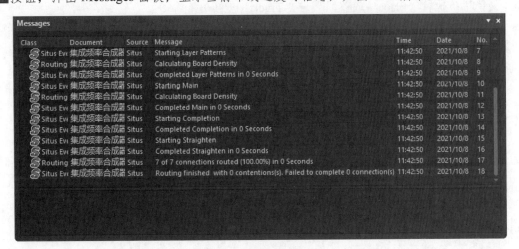

图 18-5 Messages 面板

自动布线后的 PCB 如图 18-4 所示。

18.1.2 手工布线

在 PCB 上元器件数量不多，连接不复杂的情况下，或者在使用自动布线后需要对元器件布线进行修改时，可以采用手工布线方式。

在手工布线之前，也要对布线规则进行设置，设置方法与自动布线前的设置方法相同。

在手工调整布线过程中，经常要删除一些不合理的导线。Altium Designer 21 系统提供了用命令方式删除导线的方法。

1. 清除布线

【执行方式】

菜单栏：执行 "Route（布线）" → "Un-Route（取消布线）" 命令。

【操作步骤】

执行此命令，系统弹出 "取消布线" 菜单，如图 18-6 所示。

【选项说明】

"取消布线" 菜单包括以下命令。

图 18-6 "取消布线" 菜单

- All（全部）：用于取消所有的布线。
- Net（网络）：用于取消指定网络的布线。
- Connection（连接）：用于取消指定的连接，一般用于两个焊盘之间。
- Component（器件）：用于取消指定元器件之间的布线。
- Room：用于取消指定 Room 空间内的布线。

2. 手动布线

【执行方式】

- 菜单栏：执行 "Place（放置）" → "Track（走线）" 命令。
- 工具栏：单击 "布线" 工具栏中的交互式布线连接按钮 。

【操作步骤】

执行上述操作，启动绘制导线命令，重新手工布线。

18.2 建立敷铜、补泪滴以及包地

完成了 PCB 的布线以后，为了加强 PCB 的抗干扰能力，还需要一些后续工作，比如建立敷铜、补泪滴以及包地等。

18.2.1 建立敷铜

【执行方式】

- 菜单栏：执行 "Place（放置）" → "Polygon Pour（敷铜）" 命令。
- 工具栏：单击 "布线" 工具栏 （放置多边形平面）按钮。
- 快捷键：P 键 + G 键。

【操作步骤】

执行上述操作后，系统弹出 Properties 面板，如图 18-7 所示。设置好面板中的参数以后，按 Enter 键，光标变成十字形，即可放置敷铜的边界线。

【选项说明】

下面介绍该面板中主要选项的功能如下。

（1）Properties 选项组。

❥ Layer（层）下拉列表：用于设定敷铜所属的工作层。

❥ Solid：该模式需要设置的参数有 Remove Islands Less Than in Area（删除岛的面积限制值）、Arc Approx（围绕焊盘的圆弧近似值）和 Remove Necks Less Than（删除凹槽的宽度限制值），如图 18-8 所示。

❥ Hatched：该模式需要设置的参数。有 Track Width（轨迹宽度）、Grid Size（栅格尺寸）、Surround Pad With（包围焊盘宽度）以及 Hatch Mode（孵化模式）等，如图 18-9 所示。

❥ None：该模式需要设置的参数。有 Track Width（轨迹宽度）和 Surround Pad With（包围焊盘宽度）等，如图 18-10 所示。

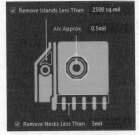

图 18-7　Properties 面板　　图 18-8　Solid 模式参数设置　　图 18-9　Hatched 模式参数设置　图 18-10　None 模式参数设置

（2）Connect to Net（连接到网络）下拉列表：用于选择敷铜连接到的网络。通常连接到 GND 网络。

❥ Don't Pour Over Same Net Objects（填充不超过相同的网络对象）选项：用于设置敷铜的内部填充不与同网络的图元及敷铜边界相连。

- ➤ Pour Over Same Net Polygons Only（填充只超过相同的网络多边形）选项：用于设置敷铜的内部填充只与敷铜边界线及同网络的焊盘相连。
- ➤ Pour Over All Same Net Objects（填充超过所有相同的网络对象）选项：用于设置敷铜的内部填充与敷铜边界线，并与同网络的任何图元相连，如焊盘、过孔、导线等。
- ➤ Remove Dead Copper（删除孤立的敷铜）复选框：用于设置是否删除孤立区域的敷铜。孤立区域的敷铜是指没有连接到指定网络元件上的封闭区域内的敷铜，若勾选该复选框，则可以将这些区域的敷铜去除。

放置敷铜边界线的方法与放置多边形填充的方法相同。在放置敷铜边界时，可以通过按 Space 键切换拐角模式。

扫一扫，看视频

动手学——集成频率合成器电路敷铜

源文件：yuanwenjian\ch18\Learning2\集成频率合成器电路.PrjPcb

本实例对如图18-11所示的集成频率合成器电路进行敷铜。

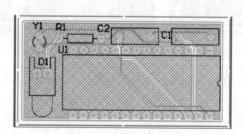
图 18-11　敷铜后的 PCB

【操作步骤】

（1）打开下载资源包中的 yuanwenjian\ch18\ Learning2\example\集成频率合成器电路.PrjPcb 文件。

（2）选择菜单栏中的"Place（放置）"→"Polygon Pour（敷铜）"命令，按 Tab 键，打开 Properties（属性）面板，选择 Hatched 选项卡。在 Hatch Mode（孵化模式）选项组中填充模式选择 45 Degree，在 Properties（属性）选项组中 Net（网络）选择 GND，Layer（层）栏设置为 Top Layer，其设置如图 18-12 所示。

（3）按 Enter 键，光标变成十字形。用光标沿 PCB 的电气边界线绘制出一个封闭的矩形，系统将在矩形框中自动建立顶层的敷铜，结果如图 18-13 所示。

图 18-12　设置参数

图 18-13　顶层敷铜结果

（4）采用同样的方式，为 PCB 的 Bottom Layer（底层）层建立敷铜。敷铜后的 PCB 如图 18-11 所示。

18.2.2　补泪滴

泪滴是导线和焊盘连接处的过渡段。在 PCB 制作过程中，为了加强导线和焊盘之间连接的牢固性，通常需要补泪滴，以加大连接面积。

【执行方式】

菜单栏：执行"Tools（工具）"→"Teardrops（滴泪）"命令。

【操作步骤】

执行此命令，系统弹出"泪滴"对话框，如图 18-14 所示。设置完成后，单击 确定 按钮，系统自动按设置放置泪滴。

【选项说明】

1．"工作模式"选项组

☑ "添加"单选按钮：用于添加泪滴。

☑ "删除"单选按钮：用于删除泪滴。

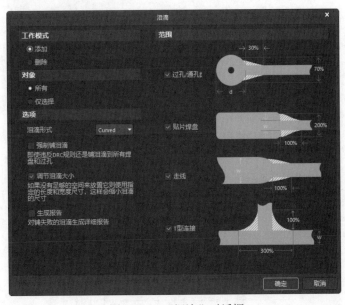

图 18-14　"泪滴"对话框

2．"对象"选项组

☑ "所有"单选按钮：勾选该单选按钮，将对所有的对象添加泪滴。

☑ "仅选择"单选按钮：勾选该单选按钮，将对选中的对象添加泪滴。

3．"选项"选项组

☑ "泪滴形式"：在该下拉列表下选择 Curved（弧形）和 Line（线形），表示用不同的形式添加滴泪，如图 18-15 所示。

- "强制铺泪滴"复选框：勾选该复选框，将强制对所有焊盘或过孔添加泪滴，这样可能导致在 DRC 检测时出现错误信息。取消对此复选框的勾选，则对安全间距太小的焊盘不添加泪滴。
- "调节泪滴大小"复选框：勾选该复选框，进行添加泪滴的操作时自动调整滴泪的大小。
- "生成报告"复选框：勾选该复选框，进行添加泪滴的操作后将自动生成一个有关添加泪滴操作的报表文件，同时该报表将在工作窗口显示出来。

设置完毕单击 确定 按钮，完成对象泪滴的添加操作。

（a）补泪滴前　　　　　　　（b）Curved 泪滴　　　　　　　（c）Line 形泪滴

图 18-15　泪滴类型

扫一扫，看视频

练一练——IC 卡读卡器电路 PCB 后续操作

对如图 18-16 所示的 IC 卡读卡器电路 PCB 进行布线、敷铜操作。

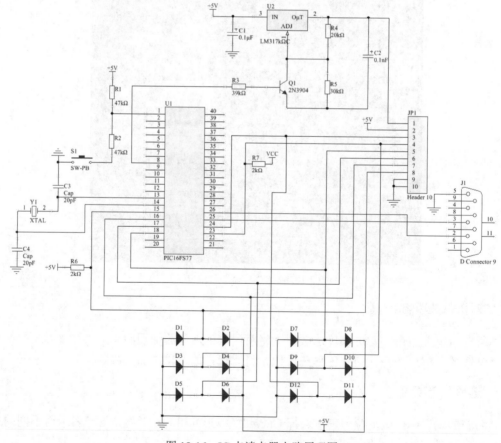

图 18-16　IC 卡读卡器电路原理图

📝 **思路点拨：**

源文件：yuanwenjian\ch18\Practice1\IC 卡读卡器电路.PrjPcb
（1）对 PCB 进行自动布线。
（2）对 PCB 进行自动敷铜。
（3）对 PCB 进行补泪滴。

18.2.3　包地

包地是用接地的导线将一些导线包起来。在 PCB 设计过程中，为了增强板的抗干扰能力，经常采用这种方式。

1. 选中网络

【执行方式】
菜单栏：执行"Edit（编辑）"→"Select（选中）"→"Net（网络）"命令。
【操作步骤】
执行此命令，光标将变成十字形。移动光标到 PCB 图中，单击需要包地的网络中的一根导线，即可将整个网络选中。

2. 描画外形

【执行方式】
菜单栏：执行"Tools（工具）"→"Outline Selected Objects（描画选择对象的外形）"命令。
【操作步骤】
执行此命令，系统自动为选中的网络进行包地。在包地时，有时会由于包地线与其他导线间的距离小于设计规则中设定的值，影响到其他导线，被影响的导线会变成绿色，这需要手工调整。

18.3　操作实例——电动车报警电路布线设计

扫一扫，看视频

源文件：yuanwenjian\ch18\Operation\电动车报警电路.PrjPcb
如图 18-17 所示为电动车报警电路底层敷铜效果。
【操作步骤】
（1）打开下载资源包中的 yuanwenjian\ch18\Operation\example\电动车报警电路.PrjPcb 文件。
（2）选择菜单栏中的"Route（布线）"→"Auto Route（自动布线）"→"All（全部）"命令，系统弹出"Situs 布线策略（布线位置策略）"对话框，默认选择 Default 2 Layer Board（双面板默认布线策略），单击 Route All 按钮，弹出 Messages（信息）面板，显示当前布线进度与信息，如图 18-18 所示。
自动布线后的 PCB 如图 18-19 所示。

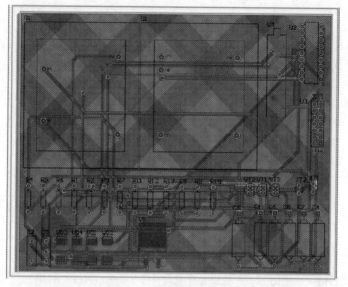

图 18-17　底层敷铜结果

Class	Document	Source	Message	Time	Date	No.
Routing	电动车报警电路	Situs	Calculating Board Density	14:56:24	2021/10/8	8
Situs Eve	电动车报警电路	Situs	Completed Layer Patterns in 0 Seconds	14:56:24	2021/10/8	9
Situs Eve	电动车报警电路	Situs	Starting Main	14:56:24	2021/10/8	10
Routing	电动车报警电路	Situs	46 of 60 connections routed (76.67%) in 1 Second	14:56:25	2021/10/8	11
Situs Eve	电动车报警电路	Situs	Completed Main in 1 Second	14:56:25	2021/10/8	12
Situs Eve	电动车报警电路	Situs	Starting Completion	14:56:25	2021/10/8	13
Situs Eve	电动车报警电路	Situs	Completed Completion in 0 Seconds	14:56:25	2021/10/8	14
Situs Eve	电动车报警电路	Situs	Starting Straighten	14:56:25	2021/10/8	15
Routing	电动车报警电路	Situs	60 of 60 connections routed (100.00%) in 2 Seconds	14:56:26	2021/10/8	16
Situs Eve	电动车报警电路	Situs	Completed Straighten in 0 Seconds	14:56:26	2021/10/8	17
Routing	电动车报警电路	Situs	60 of 60 connections routed (100.00%) in 2 Seconds	14:56:26	2021/10/8	18
Situs Eve	电动车报警电路	Situs	Routing finished with 0 contentions(s). Failed to complete 0 connection(s)	14:56:26	2021/10/8	19

图 18-18　Messages 面板

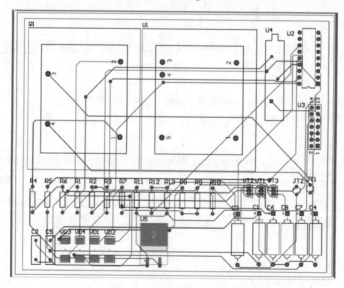

图 18-19　自动布线结果

技巧与提示——PCB 布线原则

输入/输出端用的导线应尽量避免相邻平行，最好增加线间地线，以免发生反馈耦合。

印制电路板导线的最小宽度主要由导线和绝缘基板间的黏附强度和流过它们的电流值决定。当在铜箔厚度为 0.05mm、宽度为 1～15mm 时，通过 2A 的电流，温度不会高于 3℃，因此，导线宽度为 1.5mm 即可满足要求。对于集成电路，尤其是数字电路，通常选择 0.02～0.3mm 的导线宽度。当然，只要允许，还是尽可能用宽导线，尤其是电源线和地线。导线的最小间距主要由最坏情况下的线间绝缘电阻和击穿电压决定。对于集成电路，尤其是数字电路，只要工艺允许，可使间距小至 5～8mm。

印制导线拐弯处一般取圆弧形，因为直角或者夹角在高频电路中会影响电气性能。此外，尽量避免使用大面积铜箔，因为长时间受热时，易发生铜箔膨胀和脱落现象，而且必须用大面积铜箔时，最好用栅格状。

（3）添加敷铜。

选择菜单栏中的"Place（放置）"→"Polygon Pour（敷铜）"命令，按 Tab 键，弹出 Properties（属性）面板，Layer（层）设置为 Top Layer，执行顶层放置敷铜命令，选择 Hatched，设置 Hatch Mode（孵化模式）为 45 Degree，如图 18-20 所示，按 Enter 键，在电路板中设置敷铜区域，结果如图 18-21 所示。

图 18-20 Properties 面板

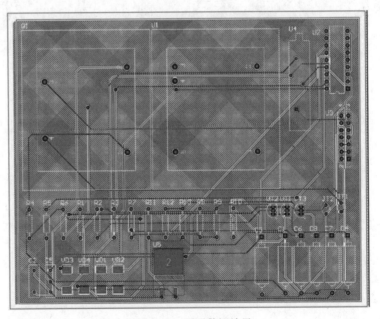

图 18-21 顶层敷铜结果

用同样的方法，执行底层敷铜，结果如图 18-17 所示。

（4）补泪滴。

选择菜单栏中的"Tools（工具）"→"Teardrops（滴泪）"命令，系统将弹出"泪滴"对话框，勾选"调节泪滴大小"复选框，如图 18-22 所示，执行补泪滴命令。单击 确定 按钮，对电路中线路进行补泪滴操作，结果如图 18-23 所示。

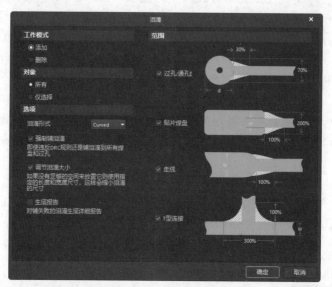

图 18-22　"泪滴"对话框

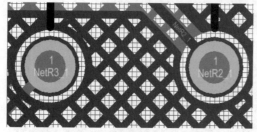

（a）补泪滴前

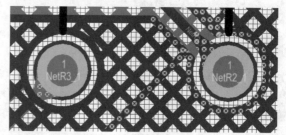

（b）补泪滴后

图 18-23　补泪滴操作

第 19 章　电路仿真设计

内容简介

本章主要介绍 Altium Designer 21 的电路原理图的仿真，并通过实例对具体的电路图仿真过程进行详细的讲解。

要熟练掌握仿真方法，就必须清楚各种仿真模式所分析的内容和输出结果的意义。用户可以借助电路仿真，在制作 PCB 之前，尽早地发现设计电路的缺陷，提高工作效率。

内容要点

➷ 电路仿真设计过程
➷ 放置电源及仿真激励源
➷ 仿真分析的参数设置
➷ 特殊仿真元器件的参数设置

案例效果

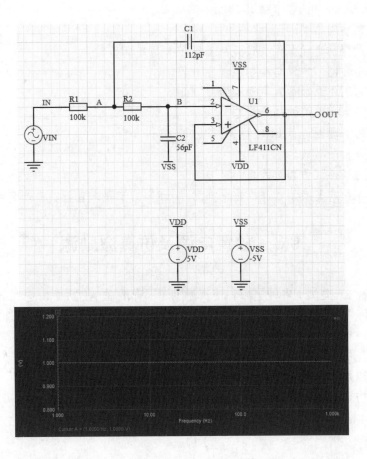

19.1　电路仿真的基本概念

电路仿真中涉及以下基本概念。

（1）仿真元器件。用户进行电路仿真时使用的元器件，要求具有仿真属性。

（2）仿真原理图。用户根据具体电路的设计要求，使用原理图编辑器及具有仿真属性的元器件所绘制而成的电路原理图。

（3）仿真激励源。用于模拟实际电路中的激励信号。

（4）节点网络标签。对于电路中要测试的多个节点，应该分别放置有意义的网络标签名，以便于明确查看每一节点的仿真结果（电压或电流波形）。

（5）仿真方式。仿真方式有多种，不同的仿真方式下应有不同的参数设定，用户应根据具体的电路要求选择设置仿真方式。

（6）仿真结果。仿真结果一般是以波形的形式给出，而不仅仅局限于电压信号，每个元件的电流及功耗波形都可以在仿真结果中观察到。

19.2　电路仿真设计过程

使用 Altium Designer 仿真的基本步骤如下：

（1）装载与电路仿真相关的元件库。

（2）在电路上放置仿真元器件（该元件必须带有仿真模型）。

（3）绘制仿真电路图，方法与绘制原理图一致。

（4）在仿真电路图中添加仿真电源和激励源。

（5）设置仿真节点及电路的初始状态。

（6）对仿真电路原理图进行 ERC 检查，以纠正错误。

（7）设置仿真分析的参数。

（8）运行电路仿真得到仿真结果。

（9）修改仿真参数或更换元器件，重复（5）～（8）的步骤，直至获得满意结果。

19.3　放置电源及仿真激励源

Altium Designer 21 提供了多种电源和仿真激励源，存放在 AD21/Library/Simulation/Simulation Sources.Intlib 集成库中，供用户选择。在使用时，这些仿真激励源均被默认为理想的激励源，当电压源的内阻为零时，电流源的内阻为无穷大。

仿真激励源就是仿真时输入仿真电路中的测试信号，根据观察这些测试信号通过仿真电路后的输出波形，用户可以判断仿真电路中的参数设置是否合理。

常用的电源与仿真激励源有如下 6 种。

1. 直流电压与电流源

直流电压源（VSRC）与直流电流源（ISRC）分别用来为仿真电路提供一个不变的电压信号或电流信号，符号形式如图 19-1 所示。

图 19-2　Properties 面板

（a）直流电压源　　　（b）直流电流源

图 19-1　直流电压/电流源符号

这两种电源通常在仿真电路通电时，在需要为仿真电路输入一个阶跃激励信号时使用，以便用户观测电路中某一节点的瞬态响应波形。

两种电源需要设置的仿真参数是相同的，双击新添加的仿真直流电压源，打开 Properties 面板，设置其属性参数，如图 19-2 所示。

在如图 19-2 所示面板的 Parameters（参数）栏中，可以查看并修改仿真模型，各项参数的具体含义如下。

- ↘ Value（值）：直流电源值。
- ↘ AC Magnitude（交流电压）：交流小信号分析的电压值。
- ↘ AC Phase（交流相位）：交流小信号分析的相位值。

2. 正弦信号激励源

正弦信号激励源包括正弦电压源（VSIN）与正弦电流源（ISIN），用来为仿真电路提供正弦激励信号，符号形式如图 19-3 所示。需要设置的仿真参数是相同的，如图 19-4 所示。

（a）正弦电压源　　　（b）正弦电流源

图 19-3　正弦电压/电流源符号

Parameters（参数）选项组的各项参数的具体含义如下。

- ↘ DC Magnitude（直流电压）：正弦信号的直流参数，通常设置为 0。
- ↘ AC Magnitude（交流电压）：正弦波信号激励源中的交流小信号分析的电压值，通常设置为 1，如果不进行交流小信号分析，可以设置为任意值。
- ↘ AC Phase（交流相位）：正弦波信号激励源中的交流小信号分析的电压初始相位值，通常设置为 0。
- ↘ Offset（偏移）：正弦波信号上叠加的直流分量，即幅值偏移量。

图 19-4　正弦信号激励源的仿真参数设置

- ↘ Amplitude（幅值）：正弦波信号的幅值设置。
- ↘ Frequency（频率）：正弦波信号的频率设置。

- ➥ Delay（延时）：正弦波信号初始的延时时间设置。
- ➥ Damping Factor（阻尼因子）：正弦波信号的阻尼因子设置，影响正弦波信号幅值的变化。设置为正值时，正弦波的幅值将随时间的增长而衰减。设置为负值时，正弦波的幅值则随时间的增长而增长。若设置为 0，则意味着正弦波的幅值不随时间而变化。
- ➥ Phase（相位）：正弦波信号的初始相位设置。

3. 周期脉冲源

周期脉冲源包括脉冲电压激励源（VPULSE）与脉冲电流激励源（IPULSE），可以为仿真电路提供周期性的连续脉冲激励，其中脉冲电压激励源在电路的瞬态特性分析中用得比较多。两种激励源的符号形式如图 19-5 所示，相应仿真参数也是相同的，如图 19-6 所示。

（a）脉冲电压源　　　　　（b）脉冲电流源

图 19-5　脉冲电压/电流源符号

Parameters（参数）选项组的各项参数的具体含义如下。

- ➥ DC Magnitude（直流电压）：脉冲信号的直流参数，通常设置为 0。
- ➥ AC Magnitude（交流电压）：脉冲源中交流小信号分析的电压值，通常设置为 1，如果不进行交流小信号分析，可以设置为任意值。
- ➥ AC Phase（交流相位）：脉冲源中交流小信号分析的电压初始相位值，通常设置为 0。
- ➥ Initial Value（初始值）：脉冲信号的初始电压值设置。
- ➥ Pulsed Value（脉冲值）：脉冲信号的电压幅值设置。
- ➥ Time Delay（延迟时间）：初始时刻的延迟时间设置。
- ➥ Rise Time（上升时间）：脉冲信号的上升时间设置。
- ➥ Fall Time（下降时间）：脉冲信号的下降时间设置。
- ➥ Pulse Width（脉冲宽度）：脉冲信号的高电平宽度设置。
- ➥ Period（周期）：脉冲信号的周期设置。
- ➥ Phase（相位）：脉冲信号的初始相位设置。

图 19-6　脉冲信号激励源的仿真参数

4. 分段线性激励源

分段线性激励源所提供的激励信号是由若干条相连的直线组成，是一种不规则的信号激励源，包括分段线性电压源（VPWL）与分段线性电流源（IPWL）两种，符号形式如图 19-7 所示。这两种分段线性激励源的仿真参数设置是相同的，如图 19-8 所示。

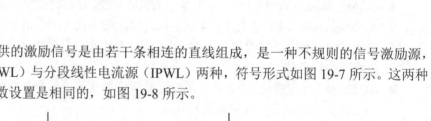

（a）分段线性电压源　　　　　（b）分段线性电流源

图 19-7　分段线性电压/电流源符号

Parameters（参数）选项组的各项参数的具体含义如下。

⇥ DC Magnitude（直流电压）：分段线性电压信号的直流参数，通常设置为0。

⇥ AC Magnitude（交流电压）：分段线性激励源中交流小信号分析的电压值，通常设置为1，如果不进行交流小信号分析，可以设置为任意值。

⇥ AC Phase（交流相位）：分段线性激励源中交流小信号分析的电压初始相位值，通常设置为0。

⇥ Time-Value Pairs（时间-值对）：分段线性电压信号在分段点处的时间值及电压值设置。

5. 指数激励源

指数激励源包括指数电压激励源（VEXP）与指数电流激励源（IEXP），用来为仿真电路提供带有指数上升沿或下降沿的脉冲激励信号，通常用于高频电路的仿真分析，符号形式如图19-9所示。两者所产生的波形形式是一样的，相应的仿真参数设置也相同，如图19-10所示。

Parameters（参数）选项组的各项参数的具体含义如下。

⇥ DC Magnitude（直流电压）：指数激励源的直流参数，通常设置为0。

⇥ AC Magnitude（交流电压）：指数激励源中交流小信号分析的电压值，通常设置为1，如果不进行交流小信号分析，可以设置为任意值。

⇥ AC Phase（交流相位）：指数激励源中交流小信号分析的电压初始相位值，通常设置为0。

⇥ Initial Value（初始值）：指数电压信号的初始电压值。

⇥ Pulsed Value（跳变电压值）：指数电压信号的跳变电压值。

⇥ Rise Delay Time（上升延迟时间）：指数电压信号的上升延迟时间。

⇥ Rise Time Constant（上升时间）：指数电压信号的上升时间。

⇥ Fall Delay Time（下降延迟时间）：指数电压信号的下降延迟时间。

⇥ Fall Time Constant（下降时间）：指数电压信号的下降时间。

图19-8 分段信号激励源的仿真参数

（a）指数电压激励源　　　（b）指数电流激励源

图19-9 指数电压/电流源符号

6. 单频调频激励源

单频调频激励源用来为仿真电路提供一个单频调频的激励波形，包括单频调频电压源（VSFFM）与单频调频电流源（ISFFM）两种，符号形式如图19-11所示，相应需要设置的仿真参数如图19-12所示。

图19-10 指数信号激励源的仿真参数

（a）单频调频电压源　　　（b）单频调频电流源

图 19-11　单频调频电压/电流源符号

图 19-12　单频调频激励源的仿真参数

Parameters（参数）选项组的各项参数的具体含义如下。

- ↘ DC Magnitude（直流电压）：单频调频激励源的直流参数，通常设置为 0。
- ↘ AC Magnitude（交流电压）：单频调频激励源的电压值，通常设置为 1，如果不进行交流小信号分析，可以设置为任意值。
- ↘ AC Phase（交流相位）：单频调频激励源中的电压初始相位值，通常设置为 0。
- ↘ Offset（偏移）：调频电压信号上叠加的直流分量，即幅值偏移量。
- ↘ Amplitude（幅值）：调频电压信号的载波幅值。
- ↘ Carrier Frequency（载波频率）：调频电压信号的载波频率。
- ↘ Modulation Index（调制系数）：调频电压信号的调制系数。
- ↘ Signal Frequency（信号频率）：调制信号的频率。

根据以上的参数设置，输出的调频信号表达式为

$$U(t) = U_O + U_A \sin[2\pi F_C t + M \sin(2\pi F_S t)]$$

式中，U_O=Offest，U_A=Amplitude，F_C=Carrier Frequency，F_S=Signal Frequency。

这里只介绍 6 种常用的仿真激励源及仿真参数的设置。此外，在 Altium Designer 21 中还有线性受控源、非线性受控源等，在此不再一一赘述。用户可以参照上面所讲述的内容，练习使用其他的仿真激励源并进行有关仿真参数的设置。

19.4　仿真分析的参数设置

在电路仿真中，选择合适的仿真方式并对相应的参数进行合理地设置，是仿真能够正确运行并能获得良好的仿真效果的关键保证。

一般来说，仿真方式的设置包含两部分：一是各种仿真方式都需要的通用参数设置；二是具体的仿真方式所需要的特定参数设置。两者缺一不可。

【执行方式】

菜单栏：执行"设计"→"仿真"→Mixed Sim（混合仿真）命令。

【操作步骤】

执行此命令，则系统弹出如图 19-13 所示的 Analyses Setup（分析设置）对话框。

【选项说明】

在该对话框左侧的 Analyses/Options（分析/选项）选项组中，列出了若干选项供用户选择，包括

各种具体的仿真方式。而对话框的右侧则用来显示与选项相对应的具体设置内容。系统的默认选项为 General Setup（通用设置），即仿真方式的通用参数设置。

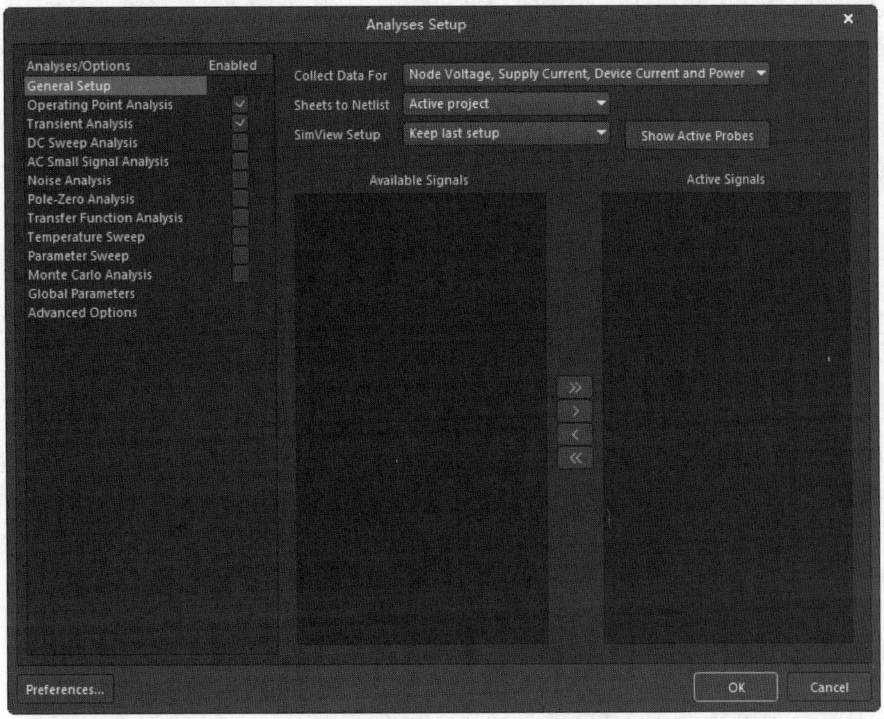

图 19-13　Analyses Setup 对话框

19.4.1　通用参数的设置

通用参数的具体设置内容有以下几项。

（1）Collect Data For（为了收集数据）：该项的下拉列表用于设置仿真程序需要计算的数据类型。

- Node Voltage and Supply Current：节点电压和提供电流。
- Node Voltage, Supply and Device Current：节点电压，提供和设置电流。
- Node Voltage, Supply Current, Device Current and Power：节点电压，提供电流，设置电流和功率。
- Active Signals/Probe（积极信号/探针）：仅计算“积极的信号”栏中列出的信号。

由于仿真程序在计算上述这些数据时要占用很长的时间，因此，在进行电路仿真时，用户应该尽可能少地设置需要计算的数据，只需要观测电路中节点的一些关键信号波形即可。

单击右侧的 Collect Data For（为了收集数据）下拉列表，可以看到系统提供了几种需要计算的数据组合，用户可以根据具体仿真的要求加以选择，系统默认为 Node Voltage, Supply Current, Device Current and Power（节点电压，提供电流，设置电流和功率）。

一般来说，应设置为 Active Signals（积极的信号），这样一方面可以灵活选择所要观测的信号，另一方面也减少了仿真的计算量，提高了效率。

（2）Sheet to Netlist（网表薄片）：该下拉列表用于设置仿真程序作用的范围。

- Active sheet（积极的图纸）：当前的电路仿真原理图。
- Active project（积极的项目）：当前的整个项目。

（3）SimView Setup（仿真结果设置）：该下拉列表用于设置仿真结果的显示内容。

- Keep last setup（保持上一次设置）：按照上一次仿真操作的设置在仿真结果图中显示信号波形，忽略 Active Signals（积极的信号）栏中所列出的信号。
- Show active signals（显示积极的信号）：按照“积极的信号”栏中所列出的信号，在仿真结果图中进行显示。

（4）Available Signals（有用的信号）：该栏中列出了所有可供选择的观测信号，具体内容随着 Collect Data For（为了收集数据）下拉列表设置的变化而变化，即对于不同的数据组合，可以观测的信号是不同的。

（5）Active Signals（积极的信号）：该栏列出了仿真程序运行结束后，能够立刻在仿真结果图中显示的信号。

在 Available Signals 栏中选中某一个需要显示的信号后，如选择 IN（加入），单击 > 按钮，可以将该信号加入到 Active Signals（积极的信号）栏，以便在仿真结果图中显示。单击 < 按钮可以将 Active Signals（积极的信号）栏中某个不需要显示的信号移回 Available Signals（有用的信号）栏。或者，单击 » 按钮，直接将全部有用的信号加入到 Active Signals（积极的信号）栏中。单击 « 按钮，则将全部积极的信号移回 Available Signals（有用的信号）栏中。

上面讲述的是在仿真运行前需要完成的通用参数设置。而对于用户具体选用的仿真方式，还需要进行一些特定参数的设定。

19.4.2 仿真数学函数

Altium Designer 的仿真器可以完成各种形式的信号分析，在仿真器的分析设置对话框中，通过全局设置页面，允许用户指定仿真的范围和自动显示仿真的信号。每一项分析类型可以在独立的设置页面内完成。

19.4.3 仿真方式的具体参数设置

在 Altium Designer 21 系统中，共提供了 12 种仿真方式。

- Operating Point Analyses（工作点分析）。
- Transient Analyses（瞬态分析）。
- DC Sweep Analyses（直流扫描分析）。
- AC Small Signal Analysis（交流小信号分析）。
- Noise Analysis（噪声分析）。
- Pole-Zero Analysis（极点分析）。
- Transfer Function Analysis（传递函数分析）。
- Temperature Sweep（温度扫描）。
- Parameter Sweep（参数扫描）。
- Monte Carlo Analysis（蒙特卡罗分析）。
- Global Parameters（全局参数）。
- Advanced Options（高级设置）。

下面分别介绍常用仿真方式的功能特点及参数设置。

19.4.4 Operating Point Analysis（工作点分析）

工作点分析就是静态工作点分析，这种方式是在分析放大电路时提出来的。当把放大器的输入信号短路时，放大器就处在无信号输入状态，即静态。若静态工作点选择不合适，则输出波形会失真，因此设置合适的静态工作点是放大电路正常工作的前提。

在该分析方式中，所有的电容被当作开路，所有的电感被当作短路，之后计算各个节点的对地电压以及流过每一元器件的电流。由于方式比较固定，因此，不需要用户再进行特定参数的设置，使用该方式时，只需要选中即可运行，如图 19-14 所示。

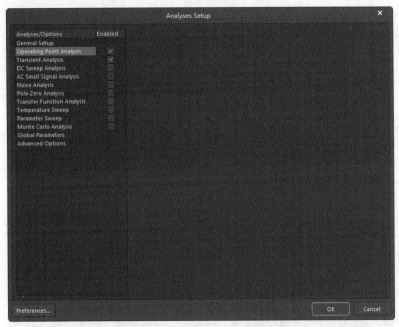

图 19-14　选中工作点分析方式

一般来说，在进行瞬态分析和交流小信号分析时，仿真程序都会先执行工作点分析，以确定电路中非线件元件的线性化参数初始值。因此，通常情况下应选中该项。

19.4.5 Transient Analysis（瞬态分析）

瞬态分析是电路仿真中经常使用的仿真方式。瞬态分析是一种时域仿真分析方式，通常是从时间零开始，到用户规定的终止时间结束，在一个类似示波器的窗口中，显示出观测信号的时域变化波形。

傅里叶分析是与瞬态分析同时进行的，属于频域分析，用于计算瞬态分析结果的一部分。在仿真结果图中将显示出观测信号的直流分量、基波及各次谐波的振幅与相位。

相应的参数设置如图 19-15 所示。各参数的含义如下。

- ↘ Transient Start Time（瞬态仿真分析的起始时间）：通常设置为 0。
- ↘ Transient Stop Time（瞬态仿真分析的终止时间）：需要根据具体的电路来调整设置。若设置太小，则用户无法观测到完整的仿真过程，仿真结果中只显示一部分波形，不能作为仿真分析的依据。若设置太大，则有用的信息会被压缩在一小段区间内，同样不利于分析。
- ↘ Transient Step Time（仿真的时间步长）：同样需要根据具体的电路来调整。设置太小，仿真程序的计算量会很大，运行时间过长。设置太大，则仿真结果粗糙，无法真切地反映信号的细微变化，不利于分析。

- Transient Max Step Time（仿真的最大时间步长）：通常设置为与时间步长值相同。
- Use Initial Conditions（使用初始设置条件）：该复选框用于设置电路仿真时，是否使用初始设置条件，一般应勾选。
- Use Transient Defaults（采用系统的默认设置）：用于设置在电路仿真时，是否采用系统的默认设置。若勾选了该复选框，则所有的参数选项颜色都将变成灰色，不再允许用户修改设置。通常情况下，为了获得较好的仿真效果，用户应对各参数进行手工调整配置，不应该勾选该复选框。
- Default Cycles Displayed（默认显示的波形周期数）：电路仿真时显示的波形周期数设置。
- Default Points Per Cycle（默认每一显示周期中的点数）：其数值多少决定了曲线的光滑程度。
- Enable Fourier（傅里叶分析有效）：用于设置电路仿真时，是否进行傅里叶分析。

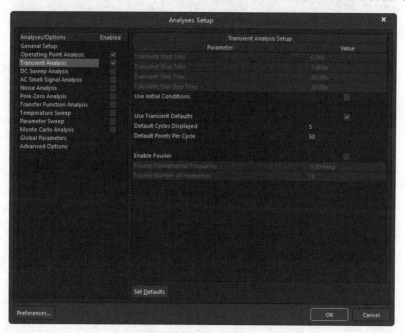

图 19-15　瞬态分析与傅里叶分析的仿真参数

- Fourier Fundamental Frequency（傅里叶分析中的基波频率）：用于傅里叶分析中的基波频率设置。
- Fourier Number of Harmonics（傅里叶分析中的谐波次数）：通常使用系统默认值 10 即可。
- Set Defaults：单击该按钮，可以将所有参数恢复为默认值。

在执行傅里叶分析后，系统将自动创建一个 ".sim" 数据文件，文件中包含了关于每一个谐波的幅度和相位的详细信息。

练一练——计算放大倍数

使用交流分析，计算图 19-16 所示的放大电路的放大倍数。

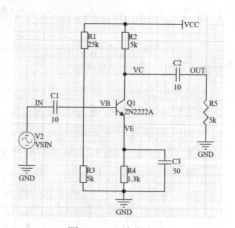

图 19-16　放大电路

📓 **思路点拨：**

源文件：yuanwenjian\ch19\Practice1\放大电路.PrjPcb

（1）图中 V2 是正弦信号源，双击该元件进入属性中 Part Fields 页面，将电压数值（AC Magnitude）字段内容设置为 5mV。

（2）General 页面设置：执行菜单 Simulate/Setup（仿真/设置）命令，系统弹出设置窗口的 General 页面，设置该页面。

（3）设置交流分析（AC Small Signal）。

（4）输出结果如图 19-17 所示，它是输出端电压 out 的频率特性。

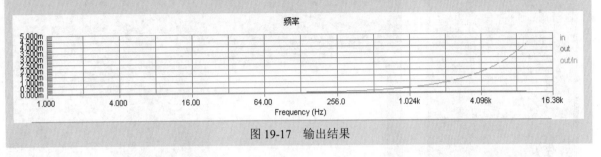

图 19-17　输出结果

19.5　特殊仿真元器件的参数设置

在仿真过程中，有时还会用到一些专门用于仿真的特殊元器件，它们存放在系统提供的 AD 20 Library/Simulation/Simulation Sources.IntLib 集成库中，这里做一个简单的介绍。

19.5.1　节点电压初值

节点电压初值.IC 主要用于为电路中的某一节点提供电压初值，与电容中的 Initial Voltage（电压初值）参数的作用类似。设置方法很简单，只要把该元件放在需要设置电压初值的节点上，通过设置该元件的仿真参数即可为相应的节点提供电压初值，如图 19-18 所示。

图 19-18　放置的.IC 元件

需要设置的.IC 元件仿真参数只有一个，即节点的电压初值。双击节点电压初值元件，系统弹出如图 19-19 所示的 Properties 面板。

在 Parameters（参数）选项组中，双击 Simulation（仿真）选项，系统弹出如图 19-20 所示的.IC 元件仿真参数设置对话框。

图 19-19　Properties 面板

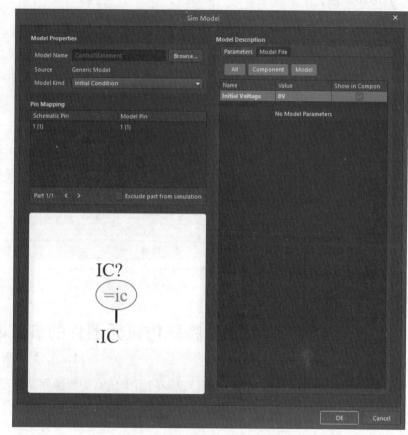

图 19-20　.IC 元件仿真参数设置

在 Parameters（参数）标签页中，只有一项仿真参数 Initial Voltage（电压初值），用于设定相应节点的电压初值，这里设置为 0V。设置了有关参数后的.IC 元件如图 19-21 所示。

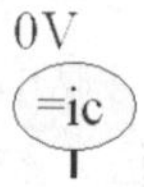

图 19-21　设置完参数的.IC 元件

19.5.2　节点电压

在对双稳态或单稳态电路进行瞬态特性分析时，用节点电压.NS 设置某个节点的电压预收敛值。如果仿真程序计算出该节点的电压小于预设的收敛值，则去掉.NS 元件所设置的收敛值，继续计算，直到算出真正的收敛值为止，即.NS 元件是求节点电压收敛值的一个辅助手段。

设置方法很简单，只要把该元件放在需要设置电压预收敛值的节点上，通过设置该元件的仿真参数即可为相应的节点设置电压预收敛值，如图 19-22 所示。

需要设置的.NS 元件仿真参数只有一个，即节点的电压预收敛值。双击节点电压元件，系统弹出如图 19-23 所示的属性设置面板。

在 Parameters（参数）选项组中，双击 Simulation（仿真）选项，系统弹出如图 19-24 所示的.NS 元件仿真参数设置对话框。

图 19-22　放置的.NS 元件

在 Parameters（参数）标签页中，只有一项仿真参数 Initial Voltage（电压初值），用于设置相应节点的电压预收敛值，这里设置为 10V。设置了有关参数后的.NS 元件如图 19-25 所示。

图 19-23 .NS 元件属性设置

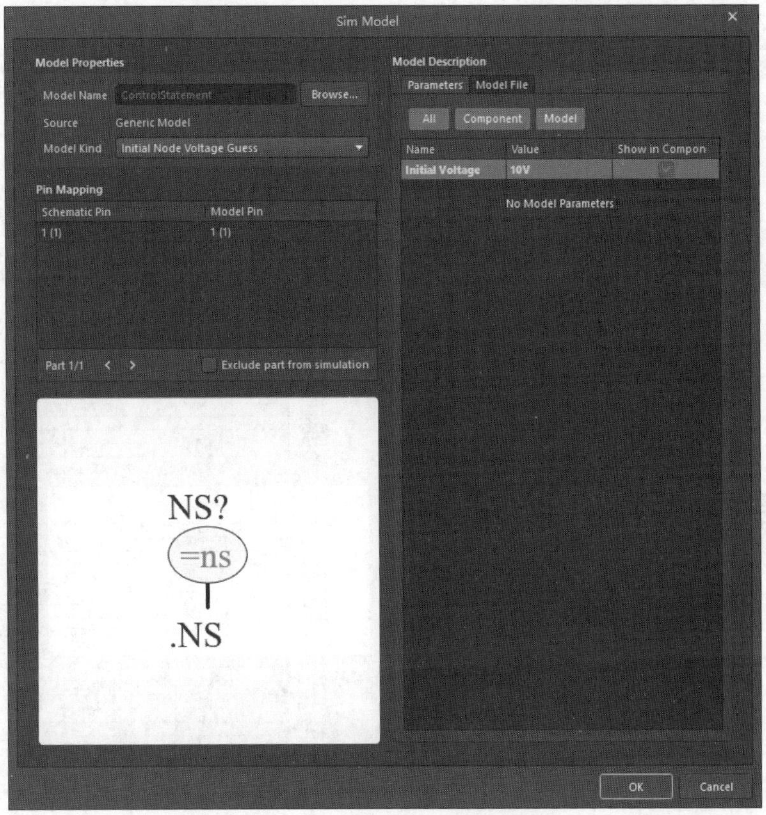

图 19-24 .NS 元件仿真参数设置

若在电路的某一节点处，同时放置了.IC 元件与.NS 元件，则仿真时.IC 元件的
设置优先级高于.NS 元件。

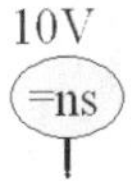

图 19-25 设置
完参数的.NS

19.5.3 仿真数学函数

在 Altium Designer 21 的仿真器中还提供了若干仿真数学函数，它们同样作为
一种特殊的仿真元器件，可以在电路仿真原理图中使用。仿真数学函数主要用于对仿真原理图中的
两个节点信号进行各种合成运算，以达到一定的仿真目的，包括节点电压的加、减、乘、除运算以
及支路电流的加、减、乘、除等运算，也可以用于对一个节点信号进行各种变换，如正弦变换、余
弦变换和双曲线变换等。

仿真数学函数存放在 AD 21/Library/Simulation/Simulation Math Function.IntLib 库文件中，只
需要把相应的函数功能模块放到仿真原理图中进行信号处理的地方即可，仿真参数不需要用户
自行设置。

如图19-26所示，是对两个节点电压信号进行相加运算的仿真数学函数ADDV。

动手学——仿真数学函数

源文件：yuanwenjian\ch19\Learning1\Simulation Math Function.PrjPcb
本实例使用相关的仿真数学函数，对某一输入信号进行正弦变换和余弦变换，然后叠加输出，

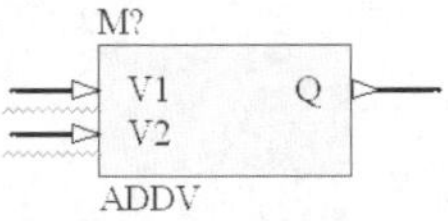

图 19-26 仿真数学函
数 ADDV

结果如图 19-27～图 19-29 所示。

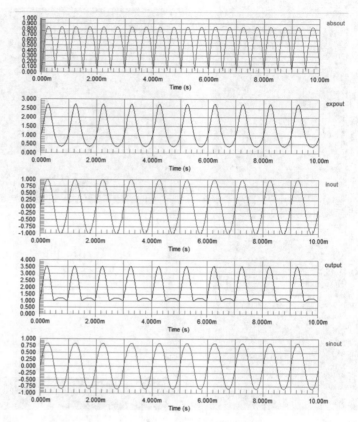

absout	0.000 V
expout	1.000 V
inout	0.000 V
output	1.000 V
sinout	0.000 V

图 19-27　工作点分析　　　　　　　　　　　　图 19-28　瞬态仿真分析的仿真结果

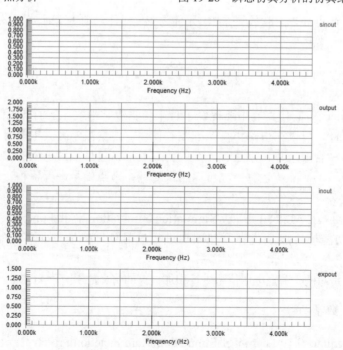

图 19-29　傅里叶分析的仿真结果

【操作步骤】

（1）新建一个工程文件与原理图文件，另存为 Simulation Math Function.PrjPcb 和 Simulation Math Function.SchDoc。

（2）在系统提供的集成库中，选择 Simulation Sources.IntLib 和 Simulation Math Function.IntLib 进行加载。

（3）在 Component（元件）面板中，打开集成库 Simulation Math Function.IntLib，选择函数 SINV、ABSV、ADDV 和 EXPV，将其分别放置到原理图中，如图 19-30 所示。

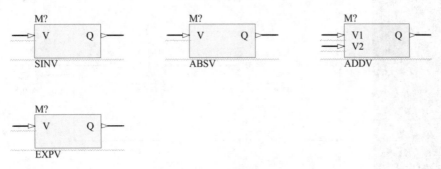

图 19-30　放置数学函数

（4）在 Component（元件）面板中，打开集成库 Miscellaneous Devices.IntLib，选择元件 Res2，在原理图中放置两个接地电阻，并完成相应的电气连接，如图 19-31 所示。

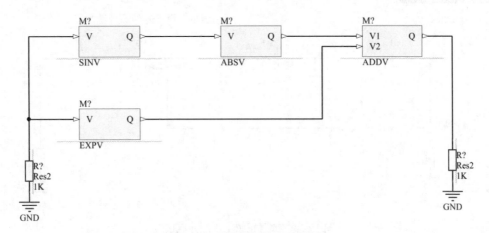

图 19-31　放置接地电阻并连接

（5）双击电阻，系统弹出 Properties（属性）面板，相应的电阻值设置为 1K。

（6）双击每一个仿真数学函数，进行参数设置，在弹出的 Properties（属性）面板中，只需设置标识符，如图 19-32 所示。设置好的原理图如图 19-33 所示。

（7）在 Component（元件）面板中，打开集成库 Simulation Sources.IntLib，找到正弦电压源 VSIN，放置在仿真原理图中，并进行接地连接，如图 19-34 所示。

（8）双击正弦电压源，弹出相应的属性面板，设置其基本参数及仿真参数，如图 19-35 所示。标识符输入为 V1，其他各项仿真参数均采用系统的默认值。

图 19-32　Properties 面板

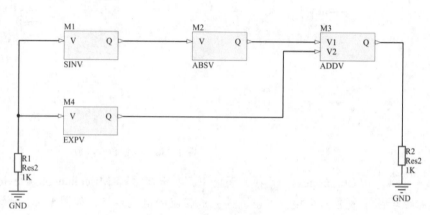

图 19-33　设置好的原理图

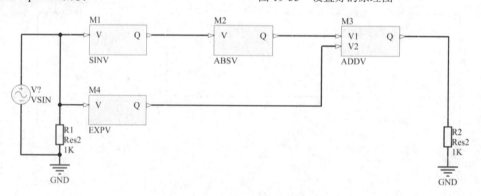

图 19-34　放置正弦电压源并连接

（9）在原理图中需要观测信号的位置添加网络标签。在这里，需要观测的信号有 5 个，即输入信号、输出信息、经过正弦变换后的信号、经过余弦变换后的信号及叠加后输出的信号。因此，在相应的位置处放置 5 个网络标签，即 EXPOUT、ABSOUT、INOUT、SINOUT 和 OUTPUT，如图 19-36 所示。

（10）选择菜单栏中的"设计"→"仿真"→Mixed Sim（混合仿真）命令，在系统弹出的 Analyses Setup（分析设置）对话框中设置常规参数，如图 19-37 所示。

（11）完成通用参数的设置后，在 Analyses/Options（分析/选项）列表中，勾选 Operating Point Analysis（工作点分析）和 Transient Analysis（瞬态分析）复选框。Transient Analysis 选项中各项参数的设置如图 19-38 所示。

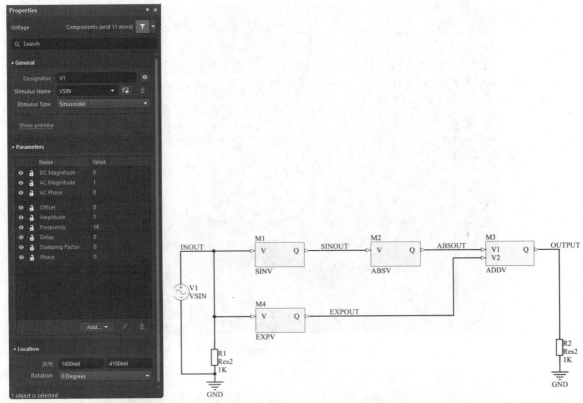

图 19-35 设置正弦电压源的参数   图 19-36 添加网络标签

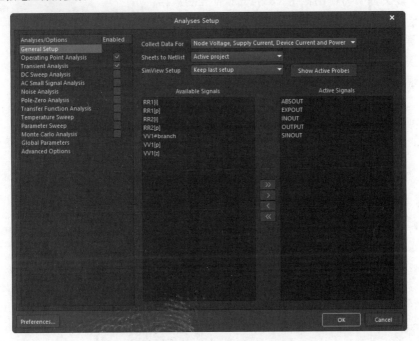

图 19-37 Analyses Setup 对话框

（12）设置完毕后，单击"确定"按钮，系统进行电路仿真。工作点分析、瞬态仿真分析和傅里叶分析的仿真结果如图 19-25～图 19-29 所示。

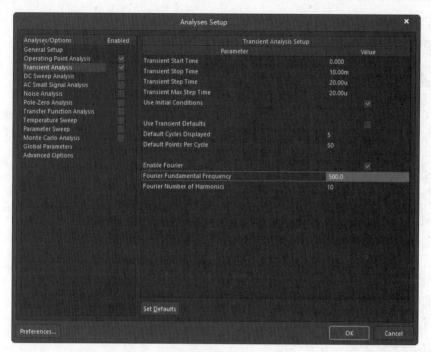

图 19-38　Transient Analysis 选项的参数设置

在图 19-24 和图 19-27 中分别显示了所要观测的 4 个信号的时域波形及频谱组成。在给出波形的同时，系统还为所观测的节点生成了傅里叶分析的相关数据，保存在后缀名为.sim 的文件中，如图 19-27 所示是该文件中与输出信号 OUTPUT 有关的数据。

图 19-27 表明了直流分量为 0V，同时给出了基波和 2～9 次谐波的幅度和相位值以及归一化的幅度和相位值等。

傅里叶变换分析是以基频为步长进行的，因此基频越小，得到的频谱信息就越多。但是基频的设定是有下限限制的，其所对应的周期一定要小于或等于仿真的终止时间。

扫一扫，看视频

19.6　操作实例——Filter 电路仿真

源文件：yuanwenjian\ch19\Operation\Filter 电路.PrjPcb

Filter 电路仿真原理图如图 19-39 所示。

【操作步骤】

（1）打开下载资源包中的 yuanwenjian\ch19\Operation\example\Filter 电路.PrjPcb 文件。

（2）设置仿真激励源。

① 双击直流电压源，在打开的属性设置面板中设置其标号和幅值，分别设置为+5V 和-5V。

② 双击放置好的正弦电压源，打开属性设置面板，将它的标号设置为 VIN，在 Parameters 选项组中，将 Frequency（频率）设置为 50kHz，将 Amplitude（幅值）设置为 5，如图 19-40 所示。

（3）设置仿真模式。

① 选择菜单栏中的"设计"→"仿真"→Mixed Sim（混合仿真）命令，打开 Analyses Setup 对话框。在 General Setup（常规设置）选项卡中将 Collect Data For（为了收集数据）栏中设置为 Node

Voltage,Supply Current,Device Current and Power 项。将 Available Signals 栏中的 IN 和 OUT 添加
到 Active Signals 栏中，如图 19-41 所示。

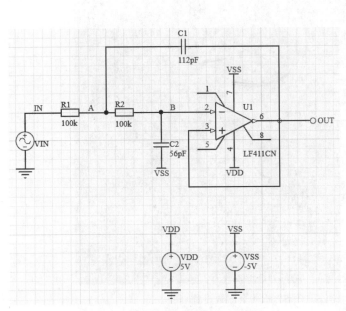

图 19-39 Filter 电路仿真原理图

图 19-40 正弦电压源仿真参数设置

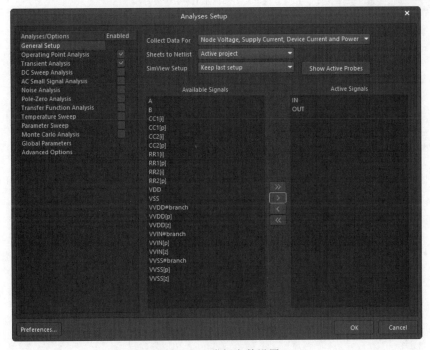

图 19-41 常规参数设置

② 在 Analyses/Options（分析/选项）栏中，选择 Operating Point Analysis（工作点分析）、Transient Analysis（瞬态特性分析）和 AC Small Signal Analysis（交流小信号分析）三项，并对其参数进行设置。将 Transient Analysis（瞬态特性分析）选项卡中的 Use Transient Defaults（使用瞬态特性默认值）项设置为无效，并设置每个具体的参数，如图 19-42 所示。

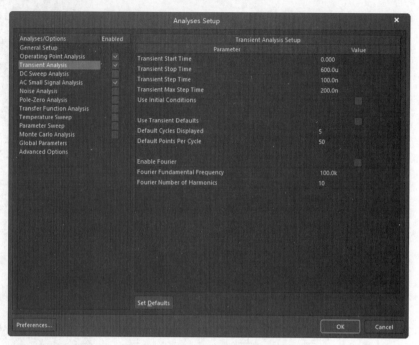

图 19-42　瞬态分析仿真参数设置

将交流小信号分析的终止频率设置为 1k，如图 19-43 所示。

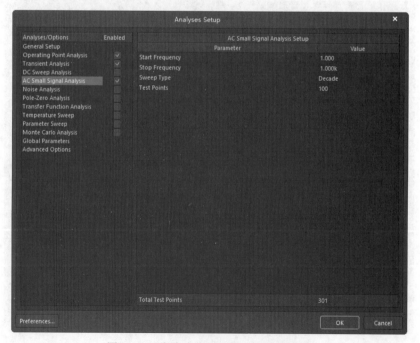

图 19-43　交流小信号分析仿真参数设置

（4）执行仿真。

① 参数设置完成后，单击 OK 按钮，执行电路仿真。仿真结束后，输出的波形如图 19-44 所示。此波形为瞬态分析的波形。

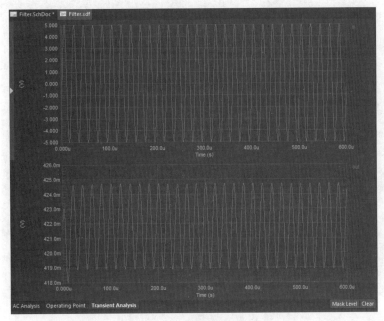

图 19-44　瞬态分析波形

② 单击波形分析器窗口左下方的 AC Analysis（交流分析）标签，可以切换到交流小信号分析输出波形，如图 19-45 所示。

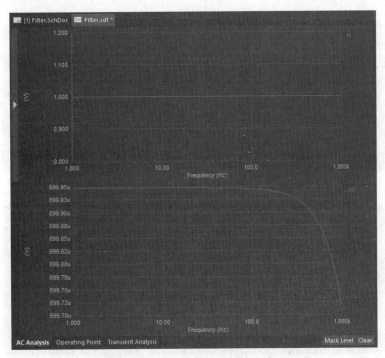

图 19-45　交流小信号分析输出波形

③ 单击波形分析器窗口左下方的 Operating Point Analysis（工作点分析）标签，可以切换到静态工作点分析结果输出窗口，如图 19-46 所示。在该窗口中列出了静态工作点分析得出的节点电压值。

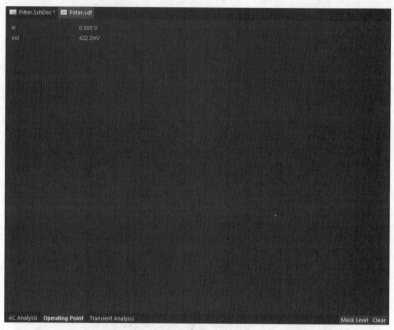

图 19-46　静态工作点分析结果

（5）在 AC Analysis（交流小信号）波形显示器上选择要测量的波形（in），并右击，在弹出的如图 19-47 所示的菜单中选择 Cursor A 或 Cursor B 可以给波形加光标，测量波形上不同点的值，结果如图 19-48 所示。

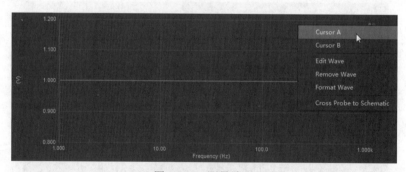

图 19-47　测量波形

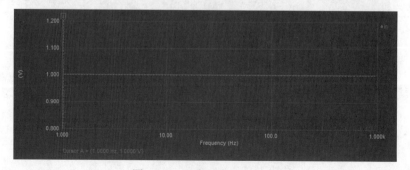

图 19-48　添加光标 Cursor A

第 20 章　正弦波逆变器电路层次化设计实例

内容简介

对于大规模的电路系统，由于所包含的对象数量繁多，结构关系复杂，很难在一张原理图上完整地绘出。即使绘制出来，其错综复杂的结构也不利于电路的阅读分析与检测。

本章采用另外一种设计方法，即电路的层次化设计。通过正弦波逆变器电路的设计，将整体系统按照功能分解成若干个电路模块，分模块设计。

内容要点

➤ 层次原理图的设计方法
➤ 层次原理图之间的切换
➤ 层次原理图设计
➤ 报表输出
➤ 设计 PCB

案例效果

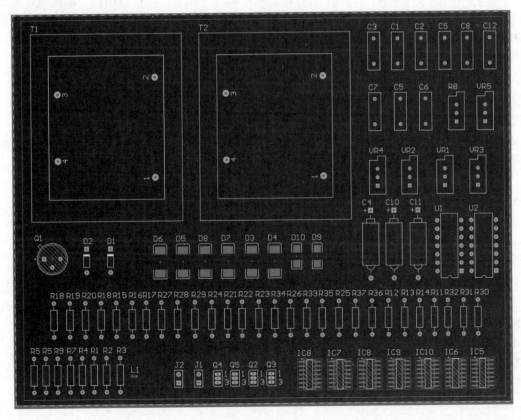

20.1　层次原理图的设计方法

层次电路原理图的设计理念是将实际的总体电路进行模块划分。划分的原则是每一个电路模块不仅应该有明确的功能特征和相对独立的结构，而且要有简单、统一的接口，便于模块彼此之间的连接。

基于上述的设计理念，层次电路原理图设计的具体实现方法有两种：一种是自上而下的层次原理图设计；另一种是自下而上的层次原理图设计。

自上而下的设计是在绘制电路原理图之前，要求设计者对这个设计有一个整体的把握。可先把整个电路设计分成多个模块，确定每个模块的设计内容，然后对每一模块进行详细设计。在 C 语言中，这种设计方法被称为自顶向下，逐步细化。该设计方法要求设计者在绘制原理图之前就对系统有比较深入的了解，对于电路的模块划分比较清楚。

自下而上的设计则是设计者先绘制原理图子图，根据原理图子图生成方块电路图，进而生成上层原理图，最后生成整个设计。这种方法比较适用于对整个设计不是非常熟悉的用户，这也是初学者的一种选择。

20.2　层次原理图之间的切换

绘制完成的层次电路原理图中一般包含顶层原理图和多张子原理图。用户在编辑时，常常需要在这些图中来回切换查看，以便了解完整的电路结构。在 Altium Designer 21 中，提供了层次原理图切换的专用命令，以帮助用户在复杂的层次原理图之间方便地进行切换，实现多张原理图的同步查看和编辑。

切换的方法有以下两种。

（1）用 Projects 工作面板切换：打开 Projects（工程）面板，单击面板中相应的原理图文件名，在原理图编辑区内就会显示对应的原理图。

（2）用命令方式切换：选择"工具"→"上/下层次"命令，光标变成十字形。移动光标至顶层原理图中的欲切换的子原理图对应的方块电路上，单击即可切换。

20.3　层次原理图设计

源文件：yuanwenjian\ch20\ Sine Wave Inverter.PrjPcb

当读者对 Altium Designer 21 层次原理图的设计方法有了一定的整体认识后，可用实例的方式来详细介绍两种层次原理图的设计步骤。

本例要设计的是一个正弦波逆变器电路，有方波输出和正弦波输出。方波输出的逆变器效率高，但使用范围较窄，部分电器不适用，或电气使用指标变化超出范围。正弦波逆变器没有此缺点，效率更高。

20.3.1　绘制子原理图

【操作步骤】

1. 建立工作环境

（1）在 Altium Designer 21 主界面中，选择菜单栏中的"文件"→"新的"→"项目"命令，创建工程文件 Sine Wave Inverter.PrjPcb。

（2）选择菜单栏中的"文件"→"新的"→"原理图"命令，然后右击选择"保存"命令，将新建的原理图文件保存为 Sine Wave Oscillation.SchDoc。

2. 加载元件库

在 Components 面板右上角单击■按钮，在弹出的快捷菜单中选择 File-based Libraries Preferences（库文件参数）命令，则系统将弹出"可用的基于文件的库"对话框，然后在其中加载需要的元件库 Motorola Amplifier Operational Amplifier.IntLib、Miscellaneous Devices.IntLib 与 Miscellaneous Connectors.IntLib，如图 20-1 所示。

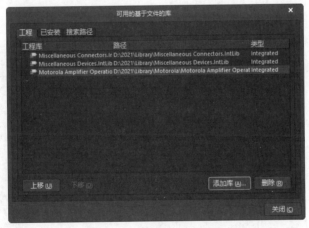

图 20-1　加载需要的元件库

3. 绘制正弦波振荡电路

（1）放置元件。

选择 Components 面板，在其中浏览刚刚加载的元件库 Motorola Amplifier Operational Amplifier.IntLib 元件库中找到所需的运算放大器 TL074ACD，将其放在图纸上。在 Miscellaneous Devices.IntLib 元件库中找出另外一些需要的元件，然后将它们都放置到原理图中并编辑元件属性，再对这些元件进行布局，布局的结果如图 20-2 所示。

（2）元件布线。

元件之间连线、放置接地符号，完成后的原理图如图 20-3 所示。

（3）放置电路端口。

选择菜单栏中的"放置"→"端口"命令，或者单击工具栏中的放置端口按钮，光标变为十字形，在适当的位置再单击一次，即可完成电路端口的放置。双击一个放置好的电路端口，打开

Properties 面板，在该面板中对电路端口属性进行设置，如图 20-4 所示。

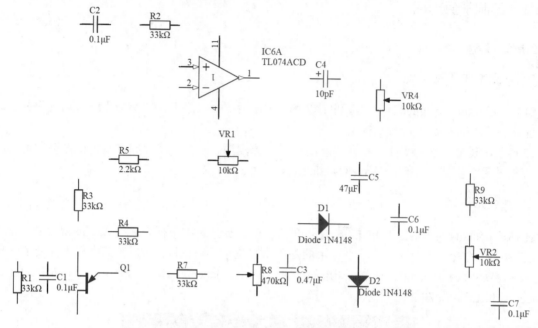

图 20-2　正弦波振荡电路元件布局

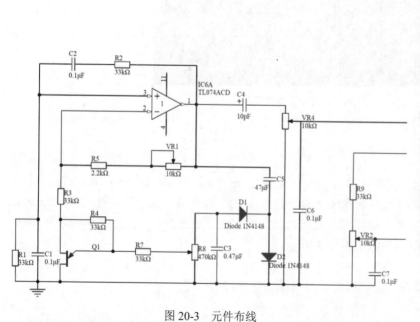

图 20-3　元件布线

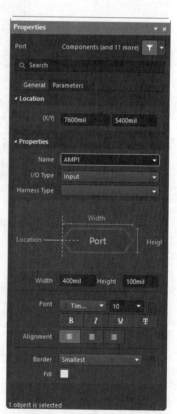

图 20-4　Properties 面板

用同样的方法在原理图中放置其余电路端口，结果如图 20-5 所示。

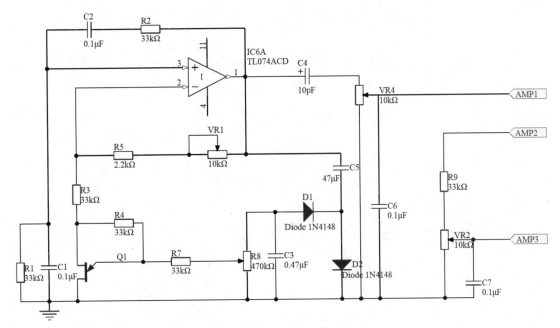

图 20-5　放置电路端口

4. 绘制方波振荡电路

选择菜单栏中的"文件"→"新的"→"原理图"命令，然后右击，在弹出的快捷菜单中选择"保存"命令，将新建的原理图文件另存为 Square Wave Oscillation.SchDoc。完成后的原理图如图 20-6 所示。

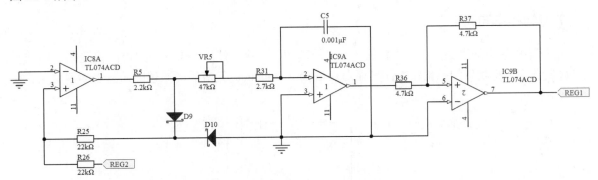

图 20-6　绘制完的方波振荡电路原理图

5. 绘制放大器电路

选择菜单栏中的"文件"→"新的"→"原理图"命令，然后右击，在弹出的快捷菜单中选择"保存"命令，将新建的原理图文件另存为 Amplification.SchDoc。完成后的原理图如图 20-7 所示。

6. 绘制示例电路

选择菜单栏中的"文件"→"新的"→"原理图"命令，然后右击，在弹出的快捷菜单中选择"保存"命令，将新建的原理图文件另存为 Sample.SchDoc，完成后的原理图如图 20-8 所示。

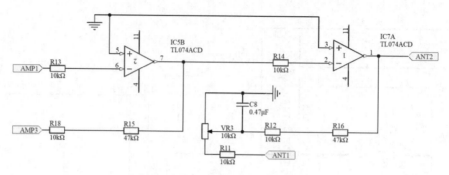

图 20-7　绘制完的放大器电路原理图

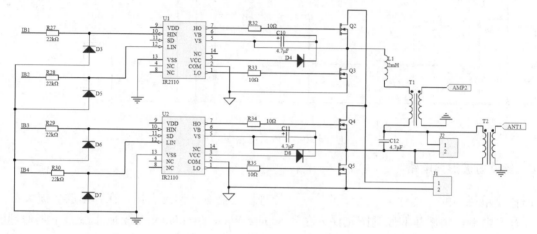

图 20-8　绘制完的示例电路原理图

7. 绘制比较电路

选择菜单栏中的"文件"→"新的"→"原理图"命令，然后右击，在弹出的快捷菜单中选择"保存"命令，将新建的原理图文件另存为 Compare.SchDoc。完成后的原理图如图 20-9 所示。

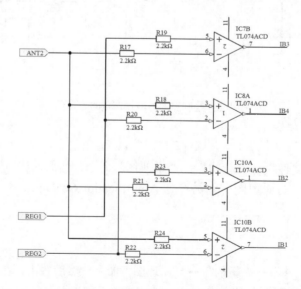

图 20-9　绘制完的比较电路原理图

20.3.2　设计顶层电路

【操作步骤】

（1）选择菜单栏中的"文件"→"新的"→"原理图"命令，然后右击，在弹出的快捷菜单中选择"保存"命令，将新建的原理图文件另存为 Inverter.SchDoc。

（2）选择菜单栏中的"设计"→Create Sheet Symbol From Sheet 命令，打开 Choose Document to Place（选择文件位置）对话框，如图 20-10 所示。在该对话框中选择 Amplification.SchDoc 选项，然后单击 OK 按钮，生成浮动的方块图。

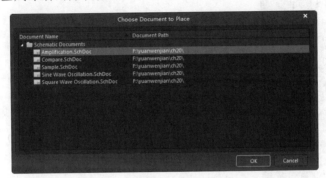

图 20-10　选择要生成方块图的子图

（3）将生成的方块图放置到原理图中，用同样的方法创建其余与子原理图同名的方块图，放置到原理图中，结果如图 20-11 所示。

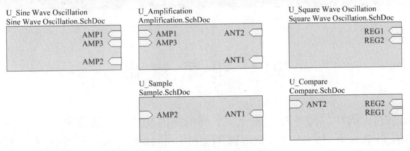

图 20-11　生成的方块图

（4）连接导线。单击"布线"工具栏中的放置线按钮，完成方块图中电路端口之间的端口及端口的电气连接，如图 20-12 所示。

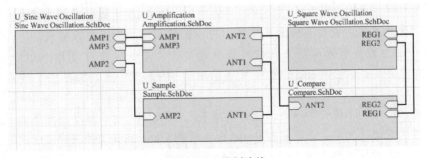

图 20-12　绘制连线

（5）电路编译。选择菜单栏中的"工程"→Validate PCB Project（编译电路板工程）命令，编译本设计工程。编译结果如图 20-13 所示。

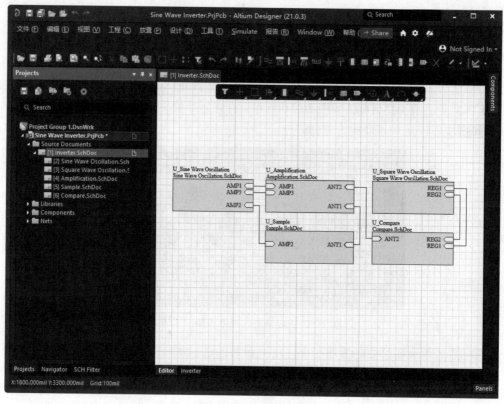

图 20-13　编译结果

20.4　报表输出

为保证原理图的正确性，同时为了进一步了解电路的功能性，需要输出原理图的各种报表。在 Sine Wave Inverter.PrjPcb 项目中，有 6 个电路图文件，此时生成不同的原理图文件的网络报表。

20.4.1　网络报表输出

【操作步骤】

（1）选择菜单栏中的"设计"→"文件的网络表"→Protel（生成原理图网络表）命令，系统弹出网络报表格式选择菜单。针对不同的原理图，可以创建不同的网络报表格式。

（2）系统自动生成当前原理图文件的网络报表文件，并存放在当前 Projects（项目）面板中的 Generated 文件夹中，单击 Generated 文件夹前面的+展开文件夹，双击打开网络报表文件，如图 20-14 所示。

（3）选择菜单栏中的"设计"→"工程的网络表"→Protel（生成原理图网络表）命令，系统自动生成当前项目的网络表文件，并存放在 Projects 面板的 Generated 文件夹中，生成的工程网络表文件替换打开的对应原理图网络表文件，如图 20-15 所示。

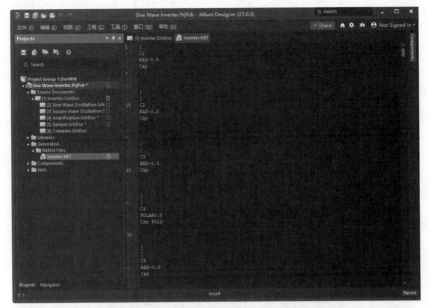

图 20-14　单个原理图文件的网络报表

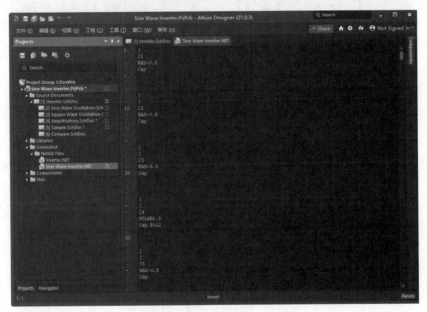

图 20-15　整个项目的网络报表

20.4.2　元器件报表

【操作步骤】

（1）选择菜单栏中的"报告"→Bill of Materials（材料清单）命令，系统弹出 Bill of Materials for Project（元器件报表）对话框，勾选 Add to Project（添加到工程）、Open Exported（打开导出的）复选框，如图 20-16 所示。

（2）单击 Export... 按钮，可以将该报表保存，默认文件名为 Sine Wave Inverter.xls，是一个 Excel 文件，自动打开该文件，如图 20-17 所示。

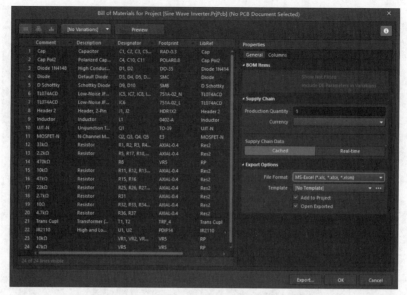

图 20-16　Bill of Materials for Project 对话框

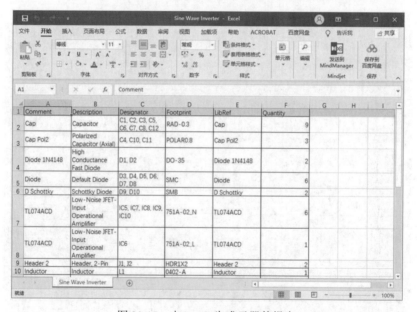

图 20-17　由 Excel 生成元器件报表

（3）关闭表格文件，返回元器件报表对话框，单击 ▇▇OK▇▇ 按钮，完成设置退出对话框。

由于显示的是整个工程文件元器件报表，因此在任意原理图文件编辑环境下执行菜单命令，结果都相同。

20.4.3　打印输出文件

选择菜单栏中的"文件"→"页面设置"命令，弹出 Schematic Print Properties（原理图打印属性）对话框，如图 20-18 所示。单击 ▇▇ 预览(V) 按钮，弹出 Preview Schematic Prints of（文件打印预览）对话框，如图 20-19 所示。预览完成后，单击"打印"按钮，打印原理图。

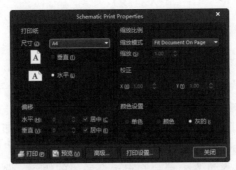

图 20-18　Schematic Print Properties 对话框

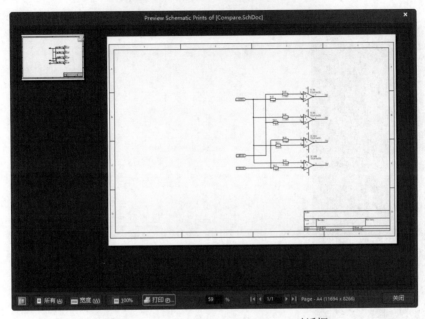

图 20-19　Preview Schematic Prints of 对话框

20.5　设计 PCB

电路板设计是原理图设计的最终目的。在一个项目中设计印制电路板时，系统都会将所有电路图的数据转移到一块电路板里。但电路图设计电路板，还要从新建印制电路板文件开始。

20.5.1　创建 PCB 文件

【操作步骤】

1. 设置工作环境

（1）选择菜单栏中的"文件"→"新的"→PCB 命令，创建一个 PCB 文件，选择菜单栏中的"文件"→"保存"命令，将新建 PCB 文件保存为 Sine Wave Inverter.PcbDoc。

（2）单击右下角 Panels 按钮，弹出快捷菜单，选择 Properties 命令，打开 Properties 面板，如图 20-20 所示。设置 PCB 层参数，这里设计的是双面板，采用系统默认即可。

2. 绘制 PCB 的物理边界和电气边界

（1）单击编辑区左下方板层标签的 Mechanical 1（机械层）标签，将其设置为当前层。然后，选择菜单栏中的"Place（放置）"→"Line（线条）"命令，光标变成十字形，沿 PCB 边绘制一个矩形闭合区域，即可设定 PCB 的物理边界。

（2）光标指向编辑区下方工作层标签栏的 KeepOut Layer（禁止布线层）标签，单击切换到禁止布线层。选择菜单栏中的"Place（放置）"→"Keepout（禁止布线）"→"Track（线径）"命令，光标变成十字形，在 PCB 图上物理边界内部绘制出一个封闭的矩形，设定电气边界。设置完成的 PCB 图如图 20-21 所示。

图 20-20　Properties 面板

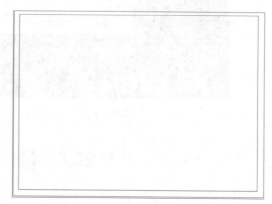

图 20-21　完成边界设置的 PCB 图

（3）选择菜单栏中的"Design（设计）"→"Board Shape（板子形状）"→"Define from selected objects（按照选择对象定义）"命令，以物理边界为边界重新设定 PCB 形状。

3. 更新封装

（1）打开 PCB 文件，选择菜单栏中的"Design（设计）"→Import Changes From Sine Wave Inverter.PcbDoc（更新 Sine Wave Inverter 电路）命令，系统弹出"工程变更指令"对话框，如图 20-22 所示。

（2）单击对话框中的 验证变更 按钮，显示元件封装更新信息，如图 20-23 所示。

（3）单击 执行变更 按钮，检查所有更新是否正确。若所有的项目后面都出现两个 ✅ 标志，则项目转换成功，将元器件封装添加到 PCB 文件中，如图 20-24 所示。

图 20-22 "工程变更指令"对话框

图 20-23 检查封装更新

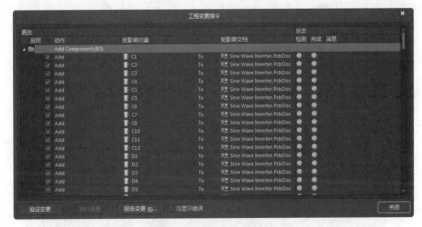

图 20-24 添加元器件封装

（4）完成添加后，单击 关闭 按钮，关闭对话框。此时，在 PCB 图纸上已经有了元器件的封装，如图 20-25 所示。

📢 提示：

由于封装元件过多，需要重新设置，这里修改物理边界与电气边界和板子形状。

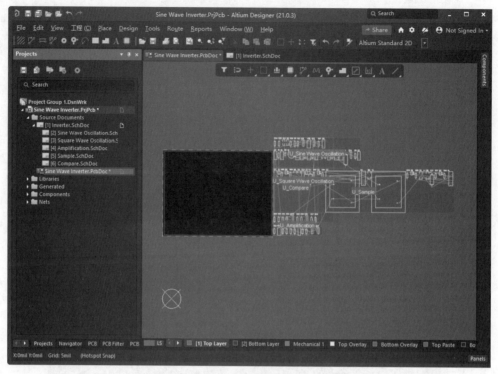

图 20-25　添加元器件封装的 PCB 图

20.5.2　元器件布局

【操作步骤】

（1）选中要布局的元件，选择菜单栏中的"Tools（工具）"→"Component Placement（器件摆放）"→"Arrange Within Rectangle（在矩形区域排列）"命令，以编辑区物理边界为边界绘制矩形区域，即可开始在选择的物理边界中自动布局，结果如图 20-26 所示。

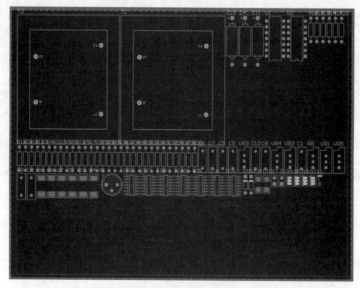

图 20-26　自动布局结果

（2）将边界内部封装模型布局，进行手工调整。调整后的 PCB 图如图 20-27 所示。

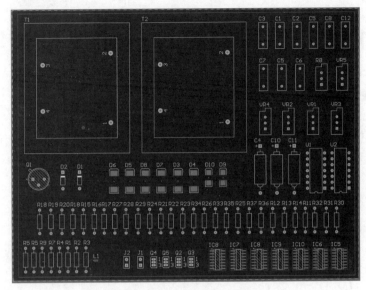

图 20-27　手工调整后结果

（3）选择菜单栏中的"View（视图）"→"3D layout Mode（切换到 3 维模式）"命令，观察 PCB，如图 20-28 所示。

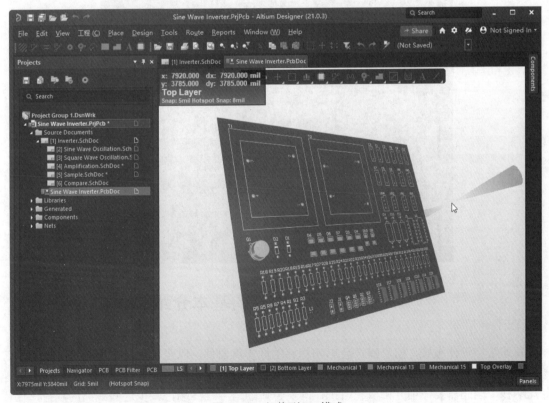

图 20-28　切换到 3D 模式

第 21 章　信号完整性分析仪设计实例

内容简介

本章中主要通过演示信号完整性分析仪的功能实例，加深对信号完整性分析的了解，通过完整的设计流程掌握信号完整性分析。

内容要点

❯ 信号完整性的基本介绍
❯ 信号完整性分析的特点
❯ 信号完整性分析仪设计

案例效果

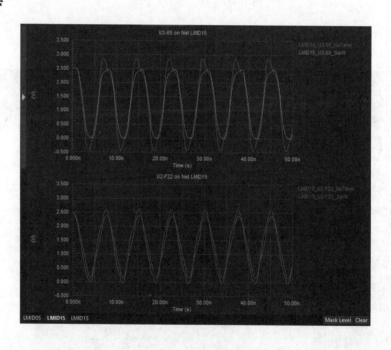

21.1　信号完整性的基本介绍

在高速数字设计领域，信号噪声会影响相邻的低噪声器件，以至于无法准确传递"消息"。随着高速器件越来越普遍，板卡设计阶段的分布式电路分析也变得越来越关键。由于信号的边沿速率只有几纳秒，因此需要仔细分析板卡阻抗，确保合适的信号线终端，减少这些线路的反射，保证电磁干扰（EMI）处于一定的规则范围之内。最终，需要保证跨板卡的信号完整性，即获得好的信号完整性。

21.1.1　信号完整性定义

不同于处理电路功能操作的电路仿真，信号完整性分析关注器件间的互连、驱动管脚源、目的接收管脚和连接它们的传输线。组件本身以管脚的 I/O 特性定型号。

在分析信号完整性时会检查（并期望不更改）信号质量。当然，在理想情况下，源管脚的信号在沿着传输线传输时是不会有损失的。器件管脚间的连接使用传输线技术建模，考虑线轨的长度、特定激励频率下的线轨阻抗特性以及连接两端的终端特性。一般分析为筛选分析，需要通用快速的分析方法来确定问题信号。如果要进行更详细的分析，就是指研究反射分析和 EMI 分析。

多数信号完整性问题都是由反射造成的。实际的补救办法是通过引入合适的终端组件进行阻抗不匹配补偿。如果在设计输入阶段就进行分析，则相对可以更快、更直接地添加终端组件。很明显，相同的分析也可以在版图设计阶段完成，如果在版图完成后再添加终端组件，则十分费时且容易出错，在密集的板卡上尤其如此。有一种很好的补救措施，也是许多工程师在使用信号完整性分析时用的，就是在设计输入后、PCB 图设计前进行信号完整性分析，处理反射问题，根据需求放置终端。然后进行 PCB 设计，使用基于期望传输线阻抗的线宽进行布线，再次分析。在输入阶段检查有问题标值的信号。同样进行 EMI 分析，把 EMI 保持在可接受的水平。

一般信号传输线上反射的起因是阻抗不匹配。基本电子学指出一般电路都会输出有低阻抗而输入有高阻抗。为了减小反射，获得干净的信号波形、没有响铃特征，就需要很好地匹配阻抗。一般的解决方案包括在设计中的相关点添加终端电阻或 RC 网络，以此匹配终端阻抗，减少反射。此外，在 PCB 布线时考虑阻抗也是确保更好信号完整性的关键因素。

串扰水平（或 EMI 程度）与信号线上的反射直接成比例。如果信号质量条件得到满足，反射几乎可以忽略不计。在信号到达目的地的路径中简单明了，就可以减少串扰。设计工程师设计的黄金定律就是通过正确的信号终端和 PCB 上受限的布线阻抗获得最佳的信号质量。一般 EMI 需要严格考虑，但如果设计流程中集成了很好的信号完整性分析，则设计可以满足最严格的规范要求。

21.1.2　在信号完整性分析方面的功能

在原理图设计或 PCB 制造前创建正确的板卡，一个关键用处就是维护高速信号的完整性。Altium Designer 21 的统一信号完整性分析仪提供了强大的功能集，可以保证设计师的设计以期望的方式在真实世界工作。

1. 确保高速信号的完整性

越来越多的高速器件出现在数字设计中，这些器件也导致了高速的信号边沿速率。对设计师来说，需要考虑如何保证板卡上信号的完整性。快速的上升时间和长距离的布线会带来信号反射。特定传输线上明显的反射不仅会影响该线路上传输的真实信号，而且会给相邻传输线带来噪声，即电磁干扰（EMI）。如果要监控信号反射和交叉信号电磁干扰，就需要详细分析设计中信号反射和电磁干扰程度的工具。Altium Designer 21 就能提供这些工具。

2. 在 Altium Designer 21 中进行信号完整性分析

Altium Designer 21 提供完整的集成信号完整性分析工具，可以在设计的输入（只有原理图）和版图设计阶段使用。先进的传输线计算和 I/O 缓冲宏模型信息用作分析仿真的输入，再结合快速反射和抗电磁干扰模拟器后，分析工具使用业界实证过的算法进行准确的仿真。

> 📢 **注意：**
>
> 无论进行原理图分析还是对 PCB 进行分析，原理图或 PCB 文档都必须属于该项目。如果存在 PCB 文档，则分析始终要基于该 PCB 文档。

21.1.3　将信号完整性集成进标准的板卡设计流程中

在生成 PCB 输出前，一定要运用最终的设计规则检查 DRC。将信号完整性规则检查作为 DRC 布线策略的一部分。选择菜单栏中的"Tools（工具）"→"Design Rule Check（设计规则检测）"命令，可以打开"设计规则检查器"对话框，如下图 21-1 所示。

图 21-1　"设计规则检查器"对话框

作为 Batch DRC 的一部分，Altium Designer 21 的"PCB 编辑器"可定义各种信号完整性规则。用户可设定参数门限，如降压和升压、边沿斜率、信号级别和阻抗值。如果在检查过程中发现问题网络，还可以进行更详细的反射或串扰分析。

这样，建立可接受的信号完整性参数成为正常板卡定义流程的一部分，和定义对象间隙和布线宽度一样。然后确定物理版图导致的信号完整性问题就自然成为完成板卡全部 DRC 的一部分。将信号完整性设计规则作为补充检查而不是分析设计的唯一途径来考虑。

21.2　信号完整性分析的特点

在 Altium Designer 21 设计环境下，既可以在原理图中又可以在 PCB 编辑器内实现信号完整性分析，并且能以波形的方式在图形界面下给出反射和串扰的分析结果。其特点如下。

（1）Altium Designer 21 具有布局前和布局后信号完整性分析功能，采用成熟的传输线计算方法以及 I/O 缓冲宏模型进行仿真。信号完整性分析器能够产生准确的仿真结果。

（2）布局前的信号完整性分析允许用户在原理图环境下，对电路潜在的信号完整性问题进行分析。

（3）更全面的信号完整性分析是在 PCB 环境下完成的，它不仅能对反射和串扰以图形的方式进行分析，而且能利用规则检查发现信号完整性问题，Altium Designer 21 能提供一些有效的终端选项，来帮助选择最好的解决方案。

（4）Altium Designer 21 的 SI 仿真功能，可以在原理图阶段假定 PCB 环境进行布线前预仿真，帮助用户进行设计空间探索，也可以在 PCB 布线后按照实际设计环境进行仿真验证，并辅以虚拟端接、参数扫描等功能，帮助用户考察和优化设计，增强设计信心。

🔊 注意：

> 不论是在 PCB 还是在原理图环境下，进行信号完整性分析，设计文件必须在工程之中，如果设计文件是作为 Free Document 出现的，则不能进行信号完整性分析。

21.3　信号完整性分析仪设计

源文件：yuanwenjian\ch21\result\SI_demo\SI_Demo.PrjPcb

本节演示了信号完整性分析仪的功能，分别通过对原理图、PCB 图的分析，完整地演示了电路分析的必要性。

21.3.1　原理图参数设置

【操作步骤】

1．打开工程文件

打开下载资源包中的 yuanwenjian\ch21\example\SI_demo\SI_Demo.PrjPcb 文件。

双击打开项目文件 SI_demo.PrjPcb，打开 SI_demo.SchDoc 原理图文件，如图 21-2 所示。进入原理图编辑环境，观察到图中有 U2 和 U3 两个 IC 器件。

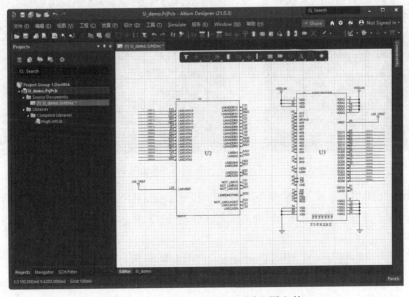

图 21-2　SI_demo.SchDoc 原理图文件

2. 为器件指定 IBIS 模型

技巧与提示——模型添加

如果元件库中该器件已有正确的 IBIS 模型，则可跳过本步骤。

（1）双击器件 U2，弹出 Properties（属性）面板，如图 21-3 所示。

（2）单击 Add（添加）右边的下拉按钮，选择 Signal Integrity（信号分析）选项，为器件 U2 指定 SI 仿真用的 IBIS 模型。系统弹出 Signal Integrity Model（信号完整性分析模型）对话框，如图 21-4 所示。

图 21-3　Properties 面板

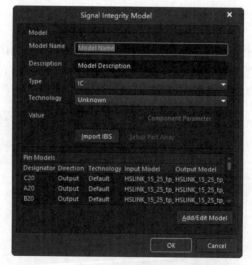

图 21-4　Signal Integrity Model 对话框

（3）单击 Import IBIS（导入 IBIS 模型）按钮，打开 Open IBIS File...（打开 IBIS 文件）对话框，选择 U2 对应的 IBIS 模型文件 5107_lmi.ibs 导入，如图 21-5 所示。本例中 U2 的 IBIS 模型文件保存在 SI_demo 文件夹中。

（4）单击"打开"按钮，弹出 IBIS Converter（IBIS 转换器）对话框，如图 21-6 所示。单击 OK 按钮，弹出模型加载成功信息对话框，如图 21-7 和图 21-8 所示。单击 OK 按钮，U2 的模型设定完成，模型添加结果如图 21-9 所示。

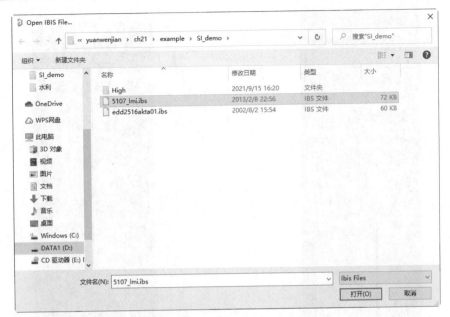

图 21-5　Open IBIS File 对话框

图 21-6　IBIS Converter 对话框

图 21-7　信息对话框 1

图 21-8　信息对话框 2

（5）同样的方法，双击器件 U3，为 U3 指定 IBIS 模型为 EDD2516akta01.ibs，模型添加结果如图 21-10 所示。

图 21-9　U2 模型添加结果

图 21-10　U3 模型添加结果

3. 设定网络规则

（1）选择菜单栏中的"放置"→"指示"→"覆盖区"命令，放置一个方框，框住关注的网络名称 LMID00~LMID15 共 16 位数据总线。

（2）选择菜单栏中的"放置"→"指示"→"参数设置"命令，放置一个 PCB 布局规则符号，置于覆盖区方框的边界上，如图 21-11 所示。

（3）双击 PCB 布局符号，弹出 Properties（属性）面板，编辑规则的属性，如图 21-12 所示。

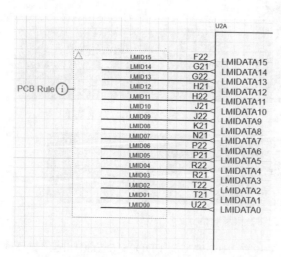

图 21-11　放置 PCB 布局

图 21-12　Properties 面板

（4）单击 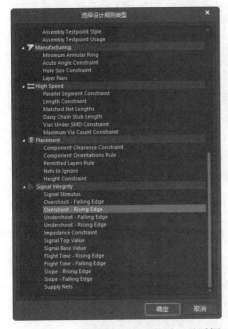 按钮下来菜单中的"Rule"选项，弹出"选择设计规则类型"对话框，如图 21-13 所示。

（5）在 Signal Integrity（信号完整性）选项组下选择 Overshoot-Rising Edge（越过上升沿）选项，单击"确定"按钮，弹出 Edit PCB Rule 对话框，设置最大值为 300，如图 21-14 所示。这为 LMID00~LMID15 这 16 根信号线添加了一条规则：上升沿小于 300mV。

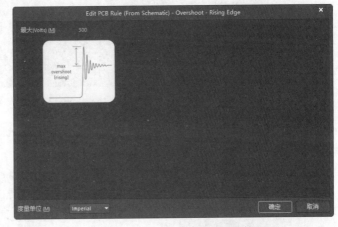

图 21-13　"选择设计规则类型"对话框　　　　图 21-14　Edit PCB Rule 对话框

（6）单击"确定"按钮，返回 Properties（属性）面板，如图 21-15 所示，显示添加的规则。

（7）在对话框中按照同样的方法，用户也可以添加类似的规则，对上升沿 Overshoot、下降沿 Undershoot 等进行约束，这里不再赘述。完成设置后，按 Enter 键结束操作。

21.3.2　原理图仿真分析

系统会根据预先设定的 PCB 条件对所有存在 IBIS 模型的信号网络进行快速扫描，将结果显示在 Signal Integrity（信号完整性）对话框中。

【操作步骤】

1．进入预仿真

（1）选择菜单栏中的"工具"→Signal Integrity（信号完整性）命令，弹出 Signal Integrity（信号完整性）对话框，进入 SI 仿真，如图 21-16 所示。

（2）单击左下角 Menu（菜单）按钮，弹出快捷菜单，如图 21-17 所示。选择 Setup Options（设置选项）命令，弹出 SI Setup Options（SI 设置选项）对话框，可以修改预先设定的 PCB 条件。

图 21-15　Properties 面板

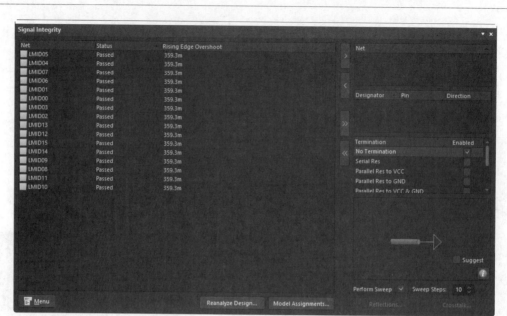

图 21-16　Signal Integrity 对话框

（3）打开 Track Setup（走线设置）选项卡，修改 Track Impedance（布线阻抗）为 50，Average Track Length（平均线长）为 1000，如图 21-18 所示。

图 21-17　快捷菜单

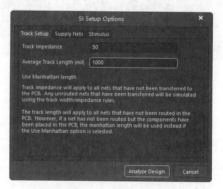

图 21-18　Track Setup 选项卡

（4）打开 Supply Nets（供电网络）选项卡，勾选 3 个要设定参数的复选框，如图 21-19 所示。

（5）打开 Stimulus（激励信号）选项卡，参数设置如图 21-20 所示。

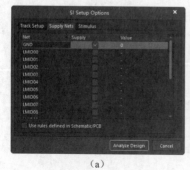

（a）

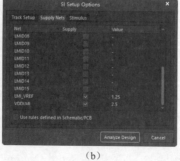

（b）

图 21-19　Supply Nets 选项卡

图 21-20　Stimulus 选项卡

（6）设置完成后，单击 Analyze Design 按钮，在 Signal Integrity（信号完整性）对话框中显示新的设定条件，在快速扫描仿真结果显示栏中，观察所有信号均满足设定的 PCB Rule 规则（Status 为 Passed），如图 21-21 所示。

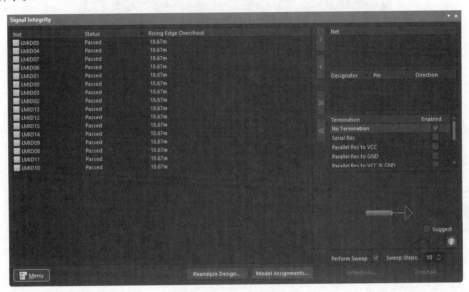

图 21-21　修改设定条件

电路指南——观察信号

由于所有信号值相同并全部通过，因此在需要详细对某信号进行观察的情况下，可随意选中某信号进行测试。

双击选中的信号 LMID05，单击右侧的箭头 > 或双击信号，将该信号置入右侧 Net（网络）窗口，如图 21-22 所示。然后单击下方 Reflections... （显示）按钮，观察信号 LMID05 的实际波形，如图 21-23 所示。

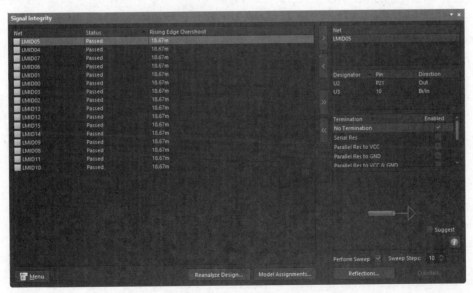

图 21-22　置入 LMID05 信号

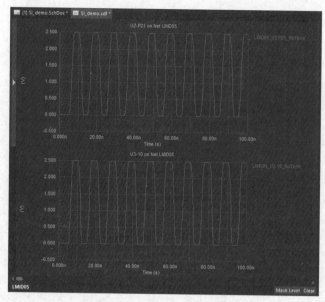

图 21-23　LMID05 波形显示

可以看到，在当前情况下，波形十分理想，满足设计要求。

21.3.3　PCB 布线后的仿真验证

PCB 布线完成后，Altium Designer 会根据实际 PCB 中环境进行 SI 仿真，以验证实际的 PCB 设计是否满足要求。

【操作步骤】

（1）在工程面板中的 SI_demo.PrjPcb 工程文件上右击，在弹出的快捷菜单中选择"添加已有文档到工程"命令，将 SI_demo.PcbDoc 文件加入项目模型树中。

（2）双击打开 SI_demo.PcbDoc 文件，首先对 PCB 的层叠设置进行确认。选择菜单栏中的"Design（设计）"→"Layer Stack Manager（层叠管理器）"命令，打开后缀名为".PcbLib"的文件，双击层名称 Dielectric3，修改该层的厚度与介电常数，如图 21-24 所示。

#	Name	Material		Type	Weight	Thickness	Dk	Df
	Top Overlay			Overlay				
	Top Solder	Solder Resist	⋯	Solder Mask		0.394mil	3.4	
1	Top Layer		⊞	Signal	1oz	1.856mil		
	Dielectric1	FR-4		Prepreg		4.29mil	3.95	
2	GND		⊞	Plane	1oz	1.35mil		
	Dielectric3	FR-4	⋯	Core		48.44mil	3.95	
3	POWER		⊞	Plane	1oz	1.35mil		
	Dielectric2	FR-4		Prepreg		4.29mil	3.95	
4	Bottom Layer		⊞	Signal	1oz	1.856mil		
	Bottom Solder	Solder Resist		Solder Mask		0.394mil	3.4	
	Bottom Overlay			Overlay				

图 21-24　修改层的厚度与介电常数

技巧与提示——层叠管理

Altium Designer 会自动根据输入的层叠情况计算出 PCB 传输线的阻抗用于 SI 仿真，而此时的线长也由 Altium Designer 自动根据 PCB 布线进行提取。

（3）选择菜单栏中的"工具"→Signal Integrity（信号完整性）命令，打开 Signal Integrity（信号完整性）对话框，进入 SI 快速扫描，如图 21-25 所示。

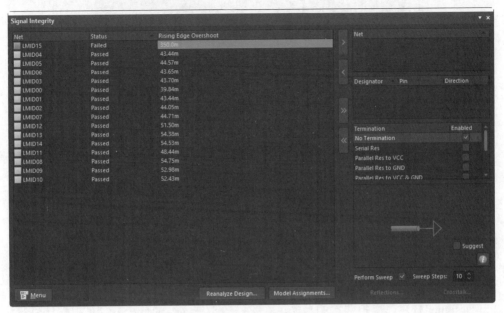

图 21-25　Signal Integrity 对话框

电路指南——导线布置

其中信号 LMID15 显示 Failed，其上升沿 Overshoot 达到 350mV，超过 300mV。单独观察 LMID15。

（4）在选中的信号 LMID15 上右击，弹出的快捷菜单如图 21-26 所示。选择 Preferences（特性）命令，弹出 Signal Integrity Preferences（信号完整性参数选项）对话框。

（5）打开 Configuration（配置）选项卡，设置 Total Time（总的时间）为 50n，Time Step（时间步长）为 100.0p，如图 21-27 所示。单击 ОК 按钮，完成设置。

图 21-26　快捷菜单

图 21-27　设置时间参数

（6）双击信号 LMID15，添加到右侧 Net（网络）窗口，单击 Reflections...（显示）按钮，生成的波形如图 21-28 所示。

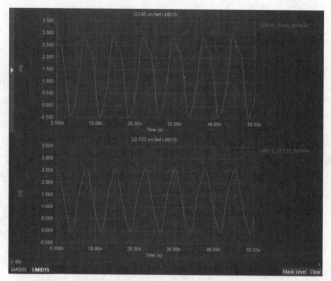

图 21-28　波形显示

21.3.4　PCB 参数设置

Altium Designer 提供了虚拟端接的功能，在不修改设计文件的情况下，模拟端接进行仿真，寻找到最佳的端接优化方案以后再应用到实际设计中。

【操作步骤】

1. 虚拟端接优化

（1）返回 PCB 编辑环境，打开 Signal Integrity（信号完整性）对话框，将信号 LMID15 添加到 Net 栏，勾选 No Termination（无终止）和 Serial Res（串阻补偿）复选框，取消 Perform Sweep（执行扫描）复选框的勾选，将最适值设为 33.00，如图 21-29 所示。

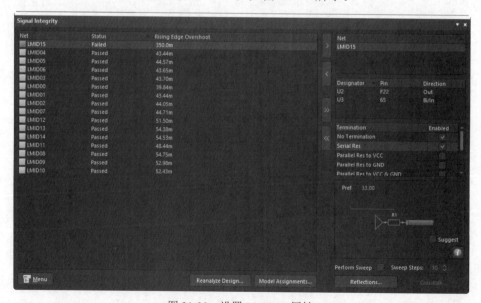

图 21-29　设置 LMID15 属性

（2）单击 Reflections... （显示）按钮，生成如图 21-30 所示的端接前后的波形比对，其中下方波形为 Receiver 端优化后的波形，确定此时的 Overshoot 已经远远低于设定阈值，优化后的设计满足要求。

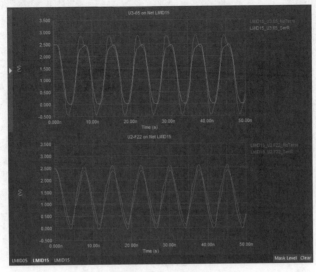

图 21-30　生成波形

2. 参数扫描

电路指南——参数扫描

上步中如果对端接电阻的值无法确定，可以采用参数扫描的方式进行观察。

参数扫描的操作步骤如下：

（1）在 Signal Integrity 对话框中勾选 Perform Sweep（执行扫描）复选框，设定扫描步数为 10，设定扫描的最小值和最大值分别为 10Ω 和 60Ω，如图 21-31 所示。

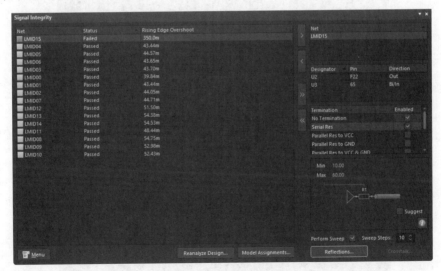

图 21-31　参数扫描设置

（2）单击 Reflections... （显示）按钮，生成如图 21-32 所示的波形图，从 10~60Ω 等间距选取 10 个值进行扫描，得到一组曲线。

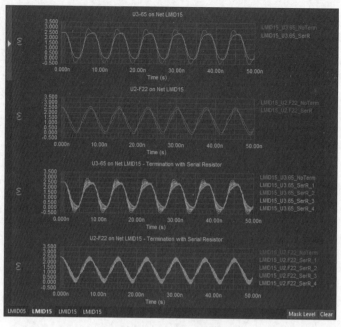

图 21-32　生成波形图

（3）分别单击单个曲线右侧的名称进行观察，在两组图中选择最佳方案：LMID15_U3.65_ SerR_4，结果如图 21-33 所示。

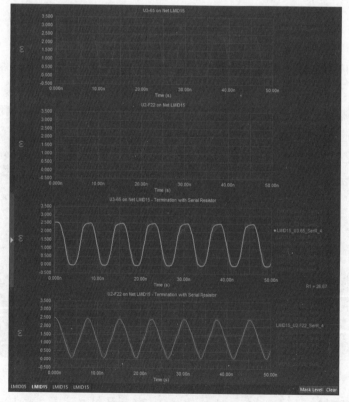

图 21-33　图形分析结果